职业教育智能建造工程技术系列教材

装饰工程机器人施工

王　斌　王克成　主　编
赵　研　孙亚峰　主　审

U0249536

中国建筑工业出版社

图书在版编目（CIP）数据

装饰工程机器人施工 / 王斌，王克成主编 .—北京：
中国建筑工业出版社，2022.8
职业教育智能建造工程技术系列教材
ISBN 978-7-112-27375-1

Ⅰ. ①装… Ⅱ.①王… ②王… Ⅲ.①建筑装饰—建
筑机器人—职业教育—教材 Ⅳ. ① TP242.3

中国版本图书馆 CIP 数据核字（2022）第 079869 号

本书系统地介绍了装饰工程机器人施工内容及应用知识，并附有典型的实际
案例。全书共分 9 个项目，内容包括：项目 1 主要介绍机器人装饰施工基本要素；
项目 2～项目 9 以典型案例为贯穿始终，阐述室内喷涂机器人、墙纸铺贴机器人、
地下车库喷涂机器人、地坪研磨机器人、地坪漆涂敷机器人、卷扬式外墙乳胶漆喷
涂机器人、卷扬式外墙多彩漆喷涂机器人等施工的内容，机器人维修保养和常见故
障及处理，以及修边收口人工施工，机器人使用安全事项等内容。

本书可作为高等职业学院、应用型本科院校、机器人施工技师等的建筑工程类
教材和教学参考书，也可供从事土木建筑设计和施工人员参考。

为便于教学和提高学习效果，本书作者制作了教学课件，索取方式为：1. 邮箱
jckj@cabp.com.cn；2. 电话（010）58337285；3. 建工书院 http://edu.cabplink.com。

责任编辑：刘平平 朱首明 李 阳
责任校对：姜小莲

职业教育智能建造工程技术系列教材

装饰工程机器人施工

王 斌 王克成 主 编
赵 研 孙亚峰 主 审

＊

中国建筑工业出版社出版、发行（北京海淀三里河路9号）
各地新华书店、建筑书店经销
北京科地亚盟排版公司制版
天津安泰印刷有限公司印刷

＊

开本：787毫米×1092毫米 1/16 印张：25¼ 字数：579千字
2022年9月第一版 2022年9月第一次印刷
定价：**69.00**元（赠教师课件）
ISBN 978-7-112-27375-1
（39519）

职业教育智能建造工程技术系列教材
编写委员会

前　言

随着我国建筑行业的迅速发展，传统密集型劳动作业方式已经不再适应发展的需求，2020 年 7 月住房和城乡建设部等部门颁发了《关于推动智能建造与建筑工业化协同发展的指导意见》，指导意见的基本原则为立足当前、着眼长远、节能环保、绿色发展、自主研发、开放合作。到 2025 年，我国智能建造与建筑工业化协同发展的政策体系和产业体系基本建立，建筑工业化、数字化、智能化水平将显著提高，产业基础、技术装备、科技创新能力以及建筑安全质量水平全面提升，劳动生产率明显提高，能源资源消耗及污染排放大幅下降，环境保护效应显著。推动形成一批智能建造龙头企业，引领并带动广大中小企业向智能建造转型升级，打造"中国建造"升级版。到 2035 年，我国智能建造与建筑工业化协同发展将会取得显著进展，企业创新能力大幅提升，产业整体优势明显增强，"中国建造"核心竞争力世界领先，建筑工业化全面实现，迈入智能建造世界强国行列。

在新形势驱动下，碧桂园集团于 2018 年 7 月成立了"广东博智林机器人有限公司"。该公司是一家行业领先的智能建造解决方案提供商，聚焦建筑机器人、BIM 数字化、新型建筑工业化等产品的研发、生产与应用，打造并实践新型建筑施工组织方式。通过技术创新、模式创新，探索行业高质量可持续发展新路径，助力建筑业转型升级。公司自成立以来，已进行建筑机器人及相关设备、装配式等的研发、生产、制造、应用。用建筑机器人来替代人完成工地上危险、繁重的工作，解决建筑行业安全风险高、劳动强度大、质量监管难、污染排放高、生产效率低等问题。助力碧桂园集团转型升级，助力国家构建高质量建造体系。

本系列教材第 1 批推出 18 款机器人。包括：4 款机器人施工辅助设备、6 款结构工程施工机器人、8 款装饰工程施工机器人。教材内容基于现有研究成果，着重讲述建筑机器人的操作流程，展示机器人在实际工程项目中的应用。机器人与传统施工相结合，能科学地组织施工，有利于对工程的工期、质量、安全、文明施工、工程成本等进行高效率管理。

本系列教材依据企业员工培训，职业院校人才培养目标的要求编写，教材注重机器人操作能力的训练。培养具备机器人相关操作与管理能力，增强学习的视觉性和快速记忆。本书既有工具书的操作知识，还可以引导研究与实践者在人机协作的思想下不断激发建筑技术的变革与发展。其最大的特点在于，舍弃了大量枯燥而无味的文字介绍，内容主线以机器人施工实际操作为主，并给予相应的文字解答，以图文结合的形式来体现建筑机器人在施工中的各种细节操作。为促进"智能建造"建筑领域人才培养，缓解供需矛盾，满足行业需求，助力企业转型，全面走向绿色"智造"贡献绵薄之力。

本教材由王斌、王克成任主编，王斌、范向前统稿，徐博、郑朝灿、李森萍、朱冬飞任副主编。其中项目 1 由方筱松、申靖宇、申耀武、李志编写；项目 2、项目 3、项目 4、项目 5 由王斌、徐博、李森萍、段瀚、张琨编写；项目 6、项目 7、项目 8、项目 9 由王克成、郑朝灿、朱冬飞、方筱松、李玉甫编写。

本书在编辑过程中，汇集了一线设计、施工人员在各工程中机器人的不同细部操作经验总结，也学习和参考了有关现行智能建造相关规程、标准，在此一并表示衷心感谢。由于编者水平有限，时间紧迫，书中存在的疏漏和错误之处，恳请广大读者批评指正。

目 录

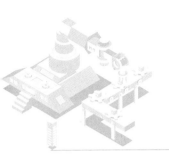

项目 **1** 机器人装饰施工基本要素 >>>

【知识要点】

　　针对装饰装修施工图的整体构成思路，了解各类图纸之间的联系。明确装饰装修施工图在设计与施工过程中需要满足使用安全的要求。了解装饰精装施工图的表达方式、内容、符号标注等各类基本的相关制图规范；熟悉涂料的基本成分、种类、特性、作用；明确室内常用涂料、壁纸种类；了解材料燃烧等级要求等各类技术要求；熟悉室内喷涂涂料、壁纸的使用规范及要求；掌握建筑装饰 BIM 参数化设计、Revit 项目文件、样板文件、族文件和族样板，熟悉 BIM 参数化设计，机器人路径规划设计；掌握机械部件图形表示符号一般标注的基本规则，熟悉国标焊接图纸标注符号，了解齿轮、链条公差和磨损缺陷，熟悉齿轮、链条传动的基本概念和润滑的基本方法。了解变速器和液压装置的常用种类，熟悉变速器和液压装置工作原理。

【能力要求】

　　具有准确识读装饰装修施工图平面图、立面图、顶棚图、立面图、剖面图、构造节点及详图。能有效快速识读装饰装修全套施工图，各类索引图纸之间的转换与协调。对于节点大样的具体施工做法有准确的认识。并在掌握装饰装修施工图识读方法的基础上，举一反三，用相近的方法进一步学习图纸深化的全流程，会应用 BIM 模型建立机器人施工路径，设置 BIM 机器人施工地图。

　　根据室内外环境、使用功能的设计要求，正确选择喷涂涂料的施工工艺，具备施工工序与流程、施工验收明细要求等多环节的实际操作能力，对涂料特性及使用有准确的实际操作能力。

　　能够操作机器人施工，判断机器人常见的事故，并进行处理；会机器人常规的维护与保养，会配合机器人进行修边收口施工。

单元 1.1 装饰装修施工图识读

本单元为装饰装修施工图的识图内容。采用分段、分类的方式将平面图、顶棚图、立面图、剖面图、构造节点及详图进行分类分步骤讲解，一步一步逐渐深入，进而更清晰的呈现装饰装修施工图的整体构架与图纸细节。

任务 1.1.1 装饰装修平面图

1. 装饰装修平面图的表达方式与作用

装饰装修施工图是从设计到施工、从构想到落成的中间环节与重要依据。借助装饰装修施工图可以精准的将设计师的想法转达给现场施工人员，从而为施工放样、预算备料、制作施工等各类环节提供明确施工依据。

在整套施工图中，装饰装修平面图的作用最为重要。装饰装修平面图是整套图纸的基础，不仅规划了室内空间的动线流线、定位了家具摆设的平面位置、明确了空间的功能属性，同时也为给水排水、机电、暖通等各类设备专业提供了二次装修配合的基础条件。假使在设计过程中，装饰装修平面图有所改动，那么其所属空间的立面图、顶棚图及相关设备图纸均需同时同步跟随平面图做出调整修改。由此可见，装饰装修平面图在整个过程中至关重要。

为了更清晰地表达装饰装修平面图的构成，可假想用一个水平的剖切平面，在窗台上方的位置将空间剖开，移去剖切面上方部分，向下方做水平投影，即可得到该空间的装饰装修平面图。这种表达方式将室内空间中的基础建筑条件、室内陈设等各类设备的平面位置进行了统一准确表达。

2. 装饰装修平面图的前置建筑条件

在整个建筑设计及施工过程中，装饰装修施工图是指在建筑土建一次图纸的基础条件下，进行的二次装饰装修设计。装饰装修需要在前置的建筑条件基础上，进行设计与深化。

如图 1-1 所示，为广东碧桂园 JY70 样板房（1412 版）墙体开线图，从图中可以看出原建筑基础条件清晰，门、窗、柱子及剪力墙等位置明确。在空间布局上原建筑预留了卫生间的烟道及立管、阳台、飘窗及空调外机的安装位置。明确了装饰装修平面图的前置条件。

由于装饰装修平面图是在建筑一次图纸的基础上套用的，因此，在装饰装修平面图的绘制过程中，需要与原建筑平面图中的轴号、轴线、墙体结构尺寸、立管位置、门窗洞口等保持一致。同时，装饰装修图纸也需要在绘制过程中突出空间布置、装饰结构、家具摆放、洁具厨具空调安置等细节的平面布置。

3. 装饰装修平面图的内容布局

（1）需符合《建筑内部装修设计防火规范》GB 50222—2017 等各类室内装修设计规

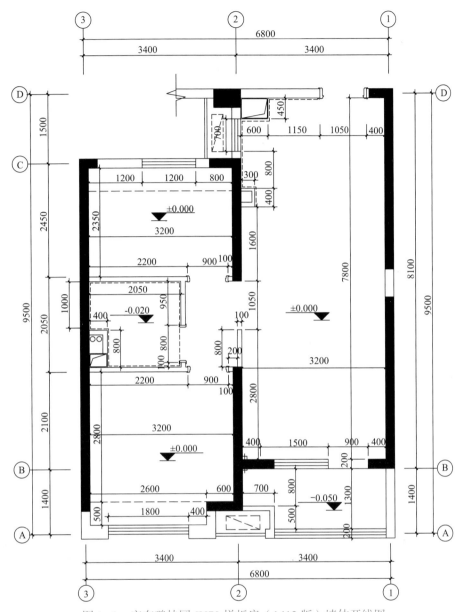

图 1-1　广东碧桂园 JY70 样板房（1412 版）墙体开线图

范。例如入户门及户内门的开启方向及防火等级是否符合规范要求；厨房燃气设备所处空间是否通风，是否符合消防验收及后期燃气验收要求；户内顶棚、墙面及地面装修材料的燃烧等级是否符合规范要求，等。

（2）需满足功能与使用需求，布置合理、尺度合适。装饰装修平面图需要明确所有空间的具体功能、空间之间的动线流线，进而满足空间的基本使用需求。同时，各类不同空间陈设品的合理使用尺度及位置、各类洁具厨具空调的合理空间配置、墙体墙面装修的精准造型与平面尺寸、阳台或入户花园等开放类空间的优化利用等均需同时考虑。除此之外，如项目甲方有明确的需求或要求，亦需考虑。

如图 1-2 所示，为广东碧桂园 JY70 样板房（1412 版）平面布置图，整体空间的长宽尺寸约为 6800mm、9500mm，位于整个建筑轴线的 1～3 及 A～D 之间。图中从右上方正门进入后，前进方向右侧为厨房区域，紧邻位置为餐厅区域，行至前方为客厅及阳台区域。餐厅与客厅的分界处为走道，通向主人房、卫生间及男孩房。整体布局紧凑，动线流线合理，家具等陈设品及走道尺度合适，各使用空间器具设备位置合适，适于使用。

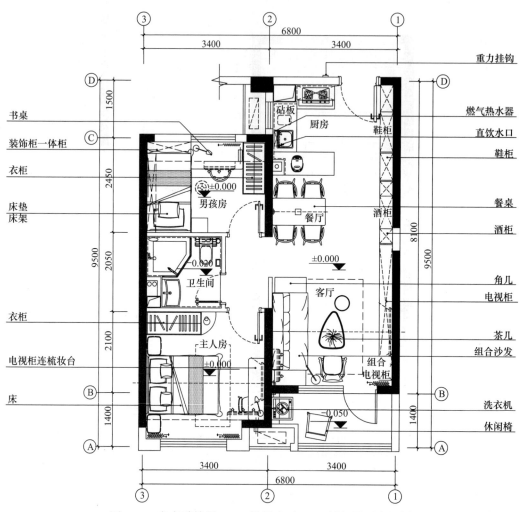

图 1-2　广东碧桂园 JY70 样板房（1412 版）平面布置图

（3）制图样式及符号需规范。在装饰装修平面图的绘制过程中，线性比例、图例样式及各类陈设品的绘制样式均需美观整洁，展示清晰明了，并符合基本的制图规范。

4. 装饰装修平面图的基本元素

装饰装修平面图的基本元素包括：图框、图名、图号、比例尺（图 1-3）、轴线标注、文字标注及其他符号标注。同时，各类样式的样式均可设置（例如：文字样式、标注样式、表格样式、点样式、多线样式即各类图纸样式等）。

（1）需保证比例尺正确，标注尺寸数字位置、线型、线宽、尺寸界线、箭头样式等均美观合适。如图 1-4 所示，为轴线及标注样式，轴号可快速查找该户型在建筑物方位，尺寸标注可明确该户型的整体空间尺度。

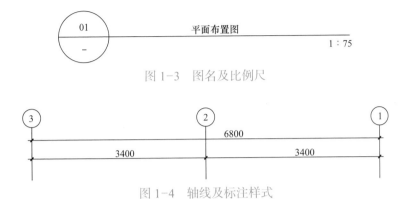

图 1-3　图名及比例尺

图 1-4　轴线及标注样式

（2）需保证文字标注大小合适，位置合理，展示清晰明确。如图 1-5 所示，为文字标注样式局部图纸，图中文字明确了该空间为主人房，同时标明衣柜、电视柜连梳妆台为非交楼标准，床为需购买项。文字标准清晰明确。

（3）需保证标高标注正确。平面图中要标清楚楼地面标高。分户内不同地面高差，需

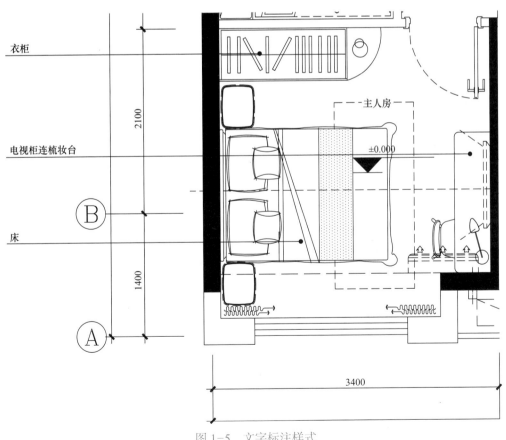

图 1-5　文字标注样式

分别标注地面标高。室内的标高为指地面装修完成面高度。所用标高皆为相对标高。如图 1-6 所示，为标高的标注样式。

▼ SLAN	表示原建筑楼板底高度
▼ 0.000	表示假天花饰面底高度
▼ 0.000	表示地面完成面高度

图 1-6 标高标注样式

（4）需保证符号标注与材质填充合理。由于装饰装修平面图在整套施工图纸中起到基础作用，立面图的点位需要对应在平面位置中，因此在装饰装修的平面图中，会有索引符号，用以明确各个空间或位置所对应的立面图纸、剖面图纸即详图。如图 1-7 所示，为广东碧桂园 JY70 样板房（1412 版）平面索引图，图纸中明确了所有空间所对应的立面图或

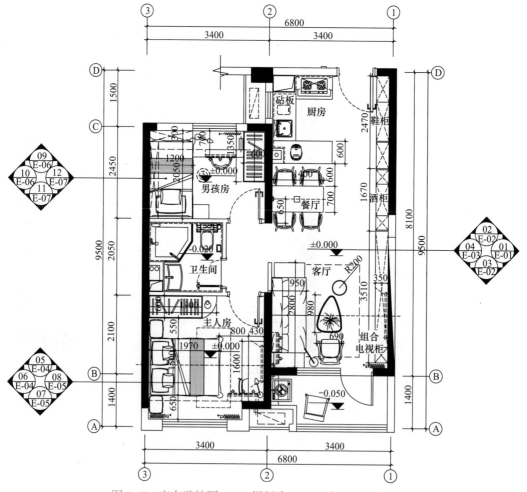

图 1-7 广东碧桂园 JY70 样板房（1412 版）平面索引图

详图的图纸编号。例如：餐客厅的立面图纸编号为 E-01、E-02、E-03。

地面铺贴图，用以明确不同空间的不同地面材料与铺贴方式。如图 1-8 所示，为广东碧桂园 JY70 样板房（1412 版）地面铺贴图，图纸中用不同的填充样式明确了不同空间地面材质的区别，并标明了地面材料种类、编号、尺寸规格、铺贴起始位置及缝隙处理办法。同时标注了卫生间室内标高为 -0.020mm，阳台 -0.050mm，其他空间标高为 ±0.000m，以保证有水空间的水不会上溢至其他空间。

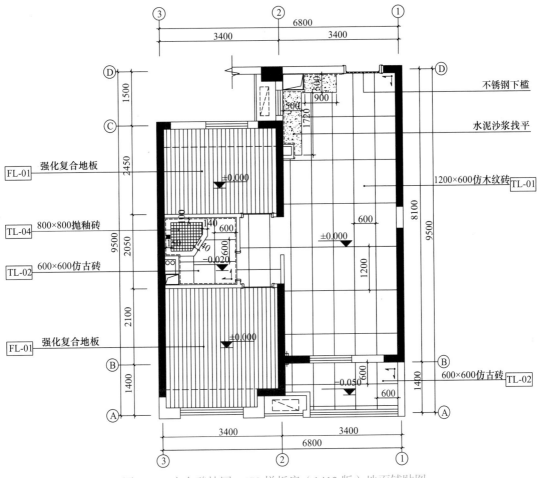

图 1-8　广东碧桂园 JY70 样板房（1412 版）地面铺贴图

标注符号与填充图例众多，且在整套图纸中均有可能出现，因此集中汇总，如图 1-9、图 1-10 所示，广东碧桂园 JY70 样板房（1412 版）的符号说明和填充图例说明。其中图 1-10，详细地列出了不同填充纹理代表的具体材料，用以明确材料的区别。

任务 1.1.2　顶棚装饰装修平面图

1. 顶棚装饰装修平面图的表达方式

为了更清晰地识读顶棚装饰装修平面图，可假想用一个水平的剖切平面，在窗台上方

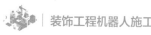

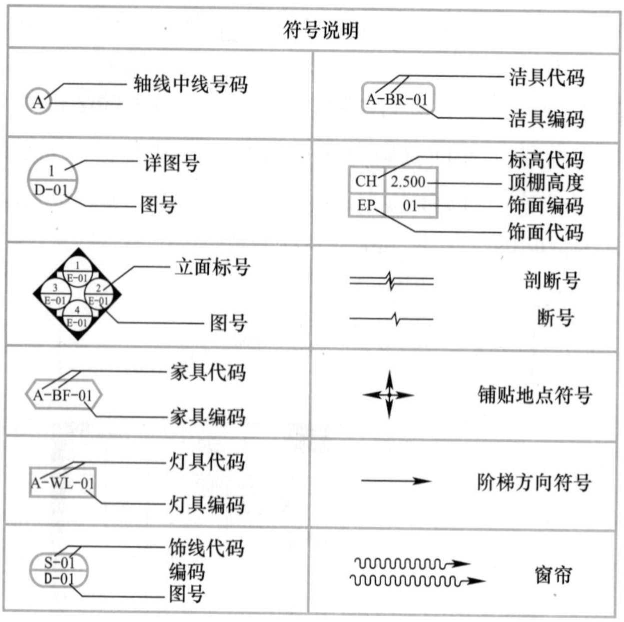
符号说明
A
轴线中线号码
A-BR-01
洁具代码
洁具编码
1
D-01
详图号
图号
CH 2.500
EP 01
标高代码
顶棚高度
饰面编码
饰面代码
1 E-01
2 E-01
3 E-01
4 E-01
立面标号
图号
剖断号
断号
A-BF-01
家具代码
家具编码
铺贴地点符号
A-WL-01
灯具代码
灯具编码
阶梯方向符号
S-01
D-01
饰线代码
编码
图号
窗帘

图 1-9　符号说明

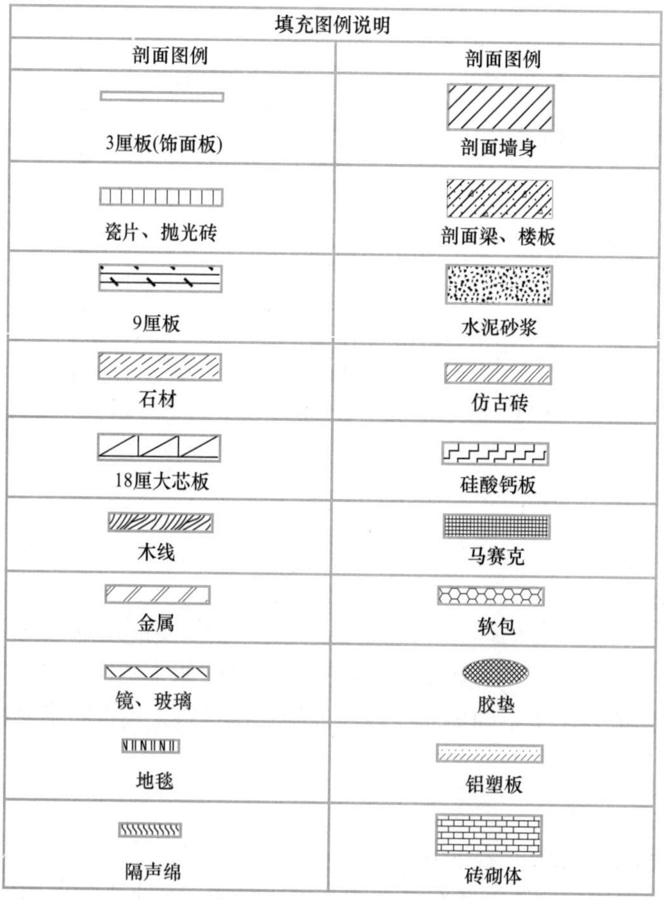
填充图例说明
剖面图例
剖面图例
3厘板(饰面板)
剖面墙身
瓷片、抛光砖
剖面梁、楼板
9厘板
水泥砂浆
石材
仿古砖
18厘大芯板
硅酸钙板
木线
马赛克
金属
软包
镜、玻璃
胶垫
地毯
铝塑板
隔声绵
砖砌体

图 1-10　填充图例说明

的位置将空间剖开，移去剖切面下方部分，做上方部分的投影图，即可得到该空间的顶棚装饰装修平面图。

（1）明确造型及材料。顶棚装饰装修平面图需标明顶棚造型的平面造型、尺寸及标高，同时明确不同空间顶棚的使用材料、材料规格及材料编号。这里需要注意的是，在门的表达方式上，需要表示门洞的过梁底面，但不需要显示门扇及开启方向。

（2）明确灯具、空调或其他顶棚设备点位。顶棚装饰装修平面图需标明灯具数量、具体位置、编号等具体设备信息。

2. 顶棚装饰装修平面图的前置建筑条件

顶棚平面图，是在平面图确定之后，进行的对于所在空间顶棚的深化绘制。除却平面图所提供的基础信息外，顶棚平面图在绘制过程中也需要更多地考虑建筑条件，例如：层高条件、梁结构条件、降板结构条件、门洞位置、飘窗台、水、电、暖通及顶棚各类设备可能会产生影响的条件。

（1）层高条件，对于顶棚平面图中不同空间的标高存在影响。目前多数高层建筑结构层高为 3m 或 2.9m，需要以实际项目建筑条件为准。

（2）梁结构条件、降板结构条件，对于顶棚平面图中不同空间的造型做法、标高、设备走管、灯具点位等均存在不同程度的影响。

（3）门洞位置、飘窗台、水、电、暖通及顶棚各类设备，对于顶棚平面图中不同空间的造型做法、标高等均存在影响。

3. 顶棚装饰装修平面图的内容布局

顶棚平面图，其内容布局需与平面图对应协调。除了需要有图框、图名、图号、比例尺（图 1-3）、轴线标注等基本内容以外还需要有顶棚平面图特有的内容要求与规范要求。

（1）需符合《建筑内部装修设计防火规范》GB 50222—2017 等各类室内装修设计规范。例如：户内不同空间的顶棚装修材料的燃烧等级需要符合规范要求。

（2）需与平面图各个空间布置对应，灯具、空调等设备点位合理，安装排布整齐美观，能满足功能与使用需求。

（3）根据不同的精装设备配置、基础梁条件、室内设计风格，选择不同类型的顶棚造型。例如：①同一标高顶棚；②凹凸高差类顶棚；③悬浮式顶棚。

（4）其他异形顶棚。如图 1-11～图 1-13 所示，为广东碧桂园 JY70 样板房（1412版）顶棚布置图、灯具开线图、灯具指向图，后两张图纸均为顶棚布置图的补充说明。从图 1-11 中可看出：①该户型所有顶棚均未做吊顶，顶棚标高均为原顶棚高度。②各空间顶棚装修材料编号及名称均标准清晰，例如，卫生间顶棚采用 80mm×80mm 石膏线装饰，并在原顶棚涂防水乳胶漆 EP-02；主人房飘窗位置顶棚材料为墙纸 WL-04。③灯具位置合理，整齐，美观，且与平面位置对应，编号明确清晰。例如：餐客厅顶棚主灯均与家具对应居中，周边对称布置射灯满足室内照明需求，射灯编号为 SD-B2K。

4. 顶棚装饰装修平面图的基本元素

顶棚平面图的基本绘图元素，需要包含图框、图名、图号、比例尺（图 1-3）、轴线标注、文字标注及其他符号标注。

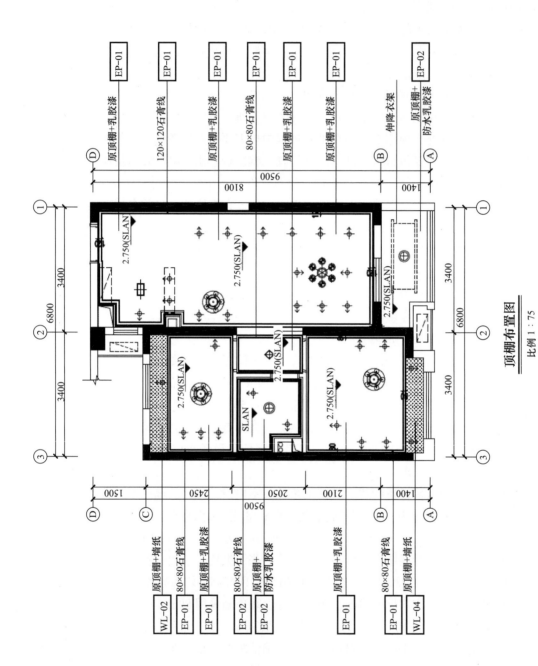

顶棚布置图

比例 1 : 75

图 1—11 广东碧桂园 JY70 样板房（1412 版）顶棚布置图

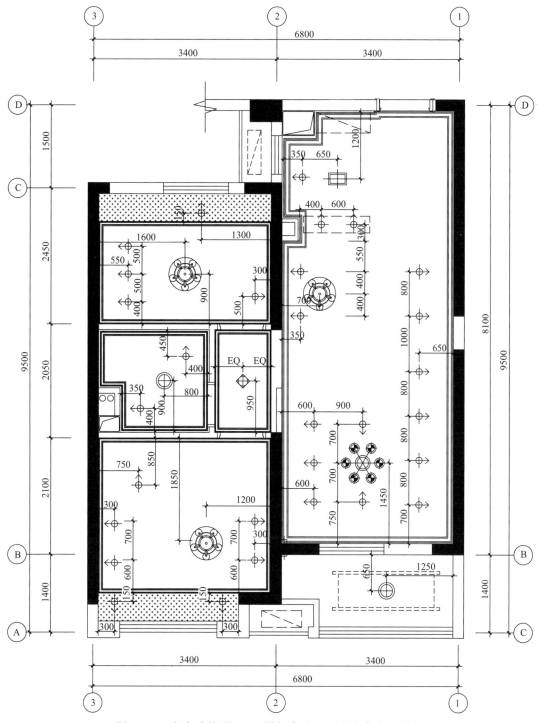

图 1-12　广东碧桂园 JY70 样板房（1412 版）灯具开线图

（1）图名及比例尺、标注尺寸文字位置、大小、线型、线宽、尺寸界线、箭头样式等均需美观合适。如图 1-11 所示，顶棚平面图中可以看出该户型位于整个建筑轴线的 1～3 及 A～D 之间，整体户型建筑长宽尺寸约为 6800mm、9500mm。因此，保证了识图者在

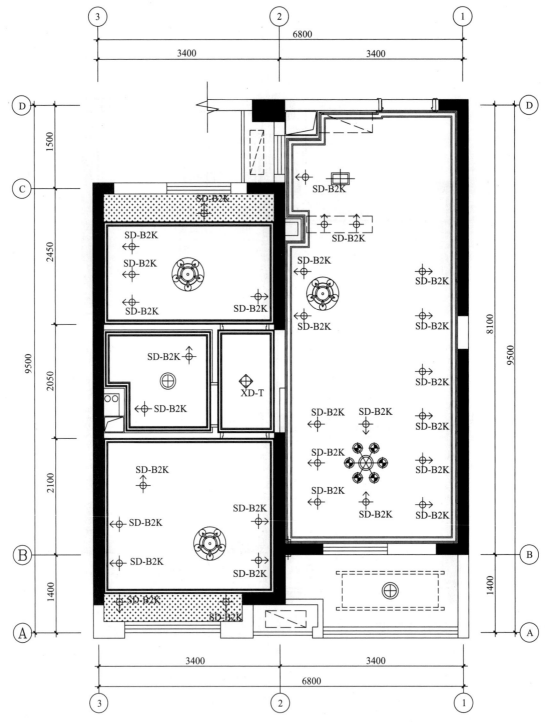

图 1-13　广东碧桂园 JY70 样板房（1412 版）灯具指向图

查阅过程中快速查找该户型的建筑方位，明确该户型顶棚空间的整体尺度。

（2）标高等各类其他信息需准确。如图 1-11 所示，各空间顶棚标高明确、装修材料编号及名称均标准清晰，图面整洁。图中，餐客厅顶棚标高一致，均为原结构楼板标高

2.750m，采用 120mm×120mm 石膏线装饰，并保留原顶棚，表面涂乳胶漆 EP-01。

（3）灯具、空调等各类设备需布局合理。如图 1-11 所示，各个空间灯具位置均与平面家具布置对应，且多采取对称、对正等方式进行布灯，空间整体照度合理。

任务 1.1.3 装饰装修立面图

1. 装饰装修立面图的表达方式

装饰装修立面图，将室内空间除天、地之外的四个面以正投影的方式呈现。假使识图者站在空间中，其前方、后方、左方、右方均得以完整展现，使整个空间中，除顶棚、地面外的其他装饰装修立面造型、立面结构、材料衔接、材料分布、家具布置、空间隔断等更为明确。

（1）顶棚标高明确，结构梁条件清晰。在装饰装修立面图中，使用相对标高，需将空间层高、标高、结构梁位置等各类信息明确标识。

（2）立面装饰造型做法与空间分割明确。在装饰装修立面图中，需标明固定隔断、固定家具等各类立面装饰的尺寸、位置、材料做法等各类相关信息。

（3）陈设家具、空调等可移动设备的具体尺寸、位置等基础信息明确。

2. 装饰装修立面图的前置条件

在一次土建条件、装饰装修平面图、装饰装修顶棚平面图已确定的前提下，需进行装饰装修立面图的绘制。

这里所指的前置条件更多的是指所有前置条件的综合考量。主要需要考虑层高、结构梁条件、顶棚空调设备走管、顶棚造型做法、家具位置尺寸、各类陈设品材料做法。

3. 装饰装修立面图的内容布局

装饰装修立面图，其内容布局需与平面图、顶棚平面图对应协调，保证家具位置、顶棚灯具、地面材料等位置及做法一一对应。除了需要有图框、图名、图号、比例尺（如图 1-3 所示）等基本内容以外还需要有装饰装修立面图特有的内容要求与规范要求。

（1）需符合《建筑内部装修设计防火规范》GB 50222—2017、《建筑玻璃应用技术规程》JGJ 113—2015 等各类室内装修设计规范。例如：浴室玻璃应符合本规程表 7.1.1-1 的规定且浴室内的有框玻璃公称厚度不少于 8mm 钢化玻璃；无框玻璃公称厚度不少于 12mm 钢化玻璃。户内不同空间的墙面装修材料、家具、隔断、墙面饰品的燃烧等级均需符合规范要求。

（2）需明确标注室内相对高度，并清晰标识结构梁、设备管线综合条件下的顶棚造型及高度。如图 1-14 所示，立面图纸左侧位置中标明，室内完成面标高为 ±0.000m，结构楼板高度为 2800mm，其中踢脚线为 80mm，鞋柜等家具高度为 2360mm，距顶棚高度为 440mm，顶棚装饰线条高 120mm。

（3）需与平面布置图中各个空间布置对应，家具、隔断、插座、设备摆放位置合理合适，造型及尺寸符合人体工学，材料空间布局美观，能满足审美及功能需求。如图 1-14 所示，立面图纸中鞋柜、酒柜、电视柜组合的位置与下方平面图纸的位置一一对应。同时，在餐客厅立面图中的鞋柜位置处，标明了电箱在鞋柜中的具体位置，鞋柜的外饰面采

装饰工程机器人施工

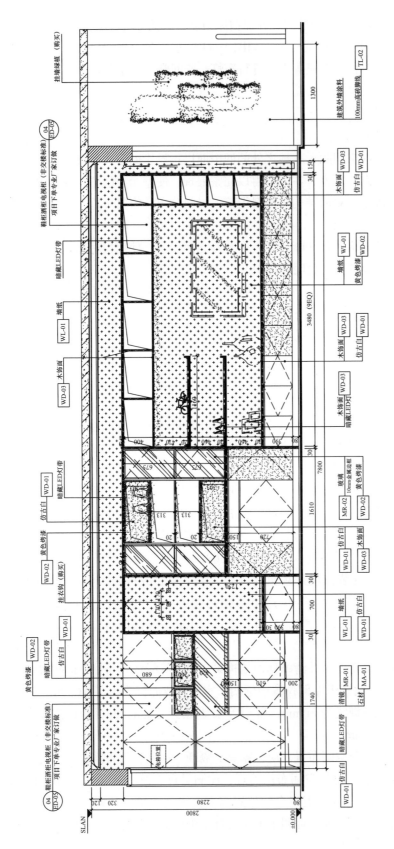

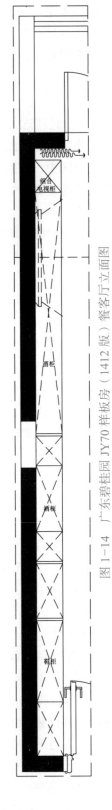

图1-14 广东碧桂园JY70样板房（1412版）餐客厅立面图

14

用黄色烤漆（编号为 WD-02），吊柜下方及鞋柜下方中空位置均暗藏 LED 灯带，并且以清镜及石材装饰壁龛。鞋柜的整体设计尺寸符合人体工学的需求，造型美观，装饰装修材料选取合适。

4. 装饰装修立面图的符号标注

在装饰装修立面图中，除了需要包含图框、图名、图号、比例尺（图 1-3）、尺寸信息外，也需要包含各类设备、设备电位、洁具厨具位置、家具、隔断、摆设等相关立面图图示，以及标高符号、详图索引、材质名称、结构梁造型等信息。

（1）立面标高符号明确。如图 1-15 左侧部分所示，立面图纸左侧位置中标明，室内完成面标高为 ±0.000m，结构楼板高度为 2800mm，其中踢脚线为 80mm，鞋柜等家具高度为 2360mm，距顶棚高度为 440mm，图 1-15 右侧所示，顶棚装饰线条高 120mm。如图 1-16 左侧部分所示，卫生间地面完成面标高为 -0.020mm，距楼板高度 2500mm，顶棚石膏线高度为 80mm，同时，洗手台高度为 850mm，镜柜距洗手台高度为 300mm，镜柜高 900mm。

（2）详图索引及材质名称标注清晰。如图 1-15 所示，立面图纸中需标明墙面采用墙纸材料（编号 WL-01）装饰，柜子采用仿古白木饰面（编号 WD-01）。鞋柜酒柜的对应的详图图号为 ED-05，详图中编号为 04。再如图 1-16 所示，卫生间各类洁具名称、位置及尺寸标注明确，卫生间墙面采用 300mm×600mm 瓷片（编号 TL-03）进行装饰装修。

（3）结构梁造型准确。如图 1-16 所示，原结构板板底高度为 2500mm，造型结构梁板位置表达清晰。

任务 1.1.4　装修剖面图与构造节点

1. 装修剖面图与构造节点表达方式

装饰装修剖面图是指假设用一个平面垂直或平行于地面，在指定位置剖切，那么其正投影的图纸，就是剖面图。

剖面图是平面图、顶棚平面图、立面图之后作为补充说明，明确构造节点做法的图纸，其重在表达顶棚、墙身、局部、家具等的内部构造及做法，进而明确装饰装修的更为细节的内容。

2. 装修剖面图识读

装修剖面图的种类大致可分为：地面做法剖面图、墙面做法剖面图、固定家具剖面图、顶棚剖面图等其他补充类剖面图。

（1）地面做法剖面图。如图 1-17 所示，在地板剖面图中，明确了复合地板的构造方式、尺寸、材料做法等具体明细。图中明确地板厚度为 12mm，厂家配套踢脚高度为 80mm，交界处需预留伸缩缝。

（2）墙面做法剖面图。如图 1-18 所示，在窗台剖面图中，标注了原建筑窗位置、区分了室内与室外空间，同时采用窗台砖进行装饰窗台位置，墙面立面位置使用乳胶漆或墙纸。

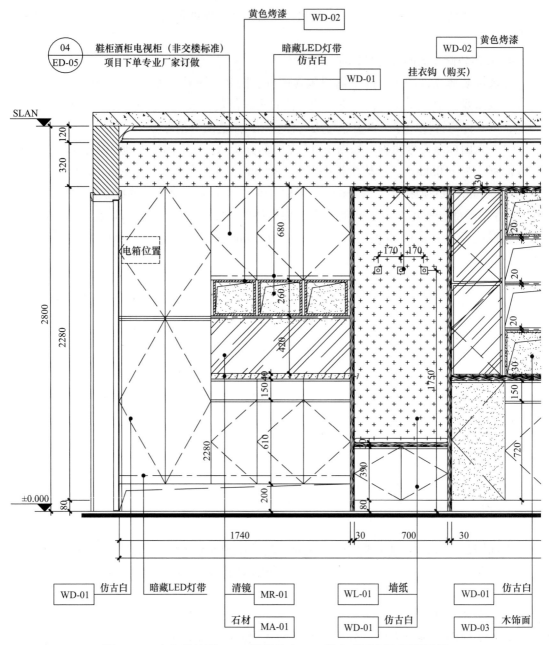

图 1-15　广东碧桂园 JY70 样板房（1412 版）餐客厅立面图局部

（3）家具剖面图。如图 1-19 所示，小孩房衣柜的剖面图中，标注了衣柜的高度为 2000mm，进深为 600mm，衣柜内部共设置两个分隔板将衣柜内部分割成 3 份，并同时明确了衣柜的推拉门造型和位置。如图 1-20 所示，为厨房吊柜／地柜剖面图，图中清晰地表达了柜体的构造尺寸、材料做法及详图索引等细节内容。

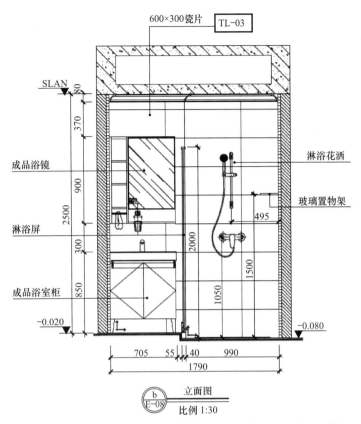

图 1-16 广东碧桂园 JY70 样板房（1412 版）卫生间立面图

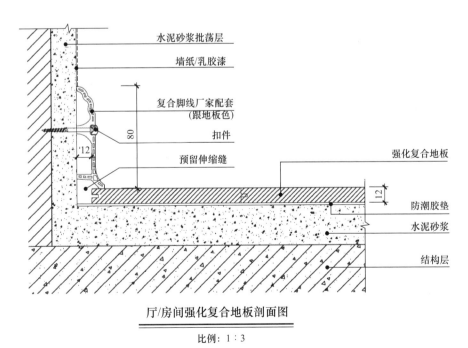

厅/房间强化复合地板剖面图

比例：1∶3

图 1-17 厅/房间强化复合地板剖面图

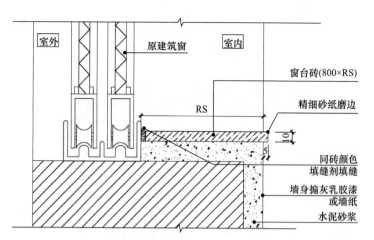

室外　原建筑窗　室内

窗台砖(800×RS)

精细砂纸磨边

RS

10

5

同砖颜色
填缝剂填缝

墙身搁灰乳胶漆
或墙纸

水泥砂浆

② 剖面图
比例 1：3

图 1-18　窗台剖面图

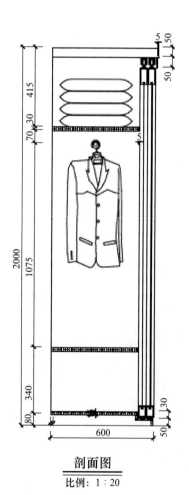

剖面图
比例：1：20

图 1-19　小孩房衣柜剖面图

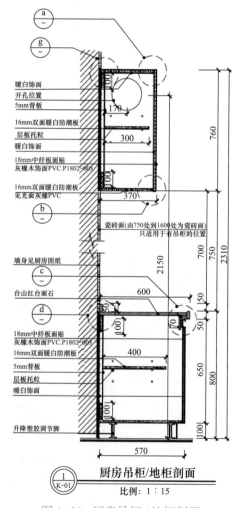

暖白饰面
开孔位置
5mm背板
16mm双面暖白防潮板
层板托粒
暖白饰面
18mm中纤板面贴
灰橡木饰面PVC.P1802-003
16mm双面暖白防潮板
见光面灰橡PVC

瓷砖面(由750处到1600处为瓷砖)
只适用于有吊柜的位置

墙身见厨房图纸

台山红台面石

18mm中纤板面贴
灰橡木饰面PVC.P1802-003
16mm双面暖白防潮板
5mm背板
层板托粒
暖白饰面

升降塑胶调节脚

100
170
300
370
760

700
750
2150
2310

600
650
800
50
70

570

① 厨房吊柜/地柜剖面
K-01
比例：1：15

图 1-20　厨房吊柜 / 地柜剖面

任务 1.1.5 装饰装修详图

1. 装饰装修详图的表达方式

装饰装修详图，是指将索引的详图材料节点放大，以图纸方式明确材料相接位置的详细做法的图示。详图是在平面图、顶棚平面图、立面图及各类剖面基础上，深化补充的图纸，其重点在于进一步深化明确材料交接等各类节点的详细图纸，交代更多做法细节和节点大样。

2. 装饰装修详图的识读

装饰装修详图的种类与剖面图类型相近，但其表达的内容需在剖面图的基础上，进一步深化。主要包括：门大样图、地面大样图、顶棚大样图、家具大样图等各类节点做法大样。

（1）门大样图。如图 1-21 所示，在门大样中，明确了门的款式尺寸、门套样式、木饰面材料及内部填充等相关结构做法。图中 A 与 B 两个大样图，分别在房间门外立面上，从竖向与横向两个方向，对门的整体结构构造以剖切的形式做出了清晰的表示。

（2）地面大样图。如图 1-22 所示，在卫生间地面大样中，区分了淋浴间内、淋浴间外、卫生间内、卫生间外的空间位置。同时以剖切的形式，对各个空间的地面做法的造型尺寸、材料收口等做出了清晰的图示。从卫生间外 - 卫生间内 / 淋浴间外 - 淋浴间内，地面材料分别采用 10mm 厚过道砖、600mm×600mm 卫生间地面砖、800mm×800mm 淋浴间地面砖（水槽处为淋浴间导水槽地面砖），地面高度分别为 ±0.000m、-0.020m、-0.070m（导水槽处为 -0.080m），其中需要注意的是在淋浴间外、卫生间内，其地面有去水坡度 0.5%～1%，卫生间门槛处标高为 -0.010m，行至淋浴间外是标高为 -0.020m。淋浴间大部分地面标高为 -0.070m，其中水槽位置标高为 -0.080m，宽 140mm。

如图 1-23 所示，为厅处阳台推拉门夹砖大样图，大样图中明确了厅的标高为 ±0.000m，采用客厅砖配踢脚线。原建筑门底部下嵌，底部与客厅平齐，并在门槛处做 2% 坡度，防止阳台水进入室内。阳台地面深度为 50mm，即标高 -0.050m，地面材料选用仿古砖，防滑耐磨。

（3）顶棚大样图。由于本次列举项目多以未吊顶顶棚加石膏线进行装饰装修，因此例图以顶棚石膏线为主。如图 1-24 所示，为客厅 / 餐厅顶棚石膏线大样图，房间 / 走廊 / 厨房 / 卫生间顶棚石膏线大样图，图中表示明确了顶棚做法为原楼板底 + 乳胶漆，墙身为墙纸材料，石膏线放样在图纸 SD-01 中表示，尺寸分别为 120mm×120mm、80mm×80mm。

（4）家具大样图。室内家具的品类众多，做法不一，因此家具大样图需对节点做法给出清晰的图示。如图 1-25 所示，大样图 c 是橱柜水台剖面的节点放大图，对节点的收口方式、结构尺寸给出了明确表示。例如：水台台面边缘有 20mm 宽，10mm 高的收边，以防止水台上水溢出。水台中水盆的安装需卡进槽中，下方采用 G 形拉手，橱柜门采用 18mm 中纤板面贴灰橡木饰面 PVC.P1802-003，柜体内部为暖白饰面。

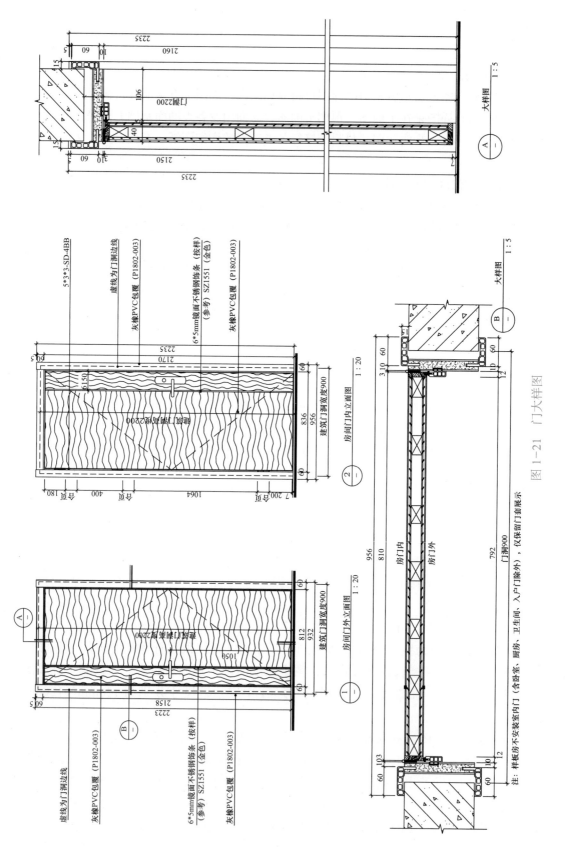

图 1-21 门大样图

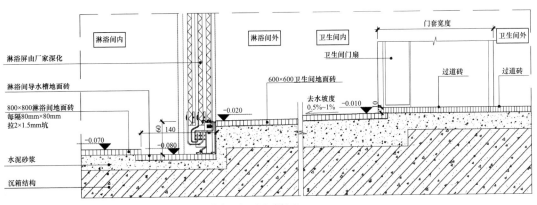

卫生间地面大样图

比例：1∶5

图 1-22 卫生间地面大样图

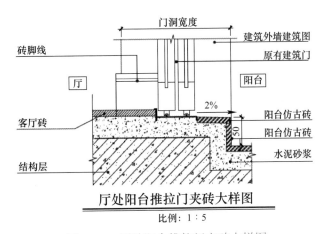

厅处阳台推拉门夹砖大样图

比例：1∶5

图 1-23 厅处阳台推拉门夹砖大样图

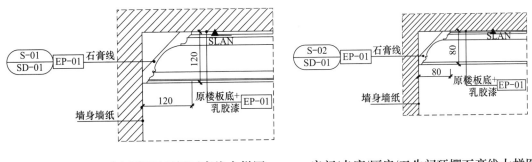

客厅/餐厅顶棚石膏线大样图

比例：1∶5

房间/走廊/厨房/卫生间顶棚石膏线大样图

比例：1∶5

图 1-24 石膏线大样图

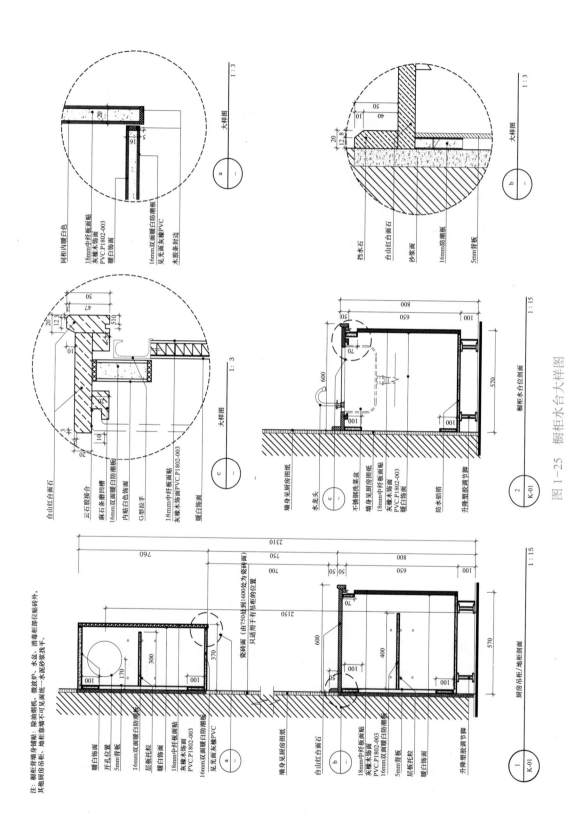

注：橱柜柜身墙身铺贴：除油烟机、微波炉、水盆、消毒柜部位贴砖砖外，
其他厨房吊柜、地柜靠墙不可见面统一水泥砂浆找平。

图 1-25　橱柜水台大样图

单元 1.2　BIM 技术基础应用

任务 1.2.1　BIM 基础知识与操作

BIM（建筑信息模型，Building Information Modeling）技术，是以三维数字技术为基础，集成建设工程项目各种相关信息的工程数据模型（图 1-26），同时又是一种应用于设计、建造、管理的数字化技术。国际标准组织设施信息委员会（Facilities Information Council）给出比较准确的定义：BIM 是在开放的工业标准下对设施的物理和功能特性及其相关的项目全寿命周期信息的可计算、可运算的形式表现，从而为决策提供支持，以更好地实现项目的价值。基于 BIM 应用为载体的工程项目信息化管理，可以提升项目生产效率、提高建筑质量、缩短工期、降低建造成本。BIM 技术被一致认为有以下五大特点：

图 1-26　BIM 技术应用于建筑全生命周期

（1）可视化；

（2）协调性；

（3）模拟性；

（4）优化性；

（5）可出图性。

BIM 技术的实施需要借助不同的软件来实现，目前常用 BIM 软件的数量有几十至上百之多。对这些软件，很难给予一个科学、系统、精确的分类，美国总承包商协会（Associated General Contractors of American，AGC）将 BIM 软件分为八大类：

（1）概念设计和可行性研究软件；

（2）BIM 核心建模软件（BIM Authoring Tools）；

（3）BIM 分析软件（BIM Analysis Tools）；

（4）加工图和预制加工软件（Shop Drawing and Fabrication Tools）；

（5）施工管理软件（Construction Management Tools）；

（6）算量和预算软件（Quantity Takeoff and Estimating Tools）；

（7）计划软件（Scheduling Tools）；

（8）文件共享和协同软件（File Sharing and Collaboration Tools）。

Revit 是 Autodesk 公司专为 BIM 技术应用而推出的专业产品，本单元介绍的 Revit 2018 版本是单一应用程序，集成了建筑、结构、机电三个专业的建模功能。

现以 Revit 2018 版本为基础，介绍 Revit 软件的基础操作，具体包括开启和关闭软件、熟悉软件操作界面、熟悉软件文件类型、使用修改编辑工具。

1. 开启和关闭软件

通过双击桌面 Revit 2018 图标，如图 1-27 所示，或者单击 Windows 启动菜单的 Revit 2018 图标，就可以启动 Revit 2018。在启动界面中可以看到最近使用的文件。Revit 2018 启动后的界面如图 1-28 所示。

如果要关闭软件，可以点击软件界面右上角的关闭按钮。

2. 熟悉软件项目编辑界面

在启动界面通过新建或打开项目，进入软件项目编辑界面如图 1-29 所示，具体包括应用程序按钮、快速访问栏、帮助与信息中心、选项卡、选项栏、上下文选项卡、属性面板、项目浏览器、绘图区域、状态栏、视图控制栏等界面内容。

图 1-27　Revit 2018 图标

图 1-28　Revit 2018 启动界面

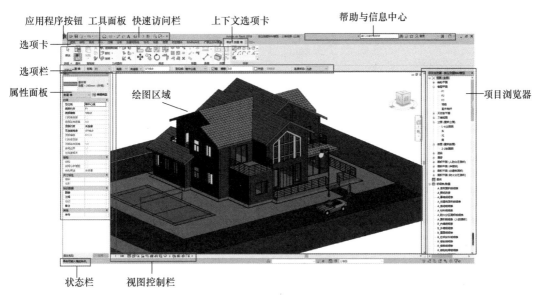

图 1-29 Revit 2018 软件项目编辑界面

3. 熟悉软件文件类型

Revit 中主要的文件类型有 4 种，分别是项目文件、样板文件、族文件和族样板文件。

（1）项目文件。项目文件是 BIM 模型存储文件。其后缀名为".rvt"，在 Revit 软件中，所有的设计模型、视图及信息都被存储在 Revit 项目文件中。

（2）样板文件。样板文件是建模的初始文件，其后缀名为".rte"。不同专业不同类型的模型需要选择不同的样板文件开始建模，样板文件中定义了新建项目中默认的初始参数，例如默认的度量单位、楼层数量的设置、层高信息、线型设置、显示设置等。Revit 允许用户自定义样板文件，并保存为新的".rte"文件。

（3）族文件。族文件的后缀名为".rfa"，族文件可以通过应用程序菜单中新建。Revit 项目文件中的门、窗、楼板、屋顶等构件都属于族文件。

（4）族样板文件。族样板文件的后缀名为 .rft，创建可载入族的文件格式，创建不同类别的族要选择不同的族样板文件。

4. 使用修改编辑工具

在"修改"选项卡中"修改"面板中提供了常用的修改编辑工具，包括移动、复制、旋转、阵列、镜像、对齐、拆分、删除等命令，如图 1-30 所示。

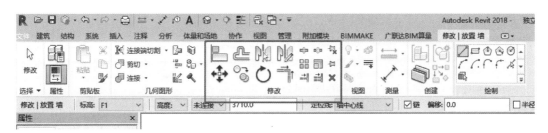

图 1-30 修改编辑工具

任务 1.2.2　BIM 技术建模基础

1. 建模基本流程

（1）初步布局。Revit 软件建模首先从体量研究或现有设计开始，先在三维空间中绘制标高和轴网。

（2）模型的制作与深化。模型的制作是工作流程中的核心环节，建模的过程应遵循从整体到局部的流程：首先创建常规的建筑构件（柱、墙体、楼板、屋顶等）；然后深化设计，添加更多的详细构件（楼梯、家具等）。

（3）模型应用。模型建好后，要发挥其应用价值，应设法从中提取信息数据，并将这些数据应用于设计的各个环节，如漫游、渲染、数据统计等。

2. 建模主要功能模块

（1）标高。在项目中，标高（图 1-31）是有限水平平面，用作屋顶、楼板和天花板等以标高为主体的图元的参照。

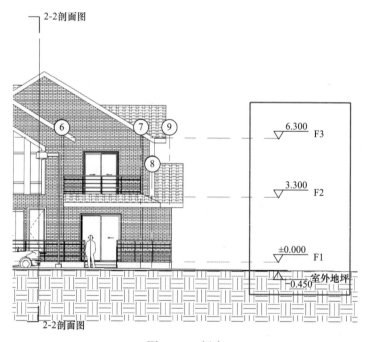

图 1-31　标高

（2）轴网。在项目中，轴网（图 1-32）主要用来为墙体、柱等建筑构件提供平、立面位置参照。在 Revit 软件中，可以将其看作有限平面。

（3）墙体。墙体（图 1-33）是建筑物的重要组成部分，既是承重构件也是围护构件。在绘制墙体时，需要综合考虑墙体的所在楼层、绘制路径、起止高度、用途、材质等各种信息。

（4）门、窗。门（图 1-34）与窗是建筑的主要构件之一，Revit 软件中操作，需要事先将墙体建好，然后进行插入。

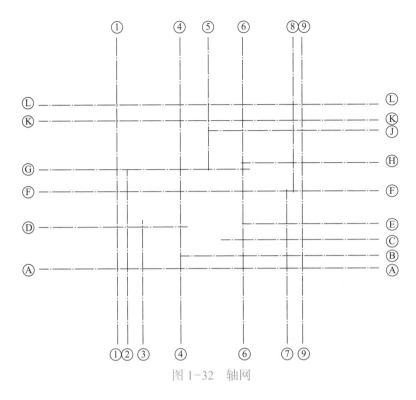

图 1-32　轴网

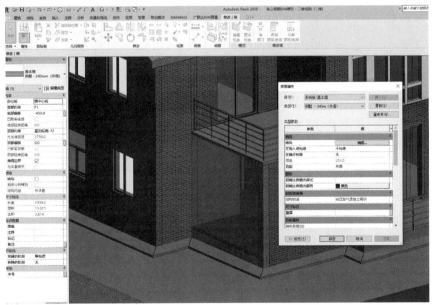

图 1-33　墙体

（5）楼板。楼板（图 1-35）是建筑的主要构件之一，Revit 软件中操作，一般通过描绘边界线方式进行创建，重点关注楼板材质、位置和标高等信息。

（6）屋顶。屋顶（图 1-36）是建筑的主要构件之一，Revit 软件中操作，一般通过迹线屋顶进行创建，重点关注屋顶材质、坡度和标高等信息。

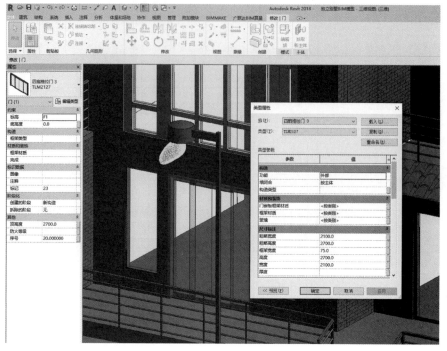

图 1-34 门

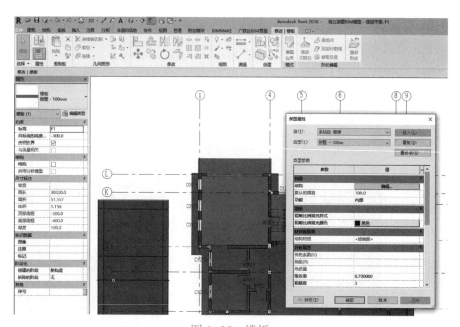

图 1-35 楼板

（7）楼梯。楼梯（图 1-37）和坡道是连接不同高度的建筑构件，楼梯涉及的数据较多，Revit 软件中操作，要认真核查每一个数据。

（8）柱。柱（图 1-38）是建筑的主要构件之一，涉及结构施工图的识读，获取准确的截面尺寸、位置、材质等信息。

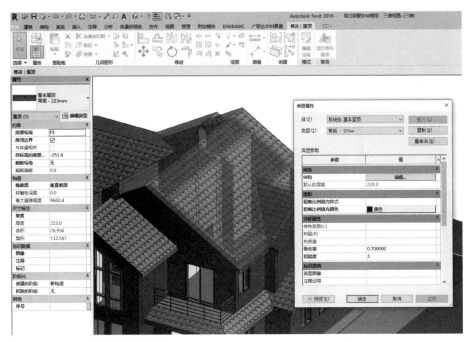

图 1-36　屋顶

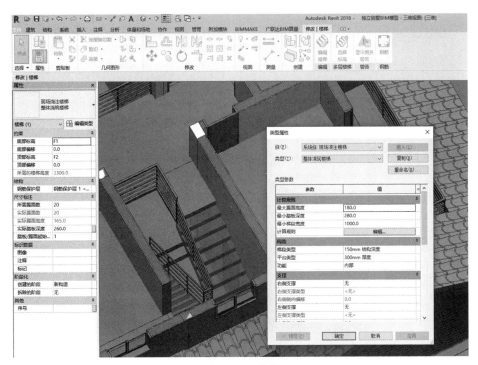

图 1-37　楼梯

（9）构件（部品）

对家具和卫浴设备等建筑图元，通常需要专门进行建模。在 Revit 软件中，可放置软件自带的构件，也可以自行制作，然后进行放置。如图 1-39 所示。

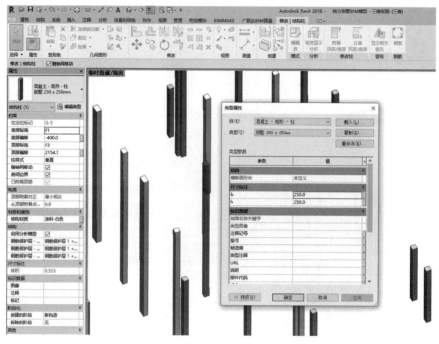

图 1-38 柱

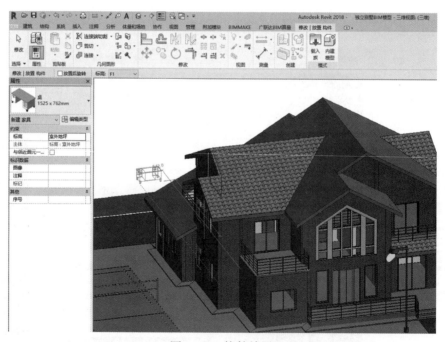

图 1-39 构件放置

（10）场地

在 Revit 中，建筑室外景观部分通常用"场地"选项卡中的命令完成，创建出地形表面、场地构件、停车场构件、建筑地坪等。如图 1-40 所示。

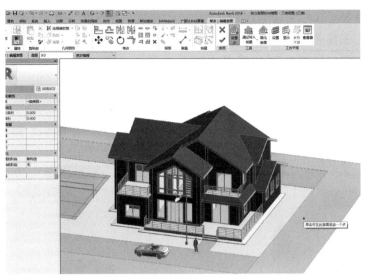

图 1-40　场地

任务 1.2.3　机器人路径设计基础

机器人路径设计，是指依据某种最优准则，在工作空间中寻找一条从起始状态到目标状态，使机器人避开障碍物的最优路径。

1. 施工阶段机器人路径规划流程如下：

模型建立→路径规划生成→路径三维仿真→下发路径。

其中机器人路径规划，需根据工艺路径规划书，通过 Matlab 程序进行计算出相关路径点位信息，导出 Json 文件，建立 BIM 模型，在机器人路径云平台（图 1-41）进行规划设计。

图 1-41　机器人路径云平台

生成路径所需空间信息数据从 BIM 中获取，包含房间高度、剪力墙、柱、梁的位置及尺寸、门窗高度等。根据获取到的各类空间数据信息生成正确合理的作业路径。

2. 路径规划原则：

（1）墙面连续作业、墙面有凸柱时按转角顺序连续喷涂。

（2）大批量柱子作业路径规划时应尽可能不绕路、不重复、提高工效。

（3）既有墙面作业也有批量作业时，按先作业墙面或后作业所有独立柱面，可通过参数设置调整路径输出。如图1-42所示。

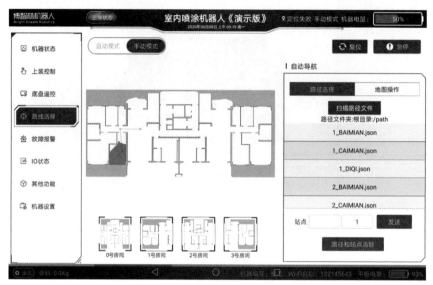

图1-42　室内喷涂机器人路径规划页面

单元 1.3　机械基础知识

任务 1.3.1　机械零部件图形符号

1. 一般尺寸标注法

（1）基本规则

1）机件的真实大小应以图样上所标注尺寸数值为依据，与图形的大小及绘图的准确度无关。

2）图样中（包括技术要求和其他说明）的尺寸，以毫米为单位时，不需要标注计量单位代号和名称，如采用其他单位，则必须注明相应的计量单位的代号或名称，如45度30分应写成45°30′。轴线或对称中心线处引出。也可利用轮廓线、轴线或对称中心线作尺寸界线。如图1-43所示。

（2）尺寸线

尺寸线用来表示尺寸度量的方向。尺寸线必须用细实线绘在两尺寸界线之间，不能用其他图线代替，不得与其他图线重合或画在其延长线上。

尺寸线的终端有如图1-44（a）所示，箭头（b为粗实线宽度）如图1-44（b）所示斜线（h为字体高度）所示的两种形式。

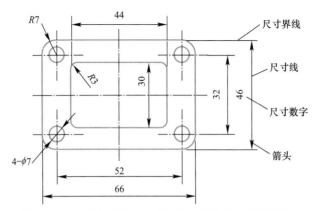

图 1-43 轮廓、轴线、对称中心线和尺寸界线标注

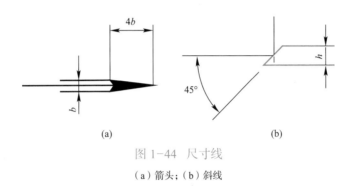

图 1-44 尺寸线

（a）箭头；（b）斜线

（3）圆、圆弧及球的尺寸标注

标注圆的直径时，应在尺寸数字前加注符号"ϕ"；标注圆弧半径时，应在尺寸数字前加注符号"R"；标注球面直径或半径时，应在尺寸数字前分别加注"$S\phi$"或"SR"。如图 1-45 所示。

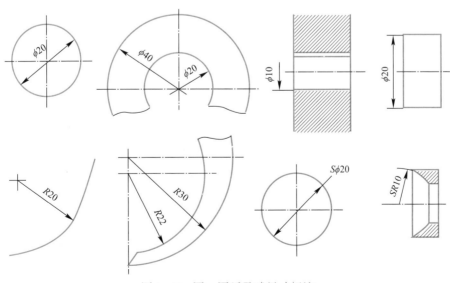

图 1-45 圆、圆弧及球尺寸标注

（4）斜度与锥度

1）斜度。斜度是指一直线（或平面）对另一直线（或平面）倾斜程度。其大小以它们夹角的正切来表示，并将此值化为 $1:n$ 的形式，斜度 $=\tan\alpha=H/L=1:n$。标注斜度时，需在 $1:n$ 前加注斜度符号"∠"，且符号方向与斜度方向一致。斜度符号的高度等于字高 h。斜度的定义、画法及其标注方法，如图 1-46 所示。

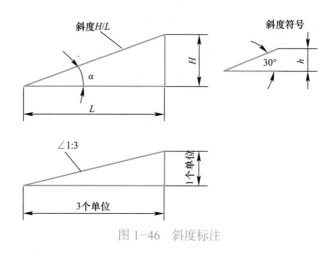

图 1-46 斜度标注

2）锥度。锥度是指正圆锥体的底圆直径与其高度之比（对于圆锥台，则为底圆直径与顶圆直径的差与圆锥台的高度之比），并将此值化成 $1:n$ 的形式。标注时，需在 $1:n$ 前加注锥度符号"▷"，且符号的方向应与锥度方向一致。锥度符号的高度等于字高 h。锥度的定义、画法及其标注方法，如图 1-47 所示。

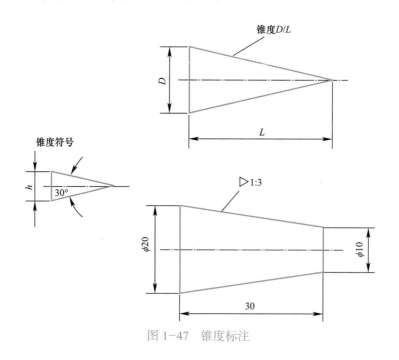

图 1-47 锥度标注

2. 表面粗糙度

无论用何种方法加工的表面，都不会是绝对光滑的，在显微镜下可看到表面的峰、谷状（图1-48）。表面粗糙度是指零件加工表面上具有的较小间距和峰、谷组成的微观几何形状特性。

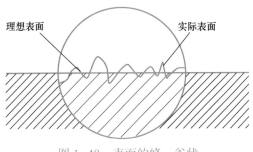

图 1-48 表面的峰、谷状

表面粗糙度是评定零件表面质量的一项技术指标，它对零件的配合性质、耐磨性、抗腐蚀性、接触刚度、抗疲劳强度、密封性和外观等都有影响。表面粗糙度代号详见表1-1。

3. 公差与配合概念

（1）公差。零件制造加工尺寸无法做到绝对准确。为了保证零件的互换性，设计时根据零件使用要求而制定允许尺寸的变动量，称为尺寸公差，简称公差。下面介绍公差有关术语（图1-49）。

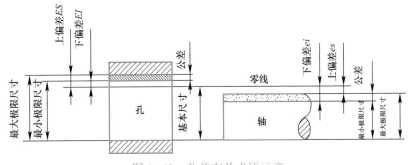

图 1-49 公差有关术语示意

1）基本尺寸：根据零件设计要求所确定的尺寸。

2）实际尺寸：通过测量得到的尺寸。

3）极限尺寸：允许尺寸变动的两个界限值。

4）上、下偏差：最大、最小极限尺寸与基本尺寸的代数差分别称为上偏差、下偏差。国标规定：孔的上、下偏差代号分别用 ES、EI 表示；轴的上、下偏差代号分别用 es、ei 表示。

5）尺寸公差：允许尺寸的变动量。它等于最大、最小极限尺寸之差或上、下偏差之差。

表面粗糙度代号 表1-1

表面粗糙度符号及意义		表面粗糙度高度参数的标注			
		R_a		R_z、R_y	
符号	意义及说明	代号	意义	代号	意义
∨	基本符号，表示表面可用任何方法获得。当不加注粗糙度参数值或有关说明（例如：表面处理、局部热处理状况等）时，仅适用于简化代号标注	3.2	用任何方法获得的表面粗糙度，R_a 的上限值为 3.2μm	R_y3.2	用任何方法获得的表面粗糙度，R_y 的上限值为 3.2μm
∨	基本符号加一短划，表示表面是用去除材料的方法获得。例如：车、铣、钻、磨、剪、切、抛光、腐蚀、电火花加工、气割等	3.2	用去除材料方法获得的表面粗糙度，R_a 的上限值为 3.2μm	R_z200	用不去除材料方法获得的表面粗糙度，R_z 的上限值为 200μm
∨	基本符号加一小圆，表示表面是用不去除材料的方法获得。例如：铸、锻、冲压变形、热轧、冷轧、粉末冶金等。或者是用于保持原供应状况的表面（包括保持上道工序的状况）	3.2	用不去除材料方法获得的表面粗糙度，R_a 的上限值为 3.2μm	R_z3.2 R_z1.6	用去除材料方法获得的表面粗糙度，R_z 的上限值为 3.2μm，下限值为 1.6μm
		3.2 1.6	用去除材料方法获得的表面粗糙度，R_a 的上限值为 3.2μm，R_a 的下限值为 1.6μm	3.2 R_y12.5	用去除材料方法获得的表面粗糙度，R_a 的上限值为 3.2μm，R_y 的上限值为 12.5μm
∨	在上述三个符号的长边上均可加一横线，用于标注有关参数和说明	3.2max	用任何方法获得的表面粗糙度，R_a 的最大值为 3.2μm	R_y3.2max	用任何方法获得的表面粗糙度，R_y 的最大值为 3.2μm
		3.2max	用去除材料方法获得的表面粗糙度，R_a 的最大值为 3.2μm	R_z200max	用不去除材料方法获得的表面粗糙度，R_y 的最大值为 200μm
∨	在上述三个符号上均可加一小圆，表示所有表面具有相同的表面粗糙度要求	3.2max	用不去除材料方法获得的表面粗糙度，R_a 的最大值为 3.2μm	R_z3.2max R_z1.6min	用去除材料方法获得的表面粗糙度，R_z 的最大值为 3.2μm，最小值为 1.6μm
		3.2max 1.6min	用去除材料方法获得的表面粗糙度，R_a 的最大值为 3.2μm，R_a 的最小值为 1.6μm	3.2max R_y12.5max	用去除材料方法获得的表面粗糙度，R_a 的最大值为 3.2μm，R_y 的最大值为 12.5μm
表面粗糙度数值及其有关规定在符号中注写的位置		![符号示意图] a_1 a_2 b c/f d	$a_1 a_2$——粗糙度高度参数代号及其数值（μm）； b——加工要求、镀覆、涂覆、表面处理或其他说明等； c——取样长度（mm）或波纹度（μm）； d——加工纹理方向符号； f——粗糙度间距参数值（mm）或轮廓支承长度率		

6）尺寸公差带：在公差图中由代表上、下偏差的两条直线限定的区域。

7）零线：在公差图中表示基本尺寸或零偏差的一条直线。

8）标准公差和公差等级：国标中规定的，用以确定公差带大小的任一公差称为标准公差。

9）基本偏差：基本偏差为用以确定公差带相对于零线位置的上偏差或下偏差，即基本偏差系列中靠近零线的那个偏差。

（2）配合

配合是指基本尺寸相同、相互结合的孔和轴公差带之间关系。由于孔和轴的实际尺寸不同，装配后可以产生不同的配合形式，分为以下三种：

1）间隙配合。孔的公差带在轴的公差带之上，孔与轴装配时，具有间隙（包括最小间隙为零）的配合。如图1-50所示。

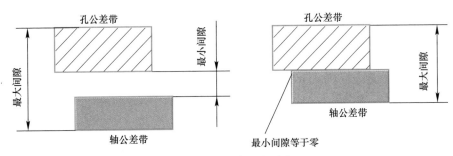

图1-50 间隙配合示意

2）过盈配合。孔的公差带在轴的公差带之下，孔与轴装配时，具有过盈（包括最小过盈为零）的配合。如图1-51所示。

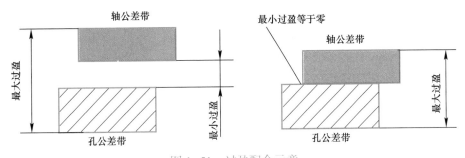

图1-51 过盈配合示意

3）过度配合。孔与轴装配时，可能有间隙或过缀的配合。如图1-50所示，孔与轴的公差带互相交叠。如图1-52所示。

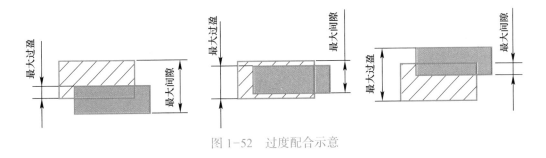

图1-52 过度配合示意

4. 形状和位置公差（简称形位公差）

零件加工时不但尺寸有误差，几何形状和相对位置也有误差。为了满足使用要求，零件的几何形状和相对位置由形状公差和位置公差来保证。详见表1-2。

形状或位置公差的项目及符号   表1-2

公差种类		特征项目	符号	有或无基准要求
形状公差	形状	直线度	—	无
		平面度	▱	无
		圆度	○	无
		圆柱度	⌀	无
形状或位置公差	轮廓	线轮廓度	⌒	有或无
		面轮廓度	◠	有或无
位置公差	定向	平行度	//	有
		垂直度	⊥	有
		倾斜度	∠	有
	定位	位置度	⊕	有或无
		同轴（同心）度	◎	有
		对称度	＝	有
	跳动	圆跳动	↗	有
		全跳动	↗↗	有

（1）形状公差是指单要素形状对其理想要素形状允许的变动全量。

（2）位置公差。是指关联实际要素位置对其理想要素位置（基准）的允许变动全量。

（3）形位公差综合标注示例。以图1-53中标注的各形位公差为例，对其含义作些解释。

⌀ 0.005 表示 ϕ32f7 圆柱面的圆柱度误差为 0.005mm，即该被测圆柱面必须位于半径差为公差值 0.005mm 的两同轴圆柱面之间。

◎ ϕ0.1 A 表示 M12×1 的轴线对基准 A 的同轴度误差为 0.1mm，即被测圆柱面的轴线必须位于直径为公差值 ϕ0.1mm，且与基准轴线 A 同轴的圆柱面内。

↗ 0.1 A 表示 ϕ24 的端面对基准 A 的端面圆跳动公差为 0.1mm，即被测面围绕基准线 A（基准轴线）旋转一周时，任一测量直径处的轴向圆跳动量不得大于公差值 0.05mm。

⊥ 0.025 A 表示 ϕ72 的右端面对基准 A 的垂直度公差为 0.025mm，即该被测面必须位于距离为公差值 0.025mm，且垂直与基准线 A（基准轴线）的两平行平面之间。

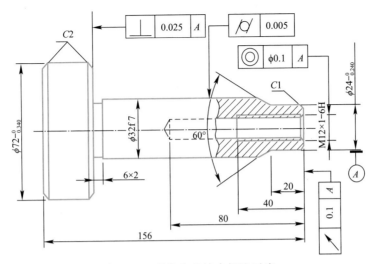

图 1-53 形位公差综合标注示意

5. 焊接基本符号

基本符号是表示焊缝横截面形状符号及图示符号，详见表 1-3～表 1-6。

横截面焊缝表示代号 表1-3

符号	名称	示意图	符号	名称	示意图
δ	工件厚度		t	焊缝长度	
α	坡口角度		n	焊缝段数	
b	根部间隙		e	焊缝间隙	
p	钝边		S	焊缝有效厚度	
C	焊缝宽度		H	坡口深度	
k	焊角尺寸		h	余高	

装饰工程机器人施工

焊缝横截面形状的符号

表1-4

序号	名称	示意图	符号
1	I形焊缝		||
2	V形焊缝		∨
3	单边V形焊缝		⊬
4	带钝边V形焊缝		Y
5	带钝边U形焊缝		Y
6	封底焊缝		⌓
7	角焊缝		◺

焊缝横截面形状补充符号

表1-5

序号	名称	示意图	符号	说明
1	带垫板符号			V焊缝底部有垫板
2	三面焊缝符号			表示三面带有焊缝，焊接方法为焊条电弧焊
3	周围焊缝符号			表示在现场沿焊件周围焊缝
4	现场符号		⚑	表示在现场或工地上进行焊接
5	尾部符号		＜	参照《焊接及相关工艺方法代号》GB 5185标注焊接工艺方法等内容

焊缝基准线图示符号 表1-6

序号	坡口及焊缝名称	图样标注符号
1	不开坡口对接单面焊缝	
2	不开坡口对接双面焊缝	
3	不开坡口对接单面焊缝（带垫板）	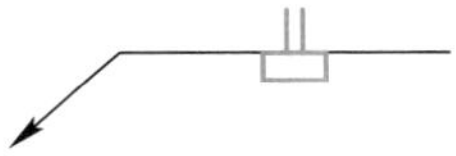
4	V形坡口对接双面焊缝（封底）	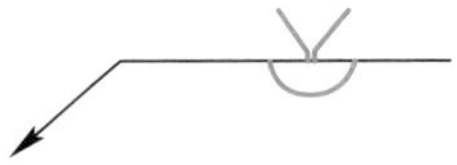
5	U形坡口对接单面焊缝	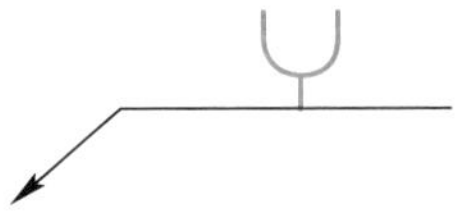
6	X形坡口对接双面焊缝	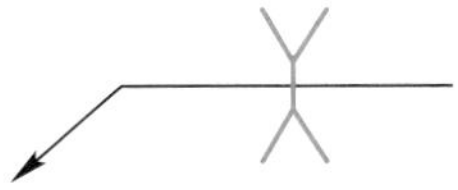
7	不开坡口单面角焊缝	
8	不开坡口双面角焊缝	

任务 1.3.2　齿轮传动及润滑

1. 齿轮传动概述

齿轮传动是近现代机械中用得最多的传动形式之一，用来传递空间任意两轴之间的运动和动力。与其他传动形式相比较，齿轮传动的主要特点：能保证传动比恒定不变；适用载荷与速度范围很广；结构紧凑；效率高，$n=0.94\sim0.99$；工作可靠且寿命长；对制造及安装精度要求较高；当两轴间距离较远时，采用齿轮传动较笨重。

齿轮传动的分类方法很多（图 1-54），按照两轴线的相对位置及齿形不同可分为：

（1）平面齿轮传动。

（2）相交轴齿轮传动。

（3）交错轴齿轮传动。

按齿轮的工作情况，齿轮传动可分为开式齿轮传动（齿轮完全外露）和闭式齿轮传动（齿轮全部密闭于刚性箱体内）。开式齿轮传动工作条件差，齿轮易磨损，故宜用于低速传动；闭式齿轮传动润滑及防护条件好，多用于重要场合。

齿轮传动按照圆周速度可分为：低速传动，$v<3\text{m/s}$；中速传动，$v=3\sim15\text{m/s}$；高速传动，$v>15\text{m/s}$。

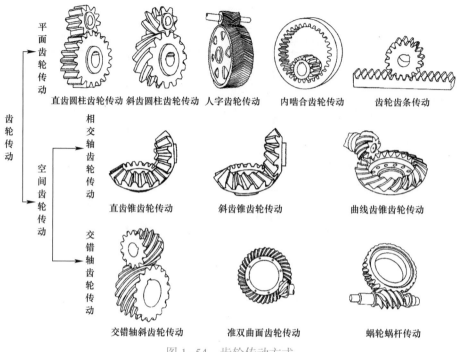

图 1-54 齿轮传动方式

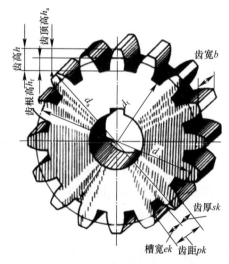

图 1-55 直齿轮圆柱齿轮各部分名称及
代号

2. 标准直齿轮圆柱齿轮各部分名称及代号

如图 1-55 所示，标准直齿圆柱齿轮上每一个用于啮合的凸起部分称为轮齿。每个轮齿都具有两个对称分布的齿廓。一个齿轮的轮齿总数称为齿数，用 z 表示。齿轮上两相邻轮齿之间的空间称为齿槽，在任意直径为 d 的圆周上，齿槽的弧线长称为该圆上的齿槽宽，用 e 表示。在任意径为 d 的圆周上，齿轮上轮齿左右两侧齿廓间的弧长称为该圆上的齿厚，用 s 表示；相邻两齿对应点之间的弧线长称为该圆上的齿距，用 Pk 表示，$Pk=ek+sk$。过所有齿顶端的圆称为齿顶圆，其直径用 d 表示。过所有齿槽底边的圆称为齿根圆，其直径用 d 表示。

为了计算齿轮各部分尺寸，在齿轮上选择一个圆作为尺寸计算的基准，该圆称为齿轮的分度圆，其直径用 d 表示。分度圆上的齿厚、齿槽宽和齿距分别用 s、e 和 p 表示，且 $p=s+e$。

3. 标准直齿轮圆柱齿轮基本参数

齿轮各部分尺寸很多，但决定齿轮大小和齿形的基本参数只有 5 个，即齿轮的齿数 z、模数 m、压力角 a、齿顶高系数 h^* 及顶隙系数 c^*。上述参数除齿数外，均已标准化。

（1）齿轮的模数 m

分度圆上的比值 p/π 人为地规定成标准数值，用 m 表示，并称之为齿轮的模数。

即 $m=p/\pi$，单位为 mm。

齿轮分度圆直径表示为 $d=zp/\pi=zm$。当齿数相同时，模数越大，齿轮的直径越大，因而承载能力也就越高。

（2）压力角

分度圆上的压力角规定为标准值。我国标准规定 $\alpha=20°$，此压力角就是通常所说的齿轮的压力角。

（3）齿顶高系数 h_a^* 和顶隙系数 c^*

齿轮的齿顶高、齿根高都与模数 m 成正比。即

$$h_a=h_a^*m$$
$$h_f=(h_a^* + c^*)m$$
$$h=(2h_a^* +c^*)m$$

式中，h_a^*——齿顶高系数；

c^*——顶隙系数。

齿顶高系数和顶隙系数有两种标准数值，即

正常齿制：$h_a^*=1$，$c^*=0.25$

短齿制：$h_a^*=0.8$，$c^*= 0.3$。

顶隙 $c=c^*m$，是指在齿轮副中，一个齿轮的齿根圆柱面与配对齿轮的齿顶圆柱面之间在中心连线上的距离。

凡模数、压力角、齿顶高系数与顶隙系数等于标准数值，且分度圆上齿厚 s 与齿槽宽相等的齿轮，称为标准齿轮。

4. 齿轮传动失效形式

齿轮传动的失效形式主要时齿轮失效，常见的失效形式有轮齿折断、齿轮磨损、齿面点蚀、齿面胶合及塑性变形等。

（1）轮齿折断

当轮齿反复受载时，齿根部分在交变弯曲应力作用下将产生疲劳裂纹，并逐渐扩展，致使轮齿折断。这种折断称为疲劳折断。如图 1-56、图 1-57 所示。

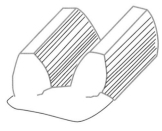 

图 1-56 整体折断　　　　　　　　图 1-57 局部折断

轮齿短时严重过载也会发生轮齿折断，称为过载折断。

（2）齿面磨损

当其工作面间进入硬屑粒（如砂粒、铁屑等）时，将引起磨粒磨损，磨损将破坏渐开

线齿形，齿侧间隙加大，引起冲击和振动。严重时会因轮齿变薄，抗弯强度降低而折断。如图 1-58 所示。

措施：采用闭式传动，提高齿面硬度，减少齿面粗糙度及采用清洁的润滑油，均可减轻齿面磨损。

（3）齿面点蚀

轮齿进入啮合后，齿面接触处会产生接触应力，致使表层金属微粒剥落，形成小麻点或较大的凹坑，这种现象称为齿面点蚀。如图 1-59 所示。

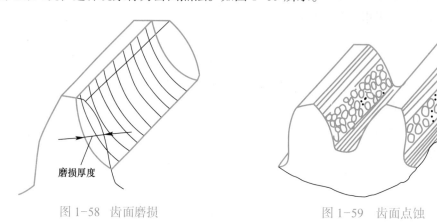

图 1-58　齿面磨损　　　　　　　　　图 1-59　齿面点蚀

措施：提高齿面硬度和润滑油的黏度，降低齿面粗糙度值等均可提高轮齿抗疲劳点蚀的能力。在开式齿轮传动中，由于磨损较快，一般不会出现齿面点蚀。

（4）齿面胶合

在高速重载的齿轮传动中，齿面间的高压、高温会使润滑油黏度降低，油膜破坏，局部金属表面直接接触并互相粘连现象，继而又被撕开而形成沟纹，这种现象称为齿面胶合。如图 1-60 所示。

措施：提高齿面硬度和降低表面粗糙度值，限制油温、增加油黏度，选用加有抗胶合添加剂的合成润滑油等方法。

（5）塑性变形

当轮齿材料较软且载荷较大时，轮齿表层材料在摩擦力作用下，因屈服将沿着滑动方向产生局部齿面塑性变形，导致主动轮齿面节线附近出现凹沟，从动轮齿面节线附近出现凸棱，使轮齿失去正确的齿形，影响齿轮正常啮合。

措施：提高齿面硬度，采用黏度较高的润滑油，有助于防止轮齿产生塑性变形。如图 1-61 所示。

5. 轮廓曲面啮合特点

（1）渐开线直齿圆柱齿轮传动时，轮齿是沿整个齿宽同时进入啮合或脱离啮合，载荷是沿齿宽突然加上或卸掉。因此，直齿圆柱齿轮传动的平稳性较差，容易产生冲击和噪声，不适用于高速、重载传动。如图 1-62 所示。

（2）斜齿轮不论两齿廓在何位置接触，接触线是轴线倾斜的直线，轮齿沿齿宽逐渐进

图 1-60 齿面胶合

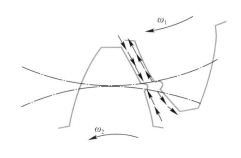
图 1-61 齿面塑性变形

入啮合又逐渐脱离啮合。齿面接触线的长度也由零逐渐增加，又逐渐缩短，直至脱离接触。因此，斜齿轮传动的平稳性比直齿轮好，减少了冲击、振动和噪声，在高速大功率的传动中广泛应用。如图 1-63 所示。

图 1-62 直齿圆柱齿齿廓啮合

图 1-63 斜齿圆柱齿齿廓啮合

6. 齿轮传动润滑

齿轮传动中，相啮合的齿面间有相对滑动，会发生摩擦和磨损，增加动力消耗，降低传动效率，因此需考虑齿轮的润滑。

（1）开式及半开式齿轮传动通常采用人工定期加油润滑，润滑剂可以采用润滑油或润滑脂。

（2）闭式齿轮传动润滑方式，一般根据齿轮圆周速度 v 的大小而定。

1）当 $v \leqslant 12\text{m/s}$ 时，多采用油池润滑，如图 1-64（a）所示，即将大齿轮的轮齿浸入油池，齿轮传动时，大齿轮会把润滑油带到啮合面上，同时也将油甩到箱壁上，借以散热。浸入油中深度约一个全齿高，但不应小于 10mm。浸油过深则齿轮运动阻力增大并使油温升高，对于锥齿轮应浸入全齿宽。在多级齿轮传动中，当几个大齿轮直径不相等时，可以采用带油轮将润滑油带到未浸入油池内的齿轮齿面上，如图 1-64（b）所示。

2）当 $v > 12\text{m/s}$ 时，不宜采用油池润滑。这是因为圆周速度过高，齿轮上的油大多被甩出去而达不到啮合区；搅油过于剧烈，使油的温升增加，润滑性能降低；会搅起箱底沉

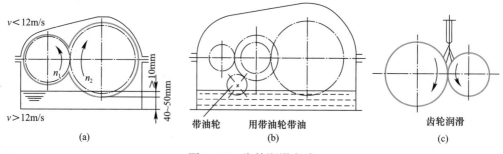

图 1-64　齿轮润滑方式

（a）油池润滑；（b）带油轮润滑；（c）压力喷油润滑

淀的杂质，加速齿轮的磨损。因此，此时最好采用压力喷油润滑，如图 1-64（c）所示，即通过油路把具有一定压力的润滑油喷到轮齿的啮合面上。

任务 1.3.3　链条传动及润滑

1. 链传动

链传动由两个链轮和绕在两轮上的中间挠性件和链条所组成。靠链条与链轮之间的啮合来传递两平行轴之间的运动和动力，属于具有啮合性质的强迫传动。

（1）链传动概述

链传动由两个链轮和绕在两轮上的中间挠性件——链条所组成。靠链条与链轮之间的啮合来传递两平行轴之间的运动和动力，属于具有啮合性质的强迫传动。其中，应用最广泛的是滚子链传动。如图 1-65、图 1-66 所示。

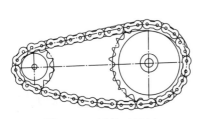

图 1-65　链传动简图

图 1-66　链条实物

1）链传动的主要特点：与带传动、齿轮传动相比，没有弹性滑动和打滑，能保持准确的平均传动比。滚子链结构，如图 1-67 所示。

A. 传动效率较高（封闭式链传动传动效率 =0.95～0.98）；

B. 压轴力较小，链条不需要张得很紧；

C. 传递功率大，过载能力强；

D. 能在低速重载下较好工作；

E. 能适应恶劣环境如多尘、油污、腐蚀和高强度场合。

2）链传动缺点：瞬时链速和瞬时传动比不为常数，工作中有冲击和噪声，磨损后易发生跳齿，不宜在载荷变化很大和急速反向的传动中应用。

《传动用短节距精密滚子链、套筒链、附件和链轮》GB 1243—2006 规定滚子链分 A、B 两个系列。表中的链号数乘以 25.4/16 即为节距值，表中的链号与相应的国际标准一致。

滚子链的标记方法为：

链号 - 排数 × 链节数，标准编号。例如 10A-60《传动用短节距精密滚子链、套筒链、附件和链轮》GB 1243—2006，即为按本标准制造的 A 系列、节距可查标准为 15.87mm，共有 60 节。

链条除了接头和链节外，各链节都是不可分离的。链的长度用链节数表示，为了使链条连成环形时，正好是外链板与内链板相连接，所以链节数最好为偶数。

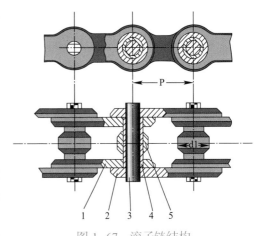

图 1-67 滚子链结构

1—内链板；2—外链板；3—销轴；4—套筒；5—滚子

（2）过渡链节

为了形成链节首尾相接的环形链条，要用接头加以连接。链的接头形式如图 1-68 所示。链节数为偶数时，应采用连接链节，其形状与链节相同，接头处用钢丝锁销或弹簧卡片等止锁件将销轴与连接链板固定；链节数为奇数时，必须采用加一个过渡链节链接。过渡链节的链板工作时会有附加弯矩产生，因此制造时应尽量避免采用奇数链节。

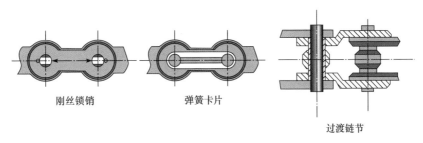

刚丝锁销　　　弹簧卡片　　　过渡链节

图 1-68 链的接头形式

链轮齿形必须保证链节能平稳自如地进入和退出啮合，尽量减少啮合时的链节的冲击和接触应力，而且要易于加工。

常用的链轮端面齿形如图 1-69 所示。它是由三段圆弧 *aa*、*ab*、*cd* 和一段直线 *bc* 构成，简称三圆弧一直线齿形。齿形用标准刀具加工，在链轮工作图上不必绘制端面齿形，只需在图上注明"齿形按《传动用短节距精密滚子链、套筒链、附件和链轮》GB/T 1243—2006 规定制造"即可，但应绘制链轮的轴面齿形，其尺寸可参阅有关设计手册。工作图中应注明节 - 距 p、齿数 z、分度圆直径 d（链轮上链的各滚子中心所在的圆）、齿顶圆直径 d_a、齿根圆直径 d_f。

2. 链条的分类及失效形式

（1）链条的分类

大部分链条都是由链板、链销、轴套等部件组成。其他类型的链条只是将链板根据不

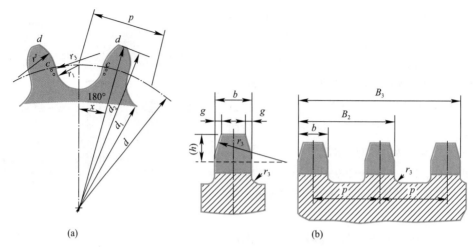

图 1-69 滚子轮端面齿形和链轴面齿形

（a）滚子轮端面齿形；（b）滚子链轴面齿形

同的需求做了不同的改动，有的在链板上装上刮板，有的在链板上装上导向轴承，还有的在链板上装了滚轮等，这些都是为了应用在不同的应用场合进行的改装。

（2）失效形式

对一般链条来说，润滑的部位主要是链轮和链条的滚子、链轴和轴套。由于链条的结构不同，所以链条的润滑部位也可能发生改变。但是在大多数的链条中，润滑部位主要还是链轮和链条的滚子、链轴和轴套。对于特殊链条，如装有轴承、滚轮及其他摩擦副的链条，还要考虑这些摩擦副的润滑部位。

链条的主要失效形式有以下几种：

1）销轴断裂；

2）节距增长；

3）链轮轮齿断裂；

4）链条卡咬。

3. 链条的润滑要求与润滑方式

（1）传动链条对润滑油的要求

1）较好的油性能牢固地吸附在链条内外表面，不致被链条的离心力作用所甩掉，或者受载荷挤压而脱离摩擦节点。

2）较好的渗透能力能渗入链环的各个摩擦环节，形成边界膜，减少磨损。

3）较好的抗氧化安定性能在运转时与空气接触，不致加速氧化而形成氧化物。

链条不论用在何处，都要润滑。链传动中的润滑油是用来润滑铰链、链轮和链条等摩擦面的。选油应根据速度、工作温度等因素而定。

（2）链传动的润滑方式

为减少链条和铰链的磨损、延长使用寿命，链传动的润滑是不容忽视的。润滑方式根据使用工况的不同分为四种：

1）人工定期润滑：用油壶或油刷，每班注油 1 次。适用于低速 $v \leqslant 5\text{m/s}$ 的传动。但在速度极高时（$v > 10\text{m/s}$）要求强制送油润滑以便散热降温，一般温度不应超过 70℃。

2）滴油润滑：用油杯或注油器通过油管于松边链条内外链板间隙处，每分钟滴下润滑油 5～20 滴。适用于 $v \leqslant 10\text{m/s}$ 的传动。

3）油浴或油盘润滑：利用油浴润滑时，将下侧链条通过变速箱中的油池，其油面应达到链条最低位置的节圆线上，油浴润滑方式一般用于闭式链条传动。

4）压力润滑：当采用 $v \geqslant 8\text{m/s}$ 的大功率传动时，应采用特设的油泵将油喷射至链轮链条啮合处。喷油管口设在链条的啮合处，每一啮合处喷油管口数为（$n+1$）个，n 是链条排数。

链传动的润滑是很容易被忽略的问题。在润滑过程中要选择适合的方式和润滑油品的同时还要根据具体环境确定合适的润滑周期，对于较差工况下的链条还要做好定期清洁工作。不同机械有不同的要求，必须按使用说明书链传动进行维护。

任务 1.3.4　减速器

1. 概述

减速器在原动机和工作机或执行机构之间起匹配转速和传递转矩的作用，减速器是一种相对精密的机械，使用它的目的是降低转速，增加转矩。

减速器是一种由封闭在刚性壳体内齿轮传动、蜗杆传动、齿轮 - 蜗杆传动所组成的独立部件，常用作原动件与工作机之间的减速传动装置。在原动机和工作机或执行机构之间起匹配转速和传递转矩的作用，在现代机械中应用极为广泛。

2. 工作原理

减速器一般用于低转速大扭矩传动设备，把电动机、内燃机或其他高速运转的动力通过减速器输入轴上齿数少的齿轮啮合输出轴上大齿轮来达到减速的目的，大小齿轮的齿数之比，就是传动比。

3. 分类

减速器是一种相对精密的机械，使用它的目的是降低转速，增加转矩。它的种类繁多，型号各异，不同种类有不同的用途。

减速器的种类繁多，按照传动类型可分为：齿轮减速器、蜗杆减速器等、行星减速器、摆线齿轮减速器、谐波齿轮减速器；按照传动的布置形式又可分为：展开式、分流式和同轴式减速器；按照级数不同可分为：单级和多级减速器；按照传动的布置形式又可分为展开式、分流式和同进轴式减速器。如图 1-70 所示。

任务 1.3.5　液压系统简介

液压系统的作用为通过改变压强增大作用力。一个完整的液压系统由五个部分组成，即动力元件、执行元件、控制元件、辅助元件（附件）和液压油。液压系统可分为两类：液压传动系统和液压控制系统。液压传动系统以传递动力和运动为主要功能。液压控制系统则要使液压系统输出满足特定的性能要求（特别是动态性能），通常所说的液压系统主要指液压传动系统。

（a）   （b）   （c）

图 1-70　滚子链轴面齿形

（a）单级齿轮减速器；（b）两级齿轮减速器；（c）圆锥-圆柱齿轮

1. 液压系统组成

一个完整的液压系统由五个部分组成，即动力元件、执行元件、控制元件、辅助元件（附件）和液压油。

（1）动力元件

动力元件的作用是将原动机的机械能转换成液体的压力能，指液压系统中的油泵，它向整个液压系统提供动力。液压泵的结构形式一般有齿轮泵、叶片泵和柱塞泵。

（2）执行元件

执行元件（如液压缸和液压马达）的作用是将液体的压力能转换为机械能，驱动负载作直线往复运动或回转运动。

（3）控制元件

控制元件（即各种液压阀）在液压系统中控制和调节液体的压力、流量和方向。根据控制功能的不同，液压阀可分为压力控制阀、流量控制阀和方向控制阀。压力控制阀又分为溢流阀（安全阀）、减压阀、顺序阀、压力继电器等；流量控制阀包括节流阀、调整阀、分流集流阀等；方向控制阀包括单向阀、液控单向阀、梭阀、换向阀等。根据控制方式不同，液压阀可分为开关式控制阀、定值控制阀和比例控制阀。

（4）辅助元件（附件）

辅助元件（附件）包括油箱、滤油器、油管及管接头、密封圈、快换接头、高压球阀、胶管总成、测压接头、压力表、油位油温计等。

（5）液压油

液压油是液系统中传递能量的工作介质，有各种矿物油、乳化液和合成型液压油等几大类。

2. 液压系统结构

液压系统由信号控制和液压动力两部分组成，信号控制部分用于驱动液压动力部分中的控制阀动作。如图 1-71 所示。

（1）液压动力部分采用回路图方式表示，以表明不同功能元件之间的相互关系。液压源含有液压泵、电动机和液压辅助元件；液压控制部分含有各种控制阀，其用于控制工作油液的流量、压力和方向；执行部分含有液压缸或液压马达，其可按实际要求来选择。如图 1-72 所示。

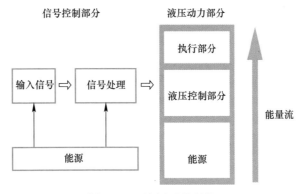

图 1-71　液压系统结构

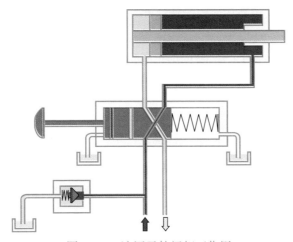

图 1-72　液压元件间相互作用

（2）在分析和设计实际任务时，一般采用方框图显示设备中实际运行状况。空心箭头表示信号流，而实心箭头则表示能量流。基本液压回路中的动作顺序—控制元件（二位四通换向阀）的换向和弹簧复位、执行元件（双作用液压缸）的伸出和回缩以及溢流阀的开启和关闭。对于执行元件和控制元件，演示文稿都是基于相应回路图符号，这也为介绍回路图符号作了准备。

根据系统工作原理，可对所有回路依次进行编号。如果第一个执行元件编号为 0，则与其相关的控制元件标识符则为 1。如果与执行元件伸出相对应的元件标识符为偶数，则与执行元件回缩相对应的元件标识符则为奇数。不仅应对液压回路进行编号，也应对实际设备进行编号，以便发现系统故障。

3. 故障诊断

液压传动系统由于其独特的优点，即具有广泛的工艺适应性、优良的控制性能和较低廉的成本，在各个领域中获得愈来愈广泛的应用。但由于客观上元、辅件质量不稳定和主观上使用、维护不当，且系统中各元件和工作液体都是在封闭油路内工作，不像机械设备那样直观，也不像电气设备那样可利用各种检测仪器方便地测量各种参数，液压设备中，仅靠有限几个压力表、流量计等来指示系统某些部位的工作参数，其他参数难以测量，而且一般故障根源有许多种可能，这给液压系统故障诊断带来一定困难。

在生产现场，由于受生产计划和技术条件的制约，因此要求故障诊断人员能够准确、简便和高效地诊断出液压设备的故障，要求维修人员能够利用现有的信息和现场的技术条件，尽可能减少拆装工作量，节省维修工时和费用，用最简便的技术手段，在尽可能短的时间内，准确地找出故障部位和发生故障的原因并加以修理，使系统恢复正常运行，并力求今后不再发生同样故障。

（1）液压系统故障诊断一般原则

正确分析故障是排除故障的前提，系统故障大部分并非突然发生，发生前总有预兆，当预兆发展到一定程度即产生故障。引起故障的原因是多种多样的，并无固定规律可循。统计表明，液压系统发生的故障约90%是由于使用管理不善所致为了快速、准确、方便地诊断故障，必须充分认识液压故障的特征和规律，这是故障诊断的基础。以下原则在故障诊断中值得遵循：

1）首先判明液压系统的工作条件和外围环境是否正常，需搞清是设备机械部分或电器控制部分故障，还是液压系统本身的故障，同时查清液压系统的各种条件是否符合正常运行的要求。

2）区域判断根据故障现象和特征确定与该故障有关的区域，逐步缩小发生故障的范围，检测此区域内的元件情况，分析发生原因，最终找出故障的具体所在。

3）掌握故障种类进行综合分析根据故障最终的现象，逐步深入找出多种直接的或间接的可能原因，为避免盲目性，必须根据系统基本原理，进行综合分析、逻辑判断，减少怀疑对象逐步逼近，最终找出故障部位。

4）验证可能故障原因时，一般从最可能的故障原因或最易检验的地方开始，这样可减少装拆工作量，提高诊断速度。

5）故障诊断是建立在运行记录及某些系统参数基础之上的。建立系统运行记录，这是预防、发现和处理故障的科学依据；建立设备运行故障分析表，它是使用经验的高度概括总结，有助于对故障现象迅速做出判断；具备一定检测手段，可对故障做出准确的定量分析。

（2）故障诊断方法

1）逻辑分析逐步逼近诊断。基本思路是综合分析、条件判断。即维修人员通过观察、听、触摸和简单的测试以及对液压系统的理解，凭经验来判断故障发生的原因。当液压系统出现故障时，故障根源有许多种可能。采用逻辑代数方法，将可能故障原因列表，然后根据先易后难原则逐一进行逻辑判断，逐项逼近，最终找出故障原因和引起故障的具体条件。

故障诊断过程中要求维修人员具有液压系统基础知识和较强的分析能力，方可保证诊断的效率和准确性。但诊断过程较烦琐，须经过大量的检查、验证工作，而且只能是定性地分析，诊断的故障原因不够准确。为减少系统故障检测的盲目性和经验性以及拆装工作量，传统的故障诊断方法已远不能满足现代液压系统的要求。随着液压系统向大型化、连续生产、自动控制方向发展，又出现了多种现代故障诊断方法。如铁谱分析，可从油液中分离出来的各种磨粒的数量、形状、尺寸、成分以及分布规律等情况，及时、准确地判断出系统中元件的磨损部位、形式、程度等。而且可对液压油进行定量的污染分析和评价，做到在线检测和故障预防。

2）基于人工智能的专家诊断系断。通过计算机模仿在某一领域内有经验专家解决问题的方法。将故障现象通过人机接口输入计算机，计算机根据输入的现象以及知识库中的知识，可推算出引起故障的原因，然后通过人机接口输出该原因，并提出维修方案或预防措施。这些方法给液压系统故障诊断带来广阔的前景，给液压系统故障诊断自动化奠定了基础。但这些方法大都需要昂贵的检测设备和复杂的传感控制系统和计算机处理系统，有些方法研究起来有一定困难，一般情况下不适应于现场推广使用。

3）基于参数测量的故障诊断系统。液压系统工作是否正常，关键取决于两个主要工作参数，即压力和流量是否处于正常的工作状态，系统温度和执行器速度等参数正常与否。液压系统的故障现象多种多样，原因也有多种因素的综合。同一因素可能造成不同的故障现象，而同一故障又可能对应多种不同原因。例如：油液的污染可能造成液压系统压力、流量或方向等各方面的故障，这给液压系统故障诊断带来极大困难。

参数测量法诊断故障的思路是任何液压系统正常工作时，系统参数都工作在设计和设定值附近，工作中如果这些参数偏离了预定值，则系统就会出现故障或有可能出现故障。即液压系统产生故障的实质就是系统工作参数的异常变化。因此当液压系统发生故障时，必然是系统中某个元件或某些元件有故障，进一步可断定回路中某一点或某几点的参数已偏离了预定值。这说明如液压回路中某点的工作参数不正常，则系统已发生了故障或可能发生了故障，需维修人员马上进行处理。在参数测量的基础上，再结合逻辑分析法，可快速、准确地找出故障所在。参数测量法不仅可以诊断系统故障，而且还能预报可能发生的故障，并且这种预报和诊断都是定量的，大大提高了诊断速度和准确性。这种检测为直接测量，检测速度快，误差小，检测设备简单，便于在生产现场推广使用。适合于任何液压系统的检测。测量时，既不需停机，又不损坏液压系统，几乎可以对系统中任何部位进行检测，不但可诊断已有故障，而且可进行在线监测、预报潜在故障。

单元 1.4 室内喷涂涂料及其技术要求

本单元将会按照由浅入深、从理论到时间、从基本特性到实际使用的顺序进行编排，带领学生逐步深入的学习涂料材料的相关知识。本单元主要内容包括：涂料的基本成分、种类、技术要求、施工要求、验收要求、保存与贮藏等，层层深入逐步展开，加强对于涂料材料本身的认识。

任务 1.4.1 室内常用涂料的种类

1. 概述

涂料，顾名思义是一种以"涂覆"为方式的材料。在传统的认知中，由于涂料多数以植物油作为主要原料，因此常常被称为油漆。但鉴于目前已有其他多种材料可替代植物油,故称为涂料。

涂料是指由油料、溶剂、颜料及助剂等物质混合形成,并涂覆在物体表面,起到保护、装饰及其他特殊作用的可成膜混合物质。其常态为非固体的流动状态、原浆状态或可液化的粉末状态。涂料一般由四种基本成分:成膜物质、溶剂(分散介质)、助剂、颜料和填料组成。具体分类详见表1-7。四类基本成分在特定的成分组合配比下,产生化学反应,能够在物体表面形成具有力学性能的表层,从而起到一定的保护、装饰及其他特殊作用,从而为建筑、工业、军事、纺织等各行各业带来更多实践与发展的技术探索可能性。

涂料基本成分表 表1-7

成膜物质	溶剂	助剂	颜料和填料
1. 油料:干性油料,半干性油 2. 树脂:天然树脂、合成树脂	1. 真溶剂 2. 助溶剂 3. 稀释剂	1. 防潮剂 2. 催干剂 3. 固化剂 4. 湿润剂 5. 稳定剂 6. 增塑剂	1. 着色颜料 2. 防锈颜料

随时科学技术的创新发展,涂料的应用范围也日益扩大。不同种类的涂料凭借其各不相同的特性与作用,广泛应用于各个领域的生产生活中。例如,建筑室内与室外、金属制品、木器家具、乐器、文具、机械、船舶、化工产品、塑料、钢铁、汽车、机器零部件、机床阻燃、纸张、织物、包装、仪表、电器等。

2. 涂料的种类

由于涂料的种类众多且分类方式众多,因此本书将挑选出较为常见的涂料分类方式进行展开阐述。即,以涂料的施工工序、建筑内部装修的具体使用位置及使用领域为依据,进行涂料种类的分类。

按施工工序分类,可分为腻子、底漆、第一遍面漆、第二遍面漆和质量检查等过程。

按建筑内部装修的具体使用位置分类,可分为内墙涂料、外墙涂料、地面涂料、顶棚涂料等。

按使用的领域分类,可分为建筑涂料、工业涂料、通用涂料三大类别。其中建筑涂料中又可细分为:墙面涂料、防水涂料、地坪涂料、功能性建筑涂料。具体分类详见表1-8。

涂料的分类(按使用的领域分类)表 表1-8

建筑涂料	工业涂料	通用涂料
1. 墙面涂料:内墙涂料、外墙涂料等 2. 防水涂料:溶剂型树脂防水涂料、聚合物乳液防水涂料 3. 地坪涂料:各类非木制地面用涂料 4. 功能性建筑涂料:防火涂料、防霉涂料、保温隔热涂料等	1. 汽车涂料 2. 铁路涂料 3. 公路涂料 4. 轻工涂料 5. 船舶涂料 6. 飞机涂料 7. 专用涂料:防腐蚀涂料、绝缘涂料、军事器械涂料、电子零部件涂料等	1. 清漆 2. 防潮剂 3. 稀释剂 4. 底漆 5. 腻子 6. 固化剂

3. 室内常用涂料

室内喷涂机器人需选用内墙涂料。一般使用的水性涂料为水溶性内墙涂料，其分类、性能特点及作用详见表1-9。涂料需严格按照对应型号涂料的水漆比例进行调配，加水后用木棍充分搅动，至颜色均匀无分色，提起木棍倾斜45°观察，涂料呈完整的扇面流下即可使用。

水性涂料分类、性能特点及作用 表1-9

序号	分类	性能特点	作用
1	内墙底漆	1. 附着力强，能够抵制底层材料碱性的侵蚀 2. 良好的保色、防霉、耐碱、抗水性能 3. 抗水泥降解性，抗碳化、抗粉化，防止漆膜粉化及褪色	1. 提供抗碱性，防腐性，封闭基层作用 2. 提高面漆的附着力，节省面漆用量
2	内墙面漆	1. 无污染、无毒、无火灾隐患 2. 易于涂刷、干燥迅速，漆膜耐水、耐擦洗性好，色彩柔和	起装饰、保护作用

任务 1.4.2 涂料的技术要求

1. 消防报建要求

为了保证建筑内部装修的消防安全，防止和减少建筑物火灾的危害，规范要求在装修设计中应合理地使用各种装修材料及防火技术，保证人民生命财产安全。依照现行国家标准《建筑设计防火规范》GB 50016、《人民防空工程设计防火规范》GB 50098 制定的《建筑内部装修设计防火规范》GB 50222—2017 指出，涂料在室内装修中量大面广，一般室内涂料涂覆比小，涂料中的颜料、填料多，火灾危险性不大。因此常常被划定为 B1 级装修材料使用。

但根据《建筑内部装修设计防火规范》GB 50222—2017，第 5.1.1 条规定，单层、多层民用建筑内部各部位装修材料的燃烧性能等级，不应低于本规范表 5.1.1 的规定。根据《建筑内部装修设计防火规范》GB 50222—2017，第 5.2.1 条规定，高层民用建筑内部各部位装修材料的燃烧性能等级，不应低于本规范表 5.2.1 的规定。根据《建筑内部装修设计防火规范》GB 50222—2017，第 5.3.1 条规定，地下民用建筑内部各部位装修材料的燃烧性能等级，不应低于规范表 5.3.1 的规定。从以上规范中，我们可以看出无论是单层、多层、高层建筑及地下室，其多数功能空间的顶棚装修材料燃烧性能等级需要达到 A 级。因此在建筑内部装修的消防报建过程中，当顶棚位置装修材料燃烧性能等级需要达到 A 级时，该区域仅施工涂料的情况下，将会选用无机涂料作为符合消防规范的装修材料。

在建筑内部装修的设计与施工过程中，应如何准确查找室内涂料的燃烧等级要呢？首先应明确室内装修空间所在的建筑物及场所类型，即准确区分单层、多层、高层建筑及地下室。其次应针对所属建筑物及场所类型，查找对应建筑内部各部位装修材料的燃烧性能等级表。再次，根据室内装修的不同使用功能、不同空间位置等更为具体的特质属性对应查找顶棚、墙面、地面、隔断、固定家具装饰织物及其他装修装饰材料的材料燃烧性等级。

2. 施工要求

首先,在涂料的材料选取上,需要符合各类规范要求,满足消防验收的材料燃烧等级要求。室内喷涂机器人选用内墙涂料。进场材料必须有合格证和检验报告,严禁使用假冒伪劣产品;同一标段或楼栋应尽量使用同一批次的底漆和面漆;具体空间位置的涂料种类均应符合消防验收对于建筑物内部装修材料燃烧等级的要求。一般使用的水性涂料为水溶性内墙涂料,其分类、性能特点及作用详见表1-10。涂料需严格按照对应型号涂料的水与漆的比例进行调配,加水后用木棍充分搅动,至颜色均匀无分色,提起木棍倾斜45°观察,涂料呈完整的扇面流下即可使用。

水性涂料分类、性能特点及作用 表1-10

序号	分类	性能特点	作用
1	内墙底漆	1. 附着力强,能够抵制底层材料碱性的侵蚀 2. 良好的保色、防霉、耐碱、抗水性能 3. 抗水泥降解性;抗碳化、抗粉化,防止漆膜粉化及褪色	1. 提供抗碱性,防腐性,封闭基层作用 2. 提高面漆的附着力,节省面漆用量
2	内墙面漆	1. 无污染、无毒、无火灾隐患 2. 易于涂刷、干燥迅速,漆膜耐水、耐擦洗性好,色彩柔和	起装饰、保护作用

其次,在施工工序上,应满足施工工艺的要求,并做好施工前成品保护措施。传统涂料施工工艺包括基层处理、第一层腻子批刮、第二层腻子批刮、打磨、刷底漆、修补打磨、第一遍面漆、第二遍面漆和质量检查等过程。传统施工流程如图1-73所示。同时,在室内涂料工艺施工前应做好成品保护,保护措施及内容详见表1-11。

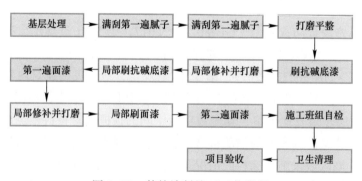

图1-73 传统涂料施工工艺流程

再次,涂料施工前置验收与后期验收均需严谨。腻子基层应表面平整、牢固不开裂、不掉粉、不起砂、不空鼓、无剥离,无透底;表面无灰尘、无浮浆、无油迹、无锈斑、无霉点、无盐类析出物等;阴阳角顺直无缺棱掉角。验收表详见表1-12。基层含水率不大于10%;pH值不得大于10。如图1-74所示。

室内涂料工艺施工前成品保护措施 表1-11

序号	成品保护措施	图例
1	施工前应做好铝合金门窗、窗台、玻璃、地面砖等成品或半成品的成品保护	
2	施工场地灰尘应清理干净，防止施工期间灰尘飞扬，影响涂饰质量	
3	喷涂墙面涂料前，地面、踢脚线、阳台、窗台、门窗等已完成的分部分项工程成品保护	

图 1-74　pH 试纸

涂料施工前置验收要求表 表1-12

验收项	内容
腻子基层验收	1. 基层表面要保持平整洁净，无浮砂、油污，脚手架眼、水暖、管道、开关箱等有孔洞的部位用砂浆修补平整并清理干净 2. 检查墙面有无抹灰层空鼓、开裂等质量问题 3. 基层含水率≤10% 4. pH值不得大于10

室内涂料施工质量应符合《建筑装饰装修工程质量验收标准》GB 50210—2018、《建筑工程施工质量验收统一标准》GB 50300—2013 的规定，主控项目质量要求详见表 1-13。

主控项目质量要求表　　　　　　　　　　　　　　　　　　表1-13

序号	检查项目	要求	检验方法
1	涂料品种、型号、性能等	应符合设计要求及国家现行标准的有关规定	检查产品合格证书、性能检验报告、有害物质限量检验报告和进场验收记录
2	涂饰颜色和图案	水性涂料涂饰工程的颜色、光泽、图案应符合设计要求	观察
3	涂饰综合质量	水性涂料涂饰工程应涂饰均匀，粘接牢固，不得漏涂、透底、开裂、起皮和掉粉	观察；手摸检查

3. 贮藏与保存

涂料所涵盖的范围较为广泛，且较多在材料混合后会产生化学反应，因此涂料的贮藏与保存至关重要。

首先，在包装上应安全可靠，符合相关要求。涂料包装多种，其中多数液体涂料需要用铁桶、钢制提桶、塑料桶、塑料袋等各类包装。在涂料内包装容器和外包装上应具有清晰醒目的标志，其中包含：注册商标、产品型号和中文名称、产品标准号、净含量生产厂家、生产日期与批次、有效贮存时间、安全贮藏要求等相关信息。

其次，在贮藏方式上应谨慎小心，安全至上。

（1）涂料应在仓库固定位置存放，与可燃材料及稀释剂分区域存放，保持安全距离。

（2）涂料存放仓库应加强消防管理，保持干燥、阴凉、通风、温度湿度控制在合理范围内，并设置明显的"禁止烟火"等相关标志。

（3）有毒性涂料应严格做好密封保存，并定时检查贮藏条件是否安全。

（4）应关注涂料的保质期限，及时清理库存，保证涂料的品质与施工安全。

（5）不同涂料或稀释剂开桶时，应保持良好通风及安全距离，同时应避免使用金属器械敲击，谨防出现火花。

单元 1.5 室内墙纸铺贴技术要求

任务 1.5.1 常用壁纸的种类

壁纸也称为墙纸，是一种用于裱糊墙面的室内装修材料，广泛用于住宅、办公室、宾馆、酒店的室内装修等。材质不局限于纸，也包含其他材料。因为具有色彩多样、图案丰富、豪华气派、安全环保、施工方便、价格适宜等多种其他室内装饰材料所无法比拟的特点，故在欧美、日本等发达国家和地区得到相当程度的普及。壁纸通常用漂白化学木浆生产原纸，再经不同工序的加工处理，如涂布、印刷、压纹或表面覆塑，最后经裁切、包装后出厂，具有一定的强度、韧度、美观的外表和良好的抗水性能。

常用壁纸可从材质和功能两方面进行分类，具体如下：

（1）按材质可分为。纯纸壁纸、纯无纺纸壁纸、纸基壁纸、无纺纸基壁纸和布基壁纸、PVC 壁纸等类型。

（2）按功能可分为。普通壁纸、耐水壁纸、防火壁纸、图景画壁纸、自粘型壁纸、防霉壁纸等类型。

任务 1.5.2 壁纸的技术要求

依据《壁纸》GB/T 34844—2017 可知，壁纸在尺寸偏差、每卷段数和最小段长、外观、性能、有害物质、原辅料方面，有以下技术要求。

1. 尺寸偏差

每卷壁纸都应标明长度和宽度，且长、宽允许偏差均应不超过标称尺寸的 ±1.5%。

2. 每卷段数和最小段长

壁纸每卷段数和最小段长应符合表 1-14 的规定。

壁纸每卷段数和最小段长规定   表1-14

项目		规定
每卷段数/段 ≥	10m/卷	1
	15m/卷	2
	50m/卷	3
最小段长/m ≥		3

3. 外观

壁纸外观质量要求应符合表 1-15 的规定。

壁纸外观质量要求   表1-15

项目	规定
色差	不应有明显差异
伤痕和皱褶	不应有
气泡	不应有
套印精度	偏差不应大于1.5mm
露底	不应有
漏印	不应有
污染点	不应有目视明显的污染点

4. 性能

壁纸的性能指标，应符合表 1-16 的规定。

装饰工程机器人施工

壁纸性能指标表   表1-16

项目			单位	规定
褪色性（△E）	≤		—	1.5
湿摩擦色牢度（△E）	≤		—	3.0
遮蔽性ᵃ（△E）	≤		—	1.5
防霉性能ᵇ	≤		级	0
伸缩性 ≤	纵向		%	0.4
	横向	纯纸壁纸		1.8
		其他壁纸		1.5
湿抗张强度 ≥	纵向		kN/m	0.70
	横向			0.50

注：a. 对于粘贴后需再做涂饰的产品，其遮蔽性不做考核。
　　b. 仅防霉壁纸考核。

5. 有害物质

壁纸中的有害物质限量，应符合《室内装饰装修材料壁纸中有害物质限量》GB 18585—2001 的规定。

6. 原辅料

（1）壁纸产品不应使用有毒有害原料，不应使用回收原料。

（2）纯无纺纸壁纸原纸中合成纤维含量占总纤维含量的比例应≥15%，无纺纸基壁纸原纸中合成纤维含量占总纤维含量的比例应≥5%。

（3）壁纸中施工中所使用的胶粘剂的防霉性能应符合《壁纸胶粘剂》JC/T 548—2016 要求，胶粘剂的有害物质限量应符合应符合《室内装饰装修材料胶粘剂中有害物质限量》GB 18582—2020 中水性墙面涂料的要求。

单元 1.6　地坪涂装材料及其技术要求

任务 1.6.1　常用地坪涂装材料的种类

1. 地坪涂装材料

地坪涂装材料是用于涂装在水泥砂浆、混凝土等基面上，对地面起装饰、保护作用以及具有特殊功能（防静电、防滑性等）要求的合成树脂基和聚合物水泥复合地坪装饰材料。

例如：

环氧地坪漆具有防尘、防腐、防滑、防静电、耐磨、耐冲击、装饰性、易于清洁等优点，建筑地下车库、室内工厂等常采用环氧地坪。

2. 地坪涂装材料分类

根据国标《地坪涂装材料》GB/T 22374—2018，地坪涂装材料按照下列 4 种方式进行分类。

（1）地坪涂装材料按照分散介质分为水性地坪涂装材料（S）、无溶剂型地坪涂装材料（W）、溶剂型地坪涂装材料（R）、聚合物水泥复合型地坪涂装材料（J）。

根据成膜肌理，将聚合物水泥复合型地坪涂装材料又分为：有机交联反应型聚合物水泥复合地坪涂装材料（JJ）和非有机交联反应型聚合物水泥复合地坪涂装材料（FJ）。

（2）地坪涂装材料按涂层结构分为：底涂（D）、中涂（Z）、面涂（M）。

（3）地坪涂装材料按使用场所分为：室内（SN）和室外（SW）。

（4）地坪涂装材料按交通承载量分为：轻载（QZ）和重载（ZZ）。

3. 涂装地坪种类

常见的涂装地坪，根据其功能特点可分为耐重涂装地坪、弹性涂装地坪、防静电涂装地坪、防滑涂装地坪。涂装地坪种类、特点及用途见表1-17。

涂装地坪种类及用途 表1-17

序号	涂装地坪	特点及用途
1	耐重涂装地坪	地坪可承受较重物体行驶运输，具备抗腐蚀有点，主要使用在有此需求的化工厂等地坪
2	弹性涂装地坪	涂层由弹性聚氨酯材料制作，弹性舒适，主要用在运动场跑、跳、走等运动地坪
3	防静电涂装地坪	具有屏蔽电磁干扰的特性，主要用于电力厂、机械厂等需要防止静电的场所
4	防滑涂装地坪	具有很强的防摩擦性能、防滑效果，适用于学校、幼儿园等需要防滑的场所

任务 1.6.2　地坪涂装材料涂敷的技术要求

地坪涂装材料主要分为合成树脂基和聚合物水泥复合地坪装饰材料两大类，根据其组成特性，国家标准《地坪涂装材料》GB 22374—2018对其有害物质限制要求、物理性能要求（底涂、中涂、面涂）、特殊性能等技术要求做了具体规定。摘选地坪涂装材料有害物质限量的要求为例，见表1-18。地坪涂装材料底涂的要求、中涂的要求、水性、溶剂型、无溶剂型地坪涂装材料面涂、聚合物水泥复合地坪涂装材料面涂等要求从略，详细内容见国家标准。

地坪涂装材料有害物质限量的要求表 表1-18

序号	项目		指标			
			S型	R型	W型	J型
1	挥发性有机化合物含量（VOC）（g/L）	≤	120	500	60	50
2	游离甲醛（mg/kg）	≤	100	500	100	100
3	苯（g/kg）	≤	—	1	0.1	—
4	甲苯、乙苯、二甲苯的总和（g/kg）	≤	—	200	10	—
5	苯、甲苯、乙苯、二甲苯的总和（g/kg）	≤	5	—	—	5
6	游离二异氰酸酯（TD1、HD1）[a]（限聚氨酯类）（g/kg）	≤	2			—

续表

序号	项目		指标			
			S型	R型	W型	J型
7	乙二醇醚及醚酯总和（mg/kg） ≤			300		
8	邻苯二甲酸酯含量（%） ≤	邻苯二甲酸二异辛酯（DEHP）、邻苯二甲酸二丁酯（DBP）、邻苯二甲酸丁苄酯（BBP）总和	—	0.1		—
		邻苯二甲酸二异壬酯（DINP）、邻苯二甲酸二异癸酯（DIDP）、邻苯二甲酸二辛酯（BBP）总和	—	0.1		—
9	游离4,4'-二氨基二苯甲烷（MDA）[b]（限环氧类）(g/kg) ≤			10		—
10	可溶性重金属[c]（mg/kg） ≤	铅（Pb）		30		
		镉（Cd）		30		
		铬（Cr）		30		
		汞（Hg）		10		
11	总挥发性有机化合物（TVOC）释放量[b]（mg/m³） ≤		10	商定	20	10
12	甲醛释放量[b]（mg/m³） ≤			0.1		

注：a. 单组分水性地坪涂装材料不测。
b. 仅适用于室内地坪涂装材料。
c. 仅适用于有色地坪涂装材料。

小结

　　本项目针对装饰机器人所需要的基本知识进行复习和加强学习，内容包括装饰识图、装修施工图的整体构成思路；室内外涂料、室内壁纸和地坪漆的技术要求及其分类；BIM参数化设计、Revit项目文件、样板文件、族文件和族样板；机械部件图形表示符号一般标注的基本规则，齿轮、链条传动的基本概念和润滑的基本方法，齿轮、链条公差和磨损缺陷等内容。主要对装饰识图与各类图纸之间的联系进行深度解读。明确装饰装修施工图在设计与施工过程中需满足使用安全的要求。熟悉涂料的基本成分、种类、特性、作用；强化建筑装饰BIM参数化设计、Revit项目文件、样板文件、族文件和族样板的实践练习，针对机器人制造和维修，讲解了国标焊接图纸标注符号，掌握变速器和液压装置的常用种类，熟悉变速器和液压装置工作原理。

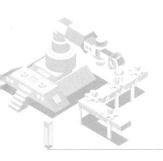

项目 **2** 室内喷涂机器人 >>>

【知识要点】

　　通过学习了解室内喷涂机器人概况、功能、结构和特点；熟悉室内喷涂机器人施工准备内容；掌握室内喷涂机器人施工工艺、质量标准和安全文明事项；掌握室内喷涂机器人日常和定期维护保养内容；掌握室内喷涂机器人常见故障的分析判断与现场处理的程序与方法。

【能力要求】

　　具备识读室内喷涂机器人功能参数、识别机器人主要结构构件的能力；具备进行室内喷涂机器人作业条件的检测与判定的能力，操作喷涂机器人的施工的能力；具备常见故障的分析处理能力，常规维护与保养喷涂机器人的能力。

单元 2.1　室内喷涂机器人性能

任务 2.1.1　室内喷涂机器人概述

内墙喷涂作为建筑室内装修中工作量比较大的一个环节，其质量直接影响到以后墙面的平整美观度。目前室内喷涂的工艺主要是人工手动实现。根据内墙涂料施工市场需求量大、人工作业效率低、人工成本高、喷涂质量要求高、重复操作性强的特点，适合实现作业设备智能化。因此，研发了室内喷涂机器人并用机器人作业代替人工作业。

室内喷涂机器人是一款针对建筑内墙面乳胶漆喷涂的自动化设备，代替人工作业，既可以节省大量的劳动力，提高施工效率，降低生产成本，提高乳胶漆施工质量，同时也可避免涂料对工人健康的危害。

图 2-1　室内喷涂机器人

任务 2.1.2　室内喷涂机器人功能

室内喷涂机器人如图 2-1 所示是一款紧凑型机器人，用于住宅室内墙面、阴阳角、飘窗和顶棚面漆和底漆的全自动喷涂。其显著特点是高续航、高效率和高质量，该机型应用 BIM 技术的喷涂路径规划算法，可保障机器人在不需要人工跟踪的情况下，自动按规划路径行驶并完成室内喷涂作业，运行模式有手动和自动操作两种模式，具有远程停止作业功能。另外，还具备电池状态、物料重量和喷涂压力实时监测功能，其主要功能及参数见表 2-1、表 2-2。

室内喷涂机器人主要功能　　　　　　　　　　　　　　　　表2-1

功能名称	功能描述
自主导航、定位	机器人内置激光雷达，可在室内环境下完成自主导航移动和精确定位
路径规划	通过自动路径规划软件，可生成机器人移动和喷涂点位，形成机器人喷涂路径
乳胶漆（底漆和面漆）自动喷涂	机器人可以喷涂建筑内墙用无砂水性乳胶漆（包括底漆和面漆）
室内立面墙自动喷涂	机器人可对建筑物室内平面墙进行自动喷涂（底漆和面漆）作业
顶棚自动喷涂	机器人可对建筑物室内顶棚进行自动喷涂（底漆和面漆）作业
飘窗自动喷涂	机器人可对建筑物室内飘窗进行自动喷涂（底漆和面漆）作业
阴阳角自动喷涂	机器人可对建筑物室内阴阳角进行自动喷涂（底漆和面漆）作业
限位开关	机器人内置若干限位开关，用以限制电机运动极限位置，保护机器人运动部件
状态指示灯	机器人内置状态指示灯，用以显示当前机器人工作状态；状态异常时（电机过载、短路等）会有蜂鸣器警报提醒

续表

功能名称	功能描述
低电量报警	电池电量低于30%，APP预警，低于20%时会有报警提示功能
防碰撞检测	机器人内置防碰撞激光雷达和防撞条，避免机器人与作业人员或周围环境造成碰撞风险
涂料余量检测	机器人内置重量传感器，实时检测涂料余量，涂料不足时会有报警提示功能

室内喷涂机器人功能参数　　　　　　　　　　表2-2

室内喷涂机器人	
参数名称	参数值
版本	V3.2
外形尺寸（长×宽×高）	1050mm×690mm×1780mm
整机重量	350kg
工作续航	4h
移动速度	≤0.5m/s
涂料容量	60L
喷涂高度	≤3200mm
喷涂幅度	380mm
地面喷涂标高	0～120mm
最大喷涂效率	150m²/h
最大爬坡角度	≤6°
最大越障高度	≤20mm
最大越沟宽度	≤50mm

任务 2.1.3　室内喷涂机器人结构

1. 整机结构

室内喷涂机器人主要结构部件如图2-2所示，主要由六大组件组成，即底盘组件、框架组件、料筒组件、电控柜组件、喷涂系统、上装四轴组件。

底盘组件为整个机器人基座；框架组件通过螺栓连接底盘组件；料筒组件于框架组件中；电控柜组件固定在框架组件上方骨架上，通过螺栓连接；喷涂系统是分布在整机各个组件中，是喷涂机器人核心部分；上装四轴组件是喷涂系统执行端，固定在框架组件前端骨架上，通过螺栓连接。

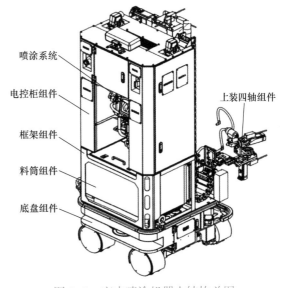

图 2-2　室内喷涂机器人结构总图

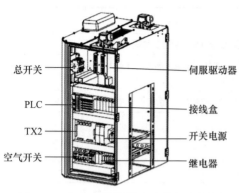

图2-3　室内喷涂机器人电控柜布局图

总开关　　　伺服驱动器
PLC　　　　接线盒
TX2　　　　开关电源
空气开关　　继电器

2. 电控柜布局

室内喷涂机器人电控柜布局如图2-3所示。元器件主要包括以下五部分：

（1）空气开关，包括48VDC电源总开关，两个24VDC电源开关和一个220VAC电源开关；

（2）控制部分，PLC负责上装机构控制，TX2负责下装机构控制；

（3）开关电源，提供48VDC转24VDC电压转换功能；

（4）继电器与接线盒电路辅助配件；

（5）伺服驱动器，实现电机闭环控制。

任务2.1.4　室内喷涂机器人特点

1. 传统乳胶漆施工

传统乳胶漆施工工艺包括基层处理、第一层腻子批刮、第二层腻子批刮、打磨、刷底漆、修补打磨、第一遍面漆、第二遍面漆和质量检查等过程。其施工工艺流程如图2-4所示。

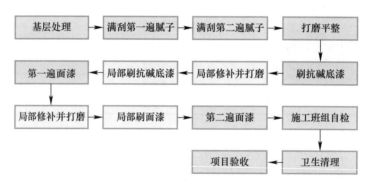

图2-4　传统乳胶漆施工工艺流程

传统的腻子批刮无法保证平整细腻，打磨较粗糙以及打磨后表面粉尘未清扫干净导致施工后容易存在墙面颗粒凸起问题。此外，传统施工人工操作时油漆涂刷量无法精细控制，容易出现乳胶漆起粉、脱落，涂料透底，油漆表面起泡、起砂，胶漆流坠等质量通病问题，返工处理现象较普遍，无形之中加大了工程成本。

2. 室内喷涂机器人施工

室内喷涂机器人在不需要人工的情况下能自动按规划路径行驶并完成室内喷涂，能精确控制油漆的喷涂量与范围，与传统的人工作业比较，减少了人为操作的误差，施工观感和质量得到了大幅提高。

对比传统施工方式，室内喷涂机器人施工的喷涂质量与材料使用率更高，综合施工成本更低，施工效率更高，人劳动强度低。由于机器人可自动完成喷涂作业，有效避免喷涂作业时工人造成的危害。

单元 2.2　室内喷涂机器人施工

室内喷涂机器人施工有相应的施工准备工作、施工工艺和机器人操作规范，能做到安全文明施工，施工结果符合相应质量标准。

任务 2.2.1　室内喷涂机器人施工准备

1. 施工平面布置与图纸资料

（1）施工平面布置。施工区域的合理布置是施工组织的重要环节，其主要是通过立体的整体规划，平面的具体安排这两种基础手段，达到施工区域安排合理化、程序化、系统化，有助于简化交叉施工的复杂关系，方便综合管理。主要考虑内容有办公区、作业区、临时堆放区、仓储区、物资运输线路、人员通道等。

（2）机器人进场前。项目部必须提前 15 天提供建筑图、结构图、装修图等图纸，用于建立 BIM 模型和进行作业仿真，并明确进场时间和施工工艺，便于开展机器人的运输和辅助器具准备工作。

2. 作业条件

（1）施工空间。房间门洞尺寸不小于 750mm，房间净尺寸不小于 1050mm×1500mm，喷涂高度不大于 3200mm。

（2）爬架和智能升降电梯施工方案必须联合审核，智能升降电梯口位置爬架预留高度不小于 7.5m。

（3）集中充电、涂料搅拌站等机器人所需辅助设备布置。

（4）场地地面。地面平整，无障碍物（垂直障碍不超过 20mm），无杂物，地面坡度小于 6°，平整度偏差不大于 5mm，沟槽宽度小于 50mm，未铺设木地板。

（5）临水临电。设置专门供水区和废水处理区；提供 220V 供电，供电功率 5kW，设有满足作业要求的配电箱。

（6）抹灰作业全部完成，过墙管道、洞口、阴阳角等提前处理完毕，消防箱、配电箱安装完毕。

（7）铝合金门窗、玻璃提前安装完毕且可以正常闭合。

（8）温度应在 5～35℃之间，注意通风换气和防尘。

（9）施工前应做好成品保护，避免污染已完成的分项工程。

（10）进行了施工基层的检测，工序前置条件检查工具准备，详见表 2-3。

3. 机器人、辅助工具准备

（1）机器人设备运转正常；

（2）机器人调校状态良好；

（3）人工配合的作业工具准备就位，其中辅助施工工具准备，详见表 2-4。

4. 人员准备

室内喷涂机器人作业班组就位，现场管理及辅助人员就位，详见表 2-5。

检测工具种类   表2-3

序号	工具名称	作用	图例
1	温度计	检测室内温度	
2	含水率测试仪	检测基层含水率	
3	阴阳角检测尺	检查阴阳角方正度	
4	蔡恩杯	漆水配比，黏度测试使用	蔡恩杯 油墨、油脂、油漆、清漆、皮革漆、湿搪瓷、染料等化工类产品黏度快速测量工具

辅助施工工具种类   表2-4

序号	工具名称	作用/适用情况	图例
1	料桶	搅拌、盛放油漆容器	

续表

序号	工具名称	作用/适用情况	图例
2	鸡毛掸子	用于打磨完成后进行扫灰	

室内喷涂机器人施工人员一览表　　　　　　　　　　　表2-5

序号	人员	数量	工作内容
1	现场施工员	1	多机施工管理
2	电工	2	项目电工配合
3	机器人操作人员	1	现场机器人操作施工
4	机器人作业保障人员	1	机器人维护（多项目）
5	机器人施工质量监测员	1	施工质量检验（多项目）

5. 材料准备

室内喷涂机器人施工，选用内墙涂料。进场材料必须有合格证和检验报告，严禁使用假冒伪劣产品；同一标段或楼栋应尽量使用同一批次的底漆和面漆。

6. 成品保护

（1）室内喷涂机器人施工前应做好成品保护，内容详见表 2-6。

室内喷涂施工前成品保护措施　　　　　　　　　　　表2-6

序号	成品保护措施	图例
1	施工前应做好铝合金门窗、窗台、玻璃、地面砖等成品或半成品的成品保护	
2	施工场地灰尘应清理干净，防止施工期间灰尘飞扬，影响喷涂质量	

序号	成品保护措施	图例
3	喷涂墙面涂料前，地面、踢脚线、阳台、窗台、门窗等已完成的分部分项工程做好成品保护	

（2）成品保护要求

1）涂料墙面未干前室内不得清刷地面，以免粉尘沾污墙面，漆面干燥后不得挨近墙面泼水，以免泥水沾污；

2）涂料墙面完工后要妥善保护，不得磕碰损坏；

3）涂刷墙面时，不得污染地面、门窗、玻璃等已完工程。

（3）成品保护原则

谁施工谁保护成品，施工方需在成品施工完成后做好保护措施。

1）先检查后保护的原则。所有工序必须施工单位自检、监理验收、项目部专业工程师抽检合格，并做好成品清洁后方可进行保护。

2）合理规划工序原则。尽量避免多工种在同一作业户内交叉施工。对于产品保护难度较大的材料安排在大部分装饰工作量完成后进行安装。

3）持续保护原则。成品生产方负有对成品保护措施进行巡视检查的责任，同时负有对已破坏的部分及时进行修补的责任。

7. 技术准备

（1）熟悉、审查施工图纸和有关的设计资料。

（2）熟悉设计、施工验收规范和有关技术规定。

（3）编制机器人施工专项方案。

（4）编制施工图预算和施工预算。

任务 2.2.2 室内喷涂机器人施工工艺

室内喷涂机器人施工工艺流程：腻子基层验收→机器人状态检查→拌料、加料→导入地图、路径文件→自动喷涂底漆→全面检查、修补缺陷→机器自动喷涂第一遍面漆→机器自动喷涂第二遍面漆。施工工艺内容详解见表2-7。

人工边角施工工艺

（1）工艺处理要求

清理墙面→修补墙面→刮腻子→刷第一遍乳胶漆→刷第二遍乳胶漆。

1）清理墙面。将墙面起皮及松动处清除干净，并用水泥砂浆补抹，将残留灰渣铲干净，然后将墙面扫净；

室内喷涂机器人施工工艺详解　　　　　　　　　　　　表2-7

	工艺流程	内容	图例
1	腻子基层验收	1. 基层表面要保持平整洁净，无浮砂、油污，脚手架眼、水暖、管道、开关箱等有孔洞的部位用砂浆修补平整并清理干净 2. 检查墙面有无抹灰层空鼓、开裂等质量问题 3. 检查基层条件是否满足要求	
2	机器人状态检查	1. 检查机器人电池状态，打开电池开关，空气开关 2. 连接手持平板进行设备自检	
3	导入地图、路径文件	1. 导入地图文件：在相应界面选择正确的地图文件，下发地图到机器人 2. 导入路径文件：在相应界面选择正确的路径文件，下发路径信息到机器人	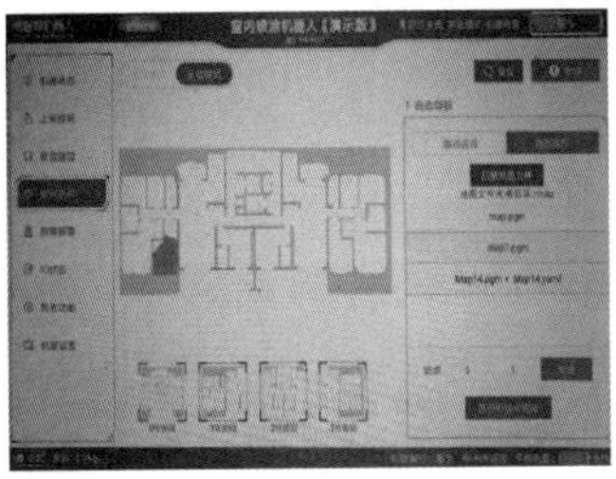
4	拌料、加料、试喷	1. 选择的底漆按照各型号涂料的水漆比进行充分搅拌后通过滤网缓慢倒入机器人料桶中 2. 取废料桶放置在喷嘴正下方，操作APP进行试喷 3. 确认喷涂机压力稳定、压力值无误，涂料喷出的形状、喷幅无异常后进行下一步操作	
5	自动喷涂底漆	1. 设置初始点位：拖动地图中显示的图标到机器人在地图中的实际位置，调整箭头方向与机器人电控柜朝向一致，多次调整使雷达扫描图案与地图边界吻合 2. 设置喷涂压力：设置"喷涂速度增值""喷涂压力"数值并发送到机器人 3. 在任意界面上方点击"自动模式"按钮将机器人切换到自动模式，机器人自动进行喷涂	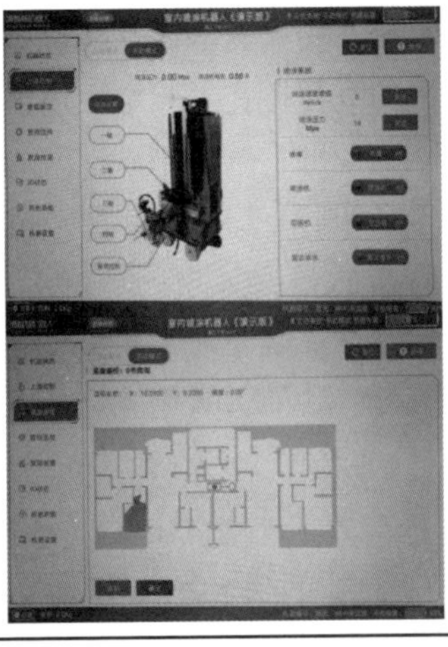

71

	工艺流程	内容	图例
6	全面检查修补缺陷	整体检查一遍，对墙面缺陷部位重新打磨并用腻子修补，腻子干透后再进行打磨，补喷底漆	
7	自动喷涂第一遍面漆	待补喷的底漆完全干透后，将料桶内、喷涂系统管内的底漆清洗干净后换成面漆涂料，重复3、4、5步骤即可自动进行第一遍面漆喷涂	铺设塑料膜防止窗污染　铺设塑料膜防止地板污染
8	自动喷涂第二遍面漆	待第一遍面漆完全干透后，重复3、4、5步骤即可自动进行第二遍面漆喷涂	

2）修补墙面。用水石膏将墙面磕碰处及坑洼缝隙等处找平，干燥后用砂纸凸出处磨掉，将浮尘扫净；

3）刷第一遍乳胶漆。涂刷顺序是先刷顶板后刷墙面，墙面是先上后下，先将墙面清扫干净，用布将墙面粉尘擦掉。乳胶漆用排笔涂刷，使用新排笔时，将排笔上的浮毛和不牢固的毛理掉；乳胶漆使用前应搅拌均匀，适当加水稀释，防止头遍漆刷不开。干燥后复补腻子，再干燥后用砂纸磨光，清扫干净；

4）刷第二遍乳胶漆。操作要求同第一遍，使用前充分搅拌，如不很稠，不宜加水，以防透底。

（2）质量要求

材料品种、颜色应符合设计和选定样品要求，严禁脱皮、漏刷、透底。

1）透底、流坠、皱皮：大面无，小面明显处无；

2）光亮和光滑：光亮和光滑均匀一致；

3）装饰线：分色线平直，偏差不大于1mm（拉5m线检查，不足5m拉通线检查）；

4）颜色刷纹：颜色一致，无明显刷纹。

任务 2.2.3 室内喷涂机器人施工要点

1. 机器人开机前检查

（1）检查供电电池线路及接头、电机动力线缆、编码器线缆、抱闸线缆、各传感器线缆（包括光电开关及行程开关等）状态，存在线路破损、老化、接头松动、积尘等现象严禁开机；

（2）检查急停按钮可操作性及急停功能是否完好，如有异常严禁启动设备；

（3）检查机器人本体、电控柜箱、料桶、传动机构等外部防护装置的完整性防护设施不完整时严禁开机；

（4）检查喷涂机本体、空气压缩机设备功能完整性，喷涂系统管道出现破损、裂纹、断裂现象禁止启动设备；

（5）检查电控柜内状态，存在杂物、积灰、浸液等异常严禁开机，严禁在电控柜内放置配件、工具、杂物、安全帽等，以免影响到部分线路，造成设备的异常。

2. 机器人开机

（1）机器人通电操作：旋动机器人本体上的总开关，由 0 位转向 1 位，确保逆变器的电源开关打到 ON 的位置，等待 PLC、TX2、伺服等全部上电且没有警报输出后，则表示机器人通电正常；

（2）当设备出现通电异常时，严禁重复断电通电操作，需立即检查并报备相关负责人、技术人员。

3. 常规作业操作

室内喷涂机器人开机后欲进行常规作业，应按表 2-8 的步骤及内容进行规范的操作。

室内喷涂机器人常规作业操作规程   表2-8

顺序	操作名称	详细操作内容
1	检查电池状态	1. 电池电量是否充足，绿色灯亮起个数表示当前电池电量 2. 电池插头、接线是否牢固 3. 机器人是否能正常通电工作
2	机器人通电	1. 使用钥匙打开电控柜门锁，门柄弹出 2. 逆时针方向旋转门柄，向外打开电控柜门 3. 依次打开电控柜内的QF1、QF2、QF3三个空气开关，关闭电控柜门 4. 确认机器人无报警后进行下一操作，如有异常禁止开机
3	手持平板连接	1. 打开手持平板"设置"中的"WLAN"功能 2. 在可用WLAN列表中选择对应无线网络，待网络显示"已连接"即可 3. 在应用程序中找到"室内喷涂机器人"APP点击打开，在"登录界面"输入账号密码点击登录
4	开机自检	点击APP左侧的"其他功能"，点击"设备自检"子界面，长按"设备自检"按钮开始自检，自检完成后所有自检项显示绿色为状态正常，若显示红色则需检查对应的部位状态

顺序	操作名称	详细操作内容
5	导入地图文件	1. 点击APP左侧的"路线选择"，点击"地图操作"子界面 2. 点击"扫描地图文件"按钮进行扫描，点击正确的地图文件，按"确定"下发地图到机器人
6	设置初始点位	1. 点击APP左侧的"底盘控制"，点击"对图"按钮，拖动地图中显示的图标到机器人在地图中的实际位置，调整箭头方向（箭头方向机器人为电控柜朝向） 2. 点击"确定"按钮使雷达扫描周围环境，同时观察地图中雷达扫描扇面与地图边界的吻合情况 3. 重复上述操作至扫描扇面与地图边界吻合，定位成功
7	导入路径文件、设置开始路径点	1. 点击APP左侧的"路线选择"，点击"路径选择"子界面 2. 点击"扫描路径文件"按钮进行扫描，点击正确的路径文件，按"确定"下发路径信息到机器人 3. 在子界面设置"站点号、步序"并点击"发送"按钮（若从该路径的第一个站点开始作业则跳过此步骤）
8	设置喷涂参数	点击APP左侧的"上装控制"，在子界面的"喷涂设置"中设置"喷涂速度增值""喷涂压力"数值并点击对应的"发送"按钮
9	拌料、加料、试喷	1. 选择使用的涂料后按照各型号涂料的水漆比进行充分搅拌 2. 将搅拌后的涂料通过滤网缓慢倒入机器人料桶中 3. 点击APP左侧的"上装控制"，在子界面的"悬臂控制"点击"展开到位"按钮，此时机器人悬臂抬起到位后停止动作 4. 在子界面的"四轴"长按"下旋"按钮使喷嘴朝下，取废料桶放置在喷涂正下方 5. 在子界面的"喷涂设置"中长按打开"空压机""喷涂机""喷嘴"按钮，确认喷涂机压力稳定、压力值无误，涂料喷出的形状、喷幅无异常后进行下一步操作
10	自动喷涂作业	在任意界面上方点击"自动模式"按钮，再点击"确定"将机器人切换到自动模式，机器人开始自动运行

4. APP操作面板说明

（1）登录界面说明

使用APP前，连接好对应机器释放的Wi-Fi，核对IP地址（192.168.1.110）。点击设置系统Wi-Fi，进入Wi-Fi选择界面，选择机器Wi-Fi后返回，点击重新连接。如图2-5所示。

（2）操作界面说明

进入APP后进入操作界面，如图2-6所示，左边为主菜单选项，右边为对应菜单操作项与信息显示界面。

每个界面均显示手动模式与自动模式切换按钮，同时均显示急停与复位按钮。机器运行过程中，按下急停按钮，可使机器瞬间停止移动与工作，同时急停按钮切换为急停复位，点击急停复位按钮，解除机器急停状态，然后点击复位按钮使机器恢复正常，点击手动模式或者自动模式可以实现两种工作状态的切换。

（3）机器状态

1）基本状态。机器开机后的基本状态，包括系统版本，涂料余量，喷涂压力，电池电量，设备温度，工作模式，电机状态与手动状态下底盘速度等信息。

2）底盘状态。自动模式下无显示信息；手动模式下，显示机器底盘运行状态，包括工作当前站点号，作业进度，位姿坐标，直线速度与旋转速度等。

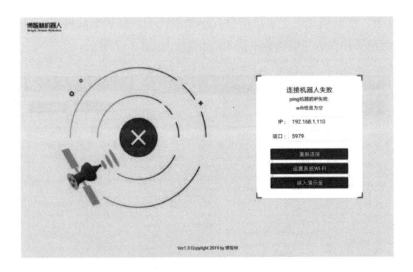

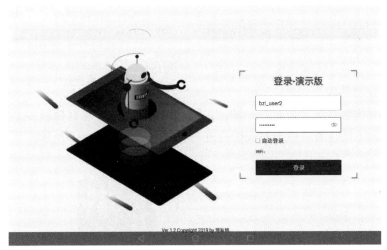

图 2-5　Wi-Fi 选择界面

图 2-6　操作界面

3）工作状态。自动模式下无显示信息；手动模式下，显示当前机器上装工作的基本工作信息，包括当前各轴参数与喷涂作业类型等信息。如图2-7所示。

图2-7　机器状态

（4）上装控制界面

上装控制界面包含喷涂设置、一轴、二轴、三轴、四轴、悬臂控制多个模块，并相应模块标注了机器上的位置，点击对应按钮进入相应模块。如图2-8所示。

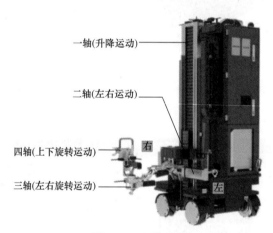

图2-8　上装控制

1）喷涂设置。点击喷涂设置按钮，进入喷涂设置模块。在喷涂设置模块中可以设置喷涂速度增值（自动模式下）与喷涂压力，控制喷嘴开关、喷涂机开关，空压机开关，雷达清洗开关。如图2-9所示。

2）一轴设置。点击一轴按钮，进入一轴控制模块。一轴控制模块可以显示一轴位置与运动时的实时速度，可以设置一轴运动速度，相对运动距离，控制一轴升降运动，回归原点。一轴运动过程中长按暂停可实现一轴运动停止。

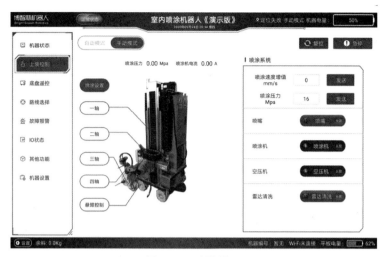

图 2-9　喷涂设置

　　若需要重新标定一轴原点，点击原点设置，输入密码可进行一轴原点设置，调整到一轴到合适位置，长按原点设置按钮设置成功，本功能只在高级权限账号中存在。如图 2-10 所示。

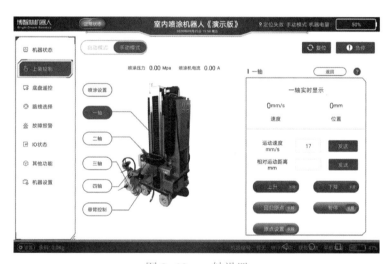

图 2-10　一轴设置

　　3）二轴设置。点击二轴按钮，进入二轴控制模块。二轴控制模块可显示二轴位置与运动实时速度，可设置二轴运动速度、相对运动距离、控制二轴左右运动、回归原点。二轴运动过程中长按暂停可实现二轴运动停止。

　　若需要重新标定二轴原点，点击原点设置，输入密码可进行二轴原点设置，调整到二轴到合适位置，长按原点设置按钮设置成功，本功能只在高级权限账号中存在。如图 2-11 所示。

　　4）三轴设置。点击三轴按钮，进入三轴控制模块。三轴控制模块可显示三轴位置与运动实时速度，可设置三轴运动速度、相对运动角度、控制三轴左右旋转、回归原点。三

图 2-11　二轴设置

轴运动过程中长按暂停可实现三轴运动停止。

若需重新标定三轴原点，点击原点设置，输入密码可进行三轴原点设置，调整到三轴到合适位置，长按原点设置按钮设置成功，本功能只在高级权限账号中存在。如图 2-12 所示。

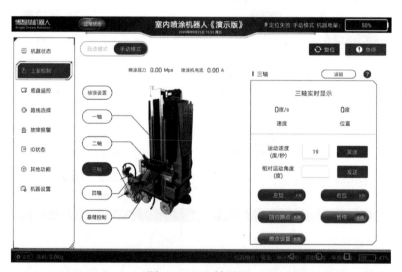

图 2-12　三轴设置

5）四轴设置。点击四轴按钮，进入四轴控制模块。四轴控制模块可显示四轴位置与运动实时速度，可以设置四轴运动速度、相对运动角度、控制四轴左右旋转、回归原点。四轴运动过程中长按暂停可实现四轴运动停止。

若需重新标定四轴原点，点击原点设置，输入密码可进行四轴原点设置，调整到四轴到合适位置，长按原点设置按钮设置成功，本功能只在高级权限账号中存在。如图 2-13 所示。

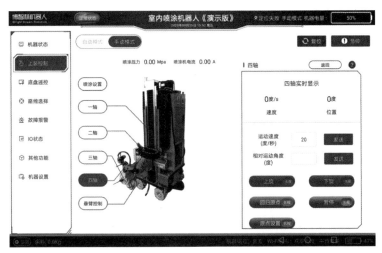

图 2-13 四轴设置

6）悬臂控制。点击悬臂控制按钮，进入悬臂控制模块。悬臂控制模块可实现悬臂收起与展开，展开与收起到位有提示。长按上装归零按钮可实现各轴移动到适当位置，同时收起悬臂，方便用户结束作业后进行机器规整。如图 2-14 所示。

图 2-14 四轴设置

（5）底盘遥控界面

底盘遥控界面可显示机器当前作业地图，当前坐标：显示机器匹配好地图移动过程中实时位置坐标。长按底盘控制中各个方向，可实现机器不同方向的移动。如图 2-15 所示。

底盘遥控中有两个二级菜单按钮：

1）设置初始点。点击对图按钮，拖动图标，可调整匹配地图。初始点显示匹配好地图后机器所在位置坐标。如图 2-16 所示。

2）设置速度。点击速度设置按钮可设置手动状态下 X 方向运动速度，Y 方向运动速度与旋转速度。如图 2-17 所示。

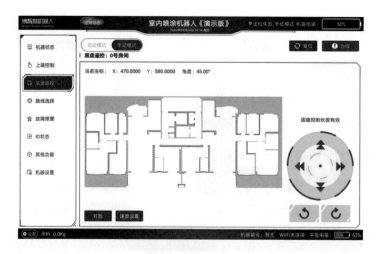

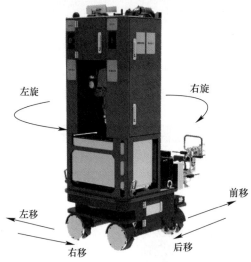

图 2-15　底盘控制

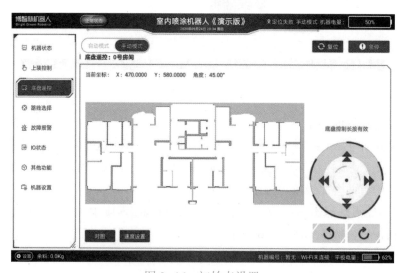

图 2-16　初始点设置

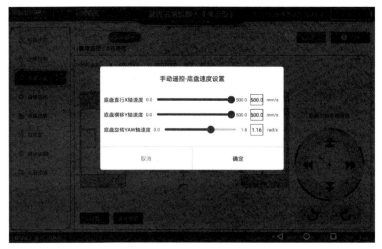

图 2-17　速度设置

（6）路线选择界面

路线选择界面可以显示当前地图与自动导航相关设置。

自动导航模块。实现自动路径选择发送与地图的切换，在地图中显示机器自动运行过程路径与当前作业地图。

路径选择可以选择平板内部存储空间 path 文件夹下的路径文件，通过点击【扫描路径文件】可以显示 path 文件夹下所有路径。如图 2-18 所示。

图 2-18　路径选择

地图选择可以选择平板内部存储空间 map 文件夹下的地图文件，通过点击【扫描地图文件】可以显示 map 文件夹下所有地图。如图 2-19 所示。

发送路径成功，站点可设置机器初始作业站点号，序号默认为 1 不需要修改，设置站点号并发送成功可实现机器从该站点开始作业。

点击路径和站点清除按钮可清除已发送路径和站点。

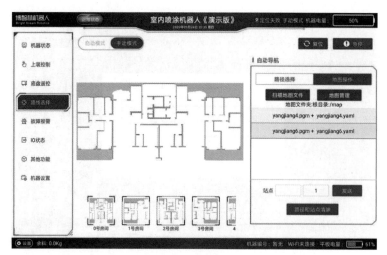

图 2-19　扫描地图文件

（7）故障报警界面

故障报警界面显示了机器自开机后出现的所有报警信息与故障信息。

1）当前故障中信息。机器报警后，显示对应故障信息。

2）当前前部日志。显示机器报警与恢复的历史日志。如图 2-20 所示。

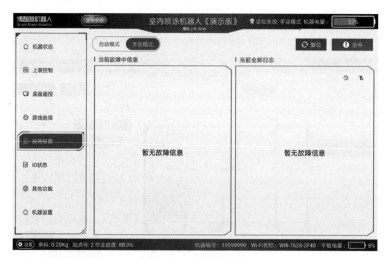

图 2-20　速度设置

（8）IO 状态界面

显示所有 IO 触发状态。触发后对应 IO 显示红色，未触发显示灰色。如图 2-21 所示。

（9）其他功能界面

其他功能界面包括设备自检与补喷作业模块。默认界面为设备自检，点击下方补喷作业可以切换至补喷作业界面。

设备自检。开机后长按设备自检按钮可以对机器相关模块进行检测，测试机器各模块的状态，检测成功后对应按钮显示绿色。如图 2-22 所示。

图 2-21 IO 触发状态

图 2-22 设备自检

（10）机器设置界面

其他功能界面包括常规配置与其他设置模块。

1）常规配置。常规配置界面包括系统版本，机器编号，APP 版本号，APP 编译日期等基本信息。

2）其他设置。其他设置界面包括空跑喷涂、避障气缸、故障模拟、称重去皮、屏蔽蜂鸣器、照明灯等开关状态，以上按钮长按有效，按钮上显示的文字为当前状态。右下角高级设置按钮可设置机器出厂标定参数。如图 2-23 所示。

3）点击【高级设置】，进入高级设置界面。高级设置界面可设定一轴原点时喷嘴离地高度、自动模式下三轴速度、踢脚线高度以及喷涂顶棚姿态时喷嘴离地高度。如图 2-24所示。

图 2-23 机器设置

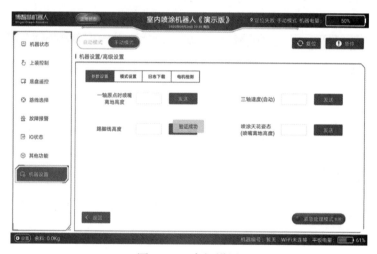

图 2-24 高级设置

紧急模式按钮。在机器撞墙或其他因素断电后，无法通电恢复，可按下紧急模式，并点击【复位按钮】，可重新通电，但各轴运动速度很慢，防止误操作，机器移动到正常位置后，长按紧急模式按钮，退出紧急模式。

（11）APP 设置

界面左下角为 APP 设置界面按钮。主要是关于 APP 相关设置，包括显示登录名、应用版本与应用编译日期等信息，同时可实现演示版与正式版 APP 切换，为方便查看，可设置 APP 皮肤。如图 2-25 所示。

（12）移动机器操作

1）手动模式下进入底盘遥控界面，点击设置速度，设置合适的 X，Y 方向与旋转速度。如图 2-26 所示。

2）长按各方向移动按钮实现机器各方向移动与旋转。手动移动机器时可不匹配地图，此时初始点左边与当前坐标显示为不准确信息。如图 2-27 所示。

图 2-25 APP 设置

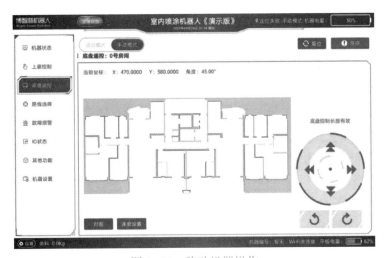

图 2-26 移动机器操作

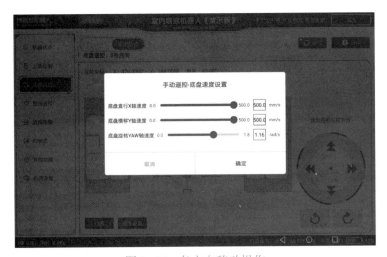

图 2-27 各方向移动操作

5. 特殊作业操作

室内喷涂机器人特殊作业包括断点续喷和补喷，当喷涂过程中机器人出现故障或其他情况暂停作业时，须从断点进行续喷操作；当喷涂后出现漏喷或者进行特殊部位喷涂时，须进行补喷操作，均应按表2-9的步骤及内容进行规范的操作。

室内喷涂机器人特殊作业操作规程 表2-9

序号	特殊作业名称	详细操作内容
1	断点续喷操作	1. 点击任意界面的"复位"按钮进行故障复位，手动模式移动机器人到断点附近的位置 2. 查看断点的站点号及步序 3. 在"路线选择"界面点击"路径和站点清除"按钮，再重新导入地图及路径文件，并输入续喷的站点号及步序，点击"发送"按钮 4. 在任意界面上方点击"自动模式"按钮，再点击"确定"将机器人切换到自动模式，机器人将从断点开始自动喷涂

6. 冲洗与关机

（1）停止作业超过30min时，须及时清理料桶内涂料、喷涂系统管内余料及喷嘴残余涂料；

（2）喷涂完毕后，对机器进行喷涂清洗，清洗工作完成后，将喷枪运动装置二轴、三轴、四轴运动到原点位置，一轴运动到100mm位置，推杆收起到限位位置，旋转机身上的开关关机，由1位置到0位置；

（3）断电前进行喷涂机泄压操作，APP发送压力值0，使喷涂机达到无压力状态；

（4）断电后进行空压机泄压操作，机器断电后，打开机身左侧电控柜门，找到泄压管道，并取出（管口禁止对着人或机器），顺时针打开管道上的蓝色阀门，观察空压机压力表至压力降为0且没气体喷出后，逆时针关闭阀门，收好管道并关闭电控柜门；

（5）旋转机身上的开关关机，由1位置到0位置。

7. 施工后成品保护

室内喷涂施工后成品保护措施见表2-10。

室内喷涂施工后成品保护措施 表2-10

序号	成品保护措施	图例
1	涂料未干前，不能打扫地面，防止灰尘等污染墙面涂料。最后一遍涂料漆表面干燥前，保持室内空气流通，预防漆膜干燥后表面无光或者光泽不足，影响成膜效果	

序号	成品保护措施	图例
2	应对完工后涂饰工程阳角、突出处用硬质材料围护保护。不得磕碰、污染饰面	

任务 2.2.4 室内喷涂机器人施工质量标准

室内喷涂机器人施工质量应符合《建筑装饰装修工程质量验收标准》GB 50210—2018、《建筑工程施工质量验收统一标准》GB 50300—2013 的规定，主控项目质量要求详见表 2-11，一般项目质量要求详见表 2-12。

主控项目质量要求   表2-11

序号	检查项目	要求	检验方法
1	涂料品种、型号、性能等	应符合设计要求及国家现行标准的有关规定	检查产品合格证书、性能检验报告、有害物质限量检验报告和进场验收记录
2	涂饰颜色和图案	水性涂料涂饰工程的颜色、光泽、图案应符合设计要求	观察
3	涂饰综合质量	水性涂料涂饰工程应涂饰均匀、粘结牢固，不得漏涂、透底、开裂、起皮和掉粉	观察、手摸检查

一般项目质量要求   表2-12

序号	检查项目			要求/允许偏差	检验方法
1	与其他材料和设备衔接处			涂层与其他装修材料和设备衔接处应吻合，界面应清晰	观察
2	薄涂料涂饰质量	颜色	普通涂饰	均匀一致	观察、强光手电筒照射
			高级涂饰	均匀一致	
		光泽、光滑	普通涂饰	光泽基本均匀，光滑无挡手感	
			高级涂饰	光泽均匀一致，光滑	
		泛碱、咬色	普通涂饰	允许少量轻微	
			高级涂饰	不允许	
		流坠、疙瘩	普通涂饰	允许少量轻微	
			高级涂饰	不允许	

续表

序号	检查项目		要求/允许偏差	检验方法
2	薄涂料涂饰质量	砂眼、刷纹（普通涂饰）	允许少量轻微砂眼、刷纹通顺	观察、强光手电筒照射
		砂眼、刷纹（高级涂饰）	无砂眼、无刷纹	
		立面垂直度（普通涂饰）	3mm	2m靠尺
		立面垂直度（高级涂饰）	2mm	
		表面平整度（普通涂饰）	3mm	2m靠尺、塞尺
		表面平整度（高级涂饰）	2mm	
		阴阳角方正（普通涂饰）	3mm	阴阳角检测尺
		阴阳角方正（高级涂饰）	2mm	
		装饰线、分色线直线度（普通涂饰）	2mm	5m线、钢直尺
		装饰线、分色线直线度（高级涂饰）	1mm	
3	厚涂料涂饰质量	颜色（普通涂饰）	均匀一致	观察、强光手电筒照射
		颜色（高级涂饰）	均匀一致	
		光泽（普通涂饰）	光泽基本均匀	
		光泽（高级涂饰）	光泽均匀一致	
		泛碱、咬色（普通涂饰）	允许少量轻微	
		泛碱、咬色（高级涂饰）	不允许	
		点状分布（普通涂饰）	—	
		点状分布（高级涂饰）	疏密均匀	
		立面垂直度（普通涂饰）	4mm	2m靠尺
		立面垂直度（高级涂饰）	3mm	
		表面平整度（普通涂饰）	4mm	2m靠尺、塞尺
		表面平整度（高级涂饰）	3mm	
		阴阳角方正（普通涂饰）	4mm	阴阳角检测尺
		阴阳角方正（高级涂饰）	3mm	
		装饰线、分色线直线度（普通涂饰）	2mm	5m线、钢直尺
		装饰线、分色线直线度（高级涂饰）	1mm	
4	复层涂料涂饰质量	颜色	均匀一致	观察、强光手电筒照射
		光泽	光泽基本均匀	
		泛碱、咬色	不允许	
		喷点疏密程度	均匀，不允许连片	
		立面垂直度	5mm	2m靠尺
		表面平整度	5mm	2m靠尺、塞尺
		阴阳角方正	4mm	阴阳角检测尺
		装饰线、分色线直线度	3mm	5m线，钢直尺

任务 2.2.5　室内喷涂机器人安全事项

1. 安全管理事项

（1）用电安全。工作设备引电需遵守工地安全用电规定，需设置专用的充电场所，并进行相关的安全防护与警示；

（2）工作设备安全（安装、使用、故障处理等）。需要专门设置工作设备存放处并做好相关防护工作；

（3）作业人员安全防护。作业人员进场前必须按要求穿戴好劳动保护用品，安全帽、反光衣、劳保鞋、防护口罩，保证作业人员安全；

（4）场地围护安全要求。需设置安全距离和安全警戒线，确保人员与机器人安全；机器人在施工作业时，除操作工程师外禁止其他施工人员在同一个区域作业；

（5）机器人维护和拆卸安全。机器人如需进行维护或拆卸、更换零部件，需严格按照本手册要求的步骤，并在机器人断电和卸压的前提下进行操作；

（6）操作者上岗前必须经过培训，经考核合格后方可上岗；

（7）严禁酒后、疲劳上岗；

2. 操作注意事项

（1）机器人运转过程中出现异响、振动、异味或其他异常现象，必须立即停止机器人运行，及时通知维修人员进行维修，严禁私自拆卸、维修设备；

（2）严禁任何人员在机器人运行时将身体各部位靠近喷枪运动装置一轴、二轴、三轴、四轴等运动部位，喷枪运动装置前端禁止人员站立，机器人运行过程中严禁对机器人进行调整、维修等作业；

（3）如需要手动控制机器人时，应确保机器人动作范围内无任何人员或障碍物，应预先识别机器人运行轨迹并将移动速度由慢到快逐渐调整，进行转向时一定要降低速度到安全范围之内，避免速度突然变快打破机器人稳定状态；

（4）严禁野蛮操作机器人，强制按压、推拉各执行机构，不允许使用工具敲打、撞击机器人；

（5）操作过程中，不得随意修改机器人各运行参数，严禁无关人员触动控制按钮；

（6）电池充放电时应明确区分充电、放电接头，电池接头应连接牢固，无松动，禁止电池接地，充电时必须在专用区域进行；

（7）维修保养时应关闭机器人总电源并挂牌警示，机器人需储存在专用仓库；

（8）操作机器人内部零部件时，需要使用专用钥匙开启，严禁暴力开箱；

（9）禁止机器人爬坡角度不小于 66°，爬坡过程中机器人后方不允许站人。

3. 急停处置事项

机器人出现故障或即将造成人员伤害的动作时，需立即停止机器人动作，急停方法如下：

（1）按下手持平板任意界面上方的"急停"按钮；

（2）按下机器人机身的急停实体按钮；

（3）触碰机器人底盘四周防撞条；

（4）触碰机身顶端、喷枪处的行程开关；

（5）联系机器人多机调度指挥中心远程进行关闭。

（6）机器人施工、施工现场常见安全标识，如图 2-28 所示。

必须戴安全帽　　　　　必须穿防护鞋　　　　　　紧急停止

非指定人员禁止操作　　　　机器人运转请勿靠近

图 2-28　施工现场常见安全标识

任务 2.2.6　室内喷涂机器人维护保养及故障处理

室内喷涂机器人维护保养包括日常维护和定期维护，作业人员应对照维护项目开展维护保养工作，保障机器人寿命和运行正常。

1. 室内喷涂机器人日常维护

为保障室内喷涂机器人的正常使用及安全，在进行机器人施工作业前后，均需对机器人关键部位进行点检工作，同时进行日常的维护与保养，具体点检和日常维护内容详见表 2-13 和表 2-14。

室内喷涂机器人作业点检内容　　　　　　　　　　　　　　　　表2-13

序号	点检部位	点检项目	方法	点检阶段	间隔
1	电源开关	动作确认	操作、目视	机器人动作前	适当
2	急停按钮	动作确认	操作、目视	机器人动作前	多次
3	安全防护	动作确认	操作、目视	机器人动作前	多次
4	电池	动作确认	操作、目视	机器人动作前	适当
5	外部整体	龟裂、损伤、变形	目视	机器人动作前	适当
6	动力/通信线缆	损伤、连接	目视	机器人动作前	适当
7	喷涂管道	损伤、连接	目视	机器人动作前	适当
8	喷枪喷嘴	堵塞、连接	目视	动作前、作业后	多次
9	喷涂机	压力	操作、目视	动作前、作业后	多次
10	运动轴	变形、磨损、干涉	操作、目视	动作前、作业后	多次
11	空气压缩机	压力	操作、目视	动作前、作业后	多次
12	导航传感器	污染、遮挡	操作、目视	动作前、作业后	多次

室内喷涂机器人日常维护保养要点 　　　　　　　　表2-14

序号	维护项目	操作方法
1	喷涂设备清洗	在每次喷涂作业完成后10min内，需对喷涂设备进行清洗，以免管路或喷嘴堵塞，影响下一次喷涂作业 清洗方法如下： 1. 打开回流阀，提起进料管道，将进料管及回流管中的液体排空 2. 换清水回流：关闭回流阀，将进料管放入到清水中，打开喷涂机 3. 直到喷嘴喷出清水大约30~60s；然后提起进料管道，将进料管及回流管中的液体排空 4. 换另一桶清水回流，重复一遍上述步骤1即可 5. 最后拆卸喷枪、喷嘴，使用毛刷及TSL液清洗喷嘴，直到喷嘴无涂料残留后，装回喷枪、喷嘴即可 （建议每喷涂5000m²或喷涂1个月更换1个喷嘴）
2	加料和料桶清洗	加料操作，涂料不足时，打开料桶盖可以直接进行加料 清洗料桶操作： 1. 打开球阀，将余料引出至余料桶 2. 将余料桶换成废水桶 3. 手持清洗杆将清洗喷头从加料口塞入 4. 打开高压水，摆动清洗杆，实现料桶内部全角度清洗20s，关水，待桶内污水排净继续冲洗10s，关水，取出清洗杆 5. 待料桶内污水排净关闭球阀，妥善处理废水
3	过滤网清洗	1. 正常情况下，每喷涂30h，就需清洗一次过滤网 2. 若涂料中污物较多，可适当缩短清洗时间间隔

2. 室内喷涂机器人定期维护

室内喷涂机器人须按表2-15内容进行定期维护与保养。

室内喷涂机器人定期维护保养要点 　　　　　　　　表2-15

序号	维护内容	操作方法
1	底盘总成维护保养	1. 检查麦克纳姆轮底盘清洁程度 2. 检查车轮内是否有碎布等杂物 3. 检查麦克纳姆轮底盘的工作区域是否有障碍物 4. 检查螺栓以及螺母是否松动，麦克纳姆轮底盘的骨架是否松动，以及各驱动电机及传动部件等是否处于正常状态 5. 注意麦克纳姆轮区域有无裸露的电线、插头的连接是否良好，电路有无磨损等 6. 检查麦克纳姆轮是否磨损严重 7. 检查配套设备是否可以正常使用，如电脑终端等
2	上装移动机构维护保养	1. 外部清洁：保持设备整洁，有严重污垢时，请使用软布蘸取少许中性清洁剂或酒精，轻轻擦拭。保持设备周围环境整洁。建议每周彻底清洁一次，或视工作环境确定清洁频率 2. 内部清洁与润滑必要性：直线模组的内部护理主要是导轨和丝杠的维护，因为导轨和丝杠直接决定模组的传动速度和精度，是设备中最昂贵的机械部件。有效的保养不仅保证设备的精度和速度，同时可延长设备的使用寿命。当使用环境相对恶劣时应适当增加清洁与润滑次数 3. 细心擦净导轨和丝杠表面的油污，特别是沟槽里的油污 4. 用黄油枪通过注油油嘴向传动腔（导轨滑块或丝杠螺母）内部加油，直至内部污油完全被挤出，清除被挤出的污油 5. 用手指在丝杠（导轨）表面涂少许油脂，优先保证沟槽内均匀涂抹； 手推丝母（滑座）来回往复几次，确保油膜均匀 6. 清除多余的油脂并暖机 7. 直线滑台盖板未确保已锁付时禁止运转。当直线滑台运转时，禁止将手伸入盖板内部

序号	维护内容	操作方法
3	传感器	1. 检查传感器外观，检查器件是否缺损、受潮 2. 确认各端子连接器连接可靠，器件安装无松动现象 3. 检查电源状态，确认DC电源的电压状态正确；校核传感器精度 4. 检查传感器反馈值与实际计量仪表测量值是否相符 5. 确认传感器内外清洁 6. 记录、编制维护保养报告
4	喷涂设备	1. 施工前后将TSL油顺着活塞杆注入油杯中，这样可以最大限度的延长喉部密封圈和活塞杆的使用寿命 2. 当油杯下的喉部密封圈磨损后，部分涂料会从油杯中溢出，此时需要顺时针拧紧油杯半圈即可 3. 用清洗液或溶剂，清洗整机，高压管和喷枪外表
5	电机	1. 检查电机运行电流是否超过允许值，是否存在突变，电压是否在允许值内 2. 检查轴承是否过热，有无异常声音 3. 检查电机运行声和振动是否正常，有无异常声音和气味 4. 检查电机各部位的温度是否超过规定值
6	其他电气元件维护保养	1. 检查电路中各个连接点有无过热现象 2. 检查三相电压是否相同，电路末端电压是否超过规定值 3. 检查各配电装置和低压电器内部有无异味、异响 4. 检查配电装置与低压电器表面是否清洁，接地线是否连接正常 5. 对空气开关磁力启动器和接触器的电磁吸合铁芯，应检查其工作是否正常，有无过大噪声或线圈过热 6. 低压配电装置的清扫和检修一般每年至少一次，其内容除清扫和摇测绝缘外，还应检查各部连接点和接地处的紧固状况 7. 频繁操作的交流接触器，每三个月至少检查一次触头和清扫灭弧栅，测量吸合线圈的电阻是否符合规定值 8. 检查空气开关与交流接触器的动静触头是否对准三相，是否同时闭合，并调节触头弹簧使三相一致，遥测相间绝缘电阻值 9. 检查空气开关的接触头及交流接触器的接触头，如磨损厚度超过1mm时，应更换备件，被电弧烧伤严重者应予磨平打光 10. 检查空气开关的电磁铁及交流接触器的电磁铁吸合是否良好，有无错位现象，若短路环烧损则应更换，吸合线圈的绝缘和接头有无损伤或不牢固现象

3. 室内喷涂机器人常见故障及处理

室内喷涂机器人常见作业故障处理方法见表 2-16。

室内喷涂机器人常见故障及处理方法　　　　　　　　表2-16

序号	常见作业故障	处理方法
1	在喷涂作业中出现	检查涂料是否充足，并保证进料口浸没在涂料中
2	雾化小、喷涂扇面变小无涂料喷出喷嘴堵塞	1. 回流后打开喷嘴进行喷涂操作，检验喷涂雾化是否正常，同时观察表盘上的压力值是否正常（一般设置在160bar左右） 2. 卸下喷嘴，检查喷涂涂料检测喷枪管路是否堵塞，同时使用TSL溶液、毛刷清洗喷嘴至无乳胶漆残留
3	机器人自动喷涂过程中偏移预设路径机器人有碰撞周围物体风险底盘导航报警	暂停机器人作业，或拍下机身上红色急停按钮或APP中的急停按钮，检查地图是否偏移，重新进行地图匹配
4	自动喷涂过程中点位错误、发生碰撞、流坠或者漏喷现象、上装机构无动作	检查点位信息是否规划正确，检查地图是否发生偏移，检查喷嘴是否堵塞

续表

序号	常见作业故障	处理方法
5	喷涂作业过程中出现压力不稳或压力达不到预设压力	1. 检查吸料管头是否完全浸入涂料中 2. 检查吸料口是否有堵塞 3. 检查料管带过滤器的转接头是否有堵塞 4. 检查料口接头是否松动或有滴漏
6	限位开关异常报警	恢复限位开关正常状态，点击复位
7	BIM地图、路径点与实际不符	请联系项目组进行地图、路径修正

小结

　　室内喷涂机器人，用于住宅室内墙面、阴阳角、飘窗和顶棚面漆和底漆的全自动喷涂。通过室内喷涂机器人，实现室内墙面、顶棚面漆的全自动喷涂施工，修边收口由人工采用传统施工方式完成。

　　室内喷涂机器人施工工艺流程包括：腻子基层验收→机器人状态检查→拌料、加料→导入地图、路径文件→自动喷涂底漆→全面检查、修补缺陷→机器自动喷涂第一遍面漆→机器自动喷涂第二遍面漆和质量检查等过程。

　　室内喷涂机器人施工质量要求参照《建筑装饰装修工程质量验收标准》GB 50210—2018、《建筑工程施工质量验收统一标准》GB 50300—2013对应规定的主控项目质量、一般项目质量要求执行。

巩固练习

一、单项选择题

（1）室内喷涂机器人爬坡高度为（　　　）。

A. 6°　　　　　　　　B. 7°　　　　　　　　C. 8°　　　　　　　　D. 9°

（2）喷涂顶棚和立面时喷嘴距离墙面距离一般为（　　　），机身距离墙面的安全距离一般为（　　　）。

　　A. 400mm；100mm　　　　　　　　B. 500mm；150mm

　　C. 600mm；100mm　　　　　　　　D. 700mm；150mm

（3）在1轴的基础上有效喷幅是（　　　）。

A. 380mm　　　　　B. 450mm　　　　　C. 500mm　　　　　D. 300mm

（4）室内喷涂机器人最大喷涂高度为（　　　），整机重量为（　　　）。

A. 3m；300kg　　　B. 3m；350kg　　　C. 3.2m；300kg　　　D. 3.2m；350kg

（5）电池的电量低于（　　　）时，涂料低于（　　　）kg，控制系统输出报警。

A. 10%；3　　　　　B. 20%；3　　　　　C. 10%；5　　　　　D. 20%；5

（6）室内喷涂机器人样机整机尺寸为（　　　）。

A. 1300mm×950mm×1785mm   B. 1050mm×950mm×1785mm

C. 1300mm×750mm×1785mm   D. 1050mm×690mm×1780mm

二、多项选择题

（1）机器操作人员、维护人员必须经过（　　　　）后，才能对机器人进行操作、维护和维修。

A. 正规的机器人操作培训   B. 考核合格

C. 安全培训   D. 机器人理论知识培训

（2）禁止（　　　　）操作、维护机器人，以免对该人员和机器人设备造成严重损害。

A. 非专业人员   B. 未经申请人员

C. 非本公司人员   D. 培训未合格人员

（3）严禁（　　　　）等上岗。

A. 喝酒以后   B. 过于疲劳

C. 服用精神类药物   D. 身体感到不适

（4）操作设备前必须按要求穿戴好（　　　　）等劳动保护用品，操作前应熟读机器人操作手册，并认真遵守。

A. 安全帽   B. 反光衣   C. 劳保鞋   D. 专业防毒面具

（5）检查供电电池线路及接头、电机动力线缆、编码器线缆、抱闸线缆、各传感器线缆（包括光电开关及行程开关等）状态，存在（　　　　）等现象严禁开机。

A. 线路破损、老化   B. 线路接头松动

C. 线路积尘   D. 线路标识不清晰

三、判断题

（1）当设备出现通电异常时，可以重复断电通电操作，立即检查并报备相关负责人、技术人员。（　　　）

（2）检查电控柜内状态，存在杂物、积灰、浸液等异常严禁开机，严禁在电控柜内放置配件、工具、杂物、安全帽等，以免影响到部分线路，造成设备的异常。（　　　）

（3）设备上可以放置与作业无关物品，禁止作业现场堆放影响机器人安全运行的物品，禁止任何人在机器人作业范围内停留。（　　　）

（4）机器人在运动时会携带巨大的能力，当发生碰撞时，会对其工作范围内的人员和设备造成严重的伤害/损害。所以在作业过程中必须谨慎靠近机器人。（　　　）

（5）检查急停按钮可操作性及急停功能是否完好，如有异常严禁启动设备。（　　　）

四、简答题

（1）简述室内喷涂机器人施工的工艺流程。

（2）简述室内喷涂机器人常规作业操作规程。

（3）简述室内喷涂机器人特殊作业操作规程。

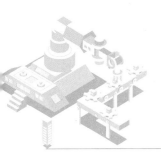

项目 3　墙纸铺贴机器人 >>>

【知识目标】

通过学习，掌握墙纸铺贴机器人施工；了解墙纸铺贴机器人功能、结构与特点；了解墙纸铺贴机器人常见故障的处理办法及维护保养。

【能力要求】

具备检测与判定墙纸铺贴机器人的施工条件、编制墙纸铺贴机器人的施工规划、正确对墙纸铺贴机器人常见故障分析并进行维护与保养的能力。

单元 3.1 墙纸铺贴机器人性能

任务 3.1.1 墙纸铺贴机器人概述及功能

1. 墙纸铺贴机器人概述

墙纸铺贴
机器人

墙纸铺贴机器人，主要用于住宅和办公建筑室内墙面墙纸铺贴，该款机器人所有功能和规格尺寸均是基于碧桂园集团五套基本户型（YJ215、YJ180、YJ143、YJ140、YJ115）而设计，基于以上 5 套标准户型能够很好地适用本款墙纸铺贴机器人。

2. 墙纸铺贴机器人功能

墙纸铺贴机器人，用于住宅和办公建筑室内墙面墙纸铺贴，其显著特点是高续航、高效率和高质量，可保障机器人在自动规划路径行驶并完成室内墙纸铺贴。墙纸铺贴机器人具备自主导航、定位、路径规划、自动涂胶、自动传送、自动裁剪、自动铺贴、视觉识别、姿势调整、自动裁边等功能。其主要功能见表 3-1，主要功能参数见表 3-2。

墙纸铺贴机器人主要功能　　　　　　　　　　　　　　　　　　　　　表3-1

功能名称	功能描述
自主导航、定位	机器人自动导航并移动至指定墙纸铺贴位置
路径规划	内置模块完成室内平面建图、机器人自身定位及路径规划工作
自动涂胶	胶槽和涂胶辊子将胶水均匀、自动涂抹到墙纸背面
自动传送	墙纸经安装位置、传送辊子、压平机构、连续传送至涂胶、裁切和铺贴机构
自动裁剪	由铺贴墙面高度设定墙纸的长度、裁切机构自动测量并裁断墙纸
自动铺贴	样机经路径规划、导航以及各机构的共同作用、完成墙纸铺贴自动作业
视觉识别	视觉算法拍照识别铺贴效果
姿态调整	机器人根据地面角度倾斜情况完成姿态调整
自动裁边	机器铺贴完墙纸后，利用裁刀自动对搭边区域进行剪裁

任务 3.1.2 墙纸铺贴机器人结构及特点

1. 整机结构

墙纸铺贴机器人主要结构部件如图 3-1 所示。

2. 电气布局

墙纸铺贴机器人电气布局如图 3-2 所示。

3. 按钮与指示灯

墙纸铺贴机器人在触摸屏外壳上侧设置有急停按钮、电源指示灯和三色灯按钮，如图 3-3 所示。

墙纸铺贴机器人主要功能参数   表3-2

参数名称	数值
版本	V3.1
外形尺寸（长×宽×高）	922mm×721mm×1738mm
整机重量	380kg
铺贴墙纸尺寸	宽530mm，长10～50m
最大铺贴高度	3300mm
墙纸重叠搭边宽度	10～20mm
电池续航时间	≥8h
爬坡角度	≤10°
越障高度	≤20mm
越沟宽度	≤40mm

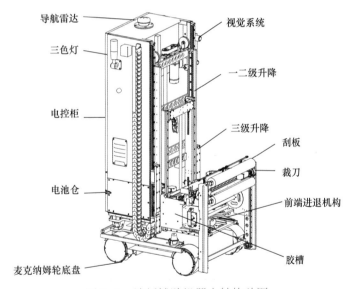

图3-1 墙纸铺贴机器人结构总图

4. 墙纸铺贴机器人特点

墙纸铺贴机器人在无需多人工配合下，自动规划路径行驶并完成室内墙纸铺贴，与传统的人工作业比较，机器人作业简化了施工流程的同时，降低了人工安全风险、改善了现场作业环境、施工效率更高、材料使用率更高、综合施工成本更低、工人劳动强度低和施工质量稳定的特点。

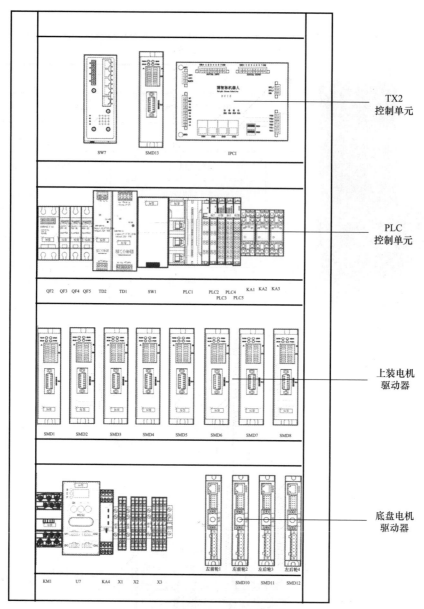

图 3-2　墙纸铺贴机器人电气布局图

图 3-3　墙纸铺贴机器人按钮与指示灯

传统施工与墙纸铺贴机器人施工参数对照表　　　　表3-3

项目	传统施工	墙纸铺贴机器人施工
观感	较好	好
表面平整度	较好	好
作业效率（m²/h）	—	—
作业人员配置（1000m²/人）	—	—
墙纸粘结度	较好	好
综合成本（元/m²）	—	—

单元 3.2　墙纸铺贴机器人施工

任务 3.2.1　墙纸铺贴机器人施工准备

1. 作业条件

（1）施工空间。需确保机器人可以通过室内及公共区域等狭小空间，工作路径上若存在 20mm 以上台阶，需留设坡道。

（2）场地地面。地面须平整、无障碍物、无杂物、无浮灰，木地板地面平整度偏差不大于 3mm，地砖地面平整度偏差不大于 2mm，进门口地面坡度小于 10°，路面沟槽宽度小于 40mm，垂直障碍不超过 20mm。

（3）临时水电。提供供水区和废水处理区，提供 220V 交流电源，满足电池充电需求，配置满足作业要求的配电箱。

（4）门窗、玻璃应提前安装完毕且可以正常闭合。

（5）施工温度应在 5~35℃ 之间，注意防尘。

（6）基层处理。混凝土抹灰基层墙面在批刮腻子前应涂刷抗碱封闭底漆；旧墙面应先除去粉化层，并涂刷一层界面处理剂；混凝土或抹灰基层含水率不得大于 8%（木材基层含水率不得大于 12%）；石膏板基层接缝及裂缝处应贴加强网布；基层腻子应平整、坚实、牢固，无粉化、起皮、空鼓、酥松、裂缝和泛碱现象，腻子粘结强度不得小于 0.3MPa，且表面颜色应一致，裱糊前应用封闭底胶涂刷基层，裱糊基层允许偏差见表 3-4。

裱糊基层允许偏差和检查方法　　　　表3-4

序号	项目	允许偏差（mm）	检查方法
1	立面垂直度	3	用2m垂直检测尺检查
2	表面平整度	3	用2m靠尺和塞尺检查
3	阴阳角方正	3	用200mm阴阳角检测尺检查
4	墙裙、勒脚上口直线度	3	拉5m线，不足5m拉通线，用钢直尺检查

2. 机器人、辅助工具准备

（1）机器人运输设备运转正常；

（2）机器人调校状态良好；

（3）人工配合的作业工具准备就位；其中辅助施工工具准备见表3-5，施工基层检测工具见表3-6。

墙纸铺贴机器人辅助施工工具　　　　　　　　　　　　　　　　　表3-5

序号	工具名称	作用/适用情况	图例
1	平压轮	压实接缝处，使墙纸接缝更加严密	
2	阳角压轮	压实阳角位置的墙纸	
3	毛刷	施工时用于抚平墙纸	
4	墙纸刮板	刮平墙纸，赶出墙纸里面的气泡	
5	高泡去污海绵	擦拭墙纸表面的胶液，及其他残留物质	

序号	工具名称	作用/适用情况	图例
6	美工刀	裁切墙纸	
7	墙纸裁刀	裁切墙纸	
8	滚筒	涂刷胶液和涂刷基膜	
9	投线仪	垂直定位	

墙纸铺贴机器人施工基层检测工具 表3-6

序号	工具名称	作用	图例
1	温度计	检测室内温度	
2	含水率测试仪	检测基层含水率，确认施工墙面是否干燥	

序号	工具名称	作用	图例
3	激光水平仪	配合塔尺检查顶板水平度	
4	塔尺	配合激光水平仪检查顶板水平度	
5	2m靠尺	检查墙面平整度、垂直度	
6	楔形塞尺	配合2m靠尺检查平整度	
7	阴阳角检测尺	检查阴阳角方正度	

3. 人员准备

墙纸铺贴机器人作业班组就位，辅助人员就位。墙纸铺贴机器人施工班组、现场管理及辅助人员见表3-7。

墙纸铺贴机器人施工班组及辅助人员一览表 表3-7

序号	人员	数量	用途
1	机器人操作人员	1	操作机器人
2	机器人作业保障人员	1	博智林售后维护
3	人机协作工人	1	收边收口铺贴墙纸

4. 材料准备

（1）墙纸准备

目前墙纸铺贴机器人主要使用PVC（聚氯乙烯）墙纸，即深压纹墙纸、树脂墙纸，是一种以木浆纤维纸、无纺纤维纸为基材。为保证墙纸环保性能，应具备以下优点。

1）防水防潮性好，受到污染易清洗，容易保养，经久耐用。

2）表面强度较强，不易损伤。

3）耐腐蚀、防霉变、防老化、不易褪色。

4）阻燃性较好。

5）代替树木资源，更环保。

PVC墙纸、胶粘剂等材料进场，必须有合格证和检验报告，严禁使用假冒伪劣产品。同一标段或楼栋应使用同一批次墙纸材料。

（2）墙纸质量要求

1）有害物质。墙纸性能应符合《室内装饰装修材料壁纸中有害物质限量》GB 18585—2001 的技术要求。

2）尺寸规格。所用成品墙纸的宽度为（530±5）mm，530mm 宽的成品墙纸每卷长度为（10+0.05）m 或（30+0.05）m，其他规格尺寸由供需双方协商或以标准尺寸的倍数供应。

3）外观质量。墙纸外观质量要求应符合表 3-8 的规定。

墙纸外观质量要求 表3-8

等级 项目	优等品	一等品	合格品
色差	不允许有	不允许有明显差异	允许有差异，但不影响使用
伤痕和褶皱	不允许有		允许基纸有明显折印，但壁纸表面不许有死折
气泡	不允许有		不允许有影响外观的气泡
套印精度	偏差不大于0.7mm	偏差不大于1mm	偏差不大于2mm
露底	不允许有		允许有2mm的露底，但不允许密集
漏印	允许有		允许有影响外观的漏印
污染点	不允许有	不允许有目视明显的污染点	允许有目视明显的污染点，但不允许密集

4）物理性能。墙纸的物理性能指标应符合表 3-9 的规定。

墙纸物理性能要求 表3-9

项目			指标		
			优等品	一等品	合格品
褪色性（级）			>4	≥4	≥3
耐擦洗色牢度实验（级）	干摩擦	纵向	>4	≥4	≥3
		横向			
	湿摩擦	纵向	>4	≥4	≥3
		横向			
遮蔽性（级）			4	≥3	
湿润拉伸负荷N/15mm		纵向	≥2.0	≥2.0	
		横向			
胶粘剂可拭性		横向	20次无外观上的损伤和变化		

注：可拭性是指粘贴墙纸的胶粘剂附在墙纸的正面，在胶粘剂未干时，应有可能用湿布或海绵拭去，而不留下明显痕迹。

5）墙纸的可洗性

可洗性是粘贴后使用期内可洗涤的性能，是墙纸在有污染和湿度较高地方的使用指标。可洗性按使用要求分为可洗、特别可洗和可刷洗三个使用等级，其性能应符合表3-10的规定。

墙纸的可洗性能要求 表3-10

使用等级	指标
可洗	30次无外观上的损伤和变化
特别可洗	100次无外观上的损伤和变化
可刷洗	40次无外观上的损伤和变化

（2）墙纸胶粘剂的准备

1）分类

墙纸胶粘剂构造由墙纸胶、基膜组成。粘贴墙纸胶有糯米胶、植物淀粉胶等。基膜是指专业抗碱、防潮、防霉的墙面处理材料，能有效防止施工基面潮气水分及碱性物质外渗，用于保护墙纸。

2）有害物质限量

墙纸胶有害物质限量应符合《室内装饰装修材料胶粘剂中有害物质限量》GB 18583—2008中其他胶粘剂的技术指标规定，见表3-11。基膜挥发性和有机化合物苯、甲苯、乙苯、二甲苯含量总和及游离甲醛应符合《室内装饰装修材料胶粘剂中有害物质限量》GB 18583—2008水性墙面涂料技术指标规定，见表3-12。

3）性能要求

墙纸胶性能要求详见表3-13，基膜性能要求详见表3-14。

胶粘剂中有害物质限量值 表3-11

项目	指标				
	缩甲醛类胶粘剂	聚乙酸乙烯酯胶粘剂	橡胶类胶粘剂	聚氨酯类胶粘剂	其他胶粘剂
游离甲醛（g/kg）	≤1.0	≤1.0	≤1.0	—	≤1.0
苯（g/kg）	≤0.20				
甲苯+二甲苯（g/kg）	≤200	≤150	≤150	≤150	
总挥发性有机物（g/kg）	≤350	≤110	≤250	≤100	

有害物质限量要求 表3-12

项目	限量值	
	水性墙面涂料[a]	水性墙面腻子[b]
挥发性有机化合物含量（VOC）≤	120（g/L）	15（g/kg）
苯、甲苯、乙苯、二甲苯总和（mg/kg）≤	300	
游离甲醛（mg/kg）≤	100	
可溶性重金属（mg/kg）≤	铅Pb	90
	镉Cd	75
	铬Cr	60
	汞Hg	60

注：a. 涂料产品所有项目均不考虑稀释配比。

b. 膏状腻子所有项目均不考虑稀释配比；粉状腻子除可溶性重金属项目直接测试粉体外，其余三项是指按产品规定的配比将粉体与水或胶粘剂等其他液体混合后测试。如配比为某一范围时，应按照水用量最小、胶粘剂等其他液体用量最大的配比混合后测试。

墙纸胶性能要求 表3-13

项目		技术指标	
		I型	II型
外观		搅拌后均匀、无结块	
pH值		5～8	
不挥发物（%）	糊状胶	≥16	
	液状胶	≥10	
适用期（7d）		不腐败、不变稀、不长霉	
晾置时间		30min后易于分离	

基膜性能要求 表3-14

项目	技术指标
容器中状态	无硬块、搅拌后呈均匀状态
施工性	涂刷无障碍
不挥发物（%）	≥18
低温稳定性（3次循环）	不变质
涂膜外观	正常
干燥时间（表干）（h）	≤2
耐碱性（24h）	无异常
抗泛碱性（48h）	无异常
透水性（mL）	≤0.5

（3）材料存放和堆放

1）墙纸应贮存于清洁、荫凉、干燥的库房内，堆码整齐，不得堆放过高，不得靠近热源，保持包装完整；

2）墙纸胶粘剂贮存场所室温为5～35℃，通风、干燥，避免日晒雨淋。产品贮存期为12个月。

5. 技术准备

制定详细的有针对性和操作性的技术交底方案，做好对施工作业与管理人员在技术、质量、消防与安全文明施工及环保等方面的交底工作。

任务 3.2.2 墙纸铺贴机器人施工工艺

1. 墙纸铺贴机器人施工工艺流程

场地、基层验收→涂刷基膜→机器人状态检查、材料准备→人机配合铺贴墙纸→工完场清、成品保护→质量检查。具体施工工艺内容见表3-15。

墙纸铺贴机器人施工工艺 表3-15

	工艺流程	内容	图例
1	场地、基层验收	详见任务3.2.1墙纸铺贴机器人施工准备	

工艺流程		内容	图例
2	涂刷基膜	基层验收合格且成品保护完成后，使用滚筒大面积均匀涂刷调配好的基膜，细部用毛刷处理	
3	机器人状态检查、材料准备	基膜干燥后，墙纸施工前应确认机器人底盘、电量、视觉识别和前端送纸机构是否正常。如机器人状态正常，则导入BIM地图生成移动、铺贴路径，由专业操作人员开始准备铺贴作业；如机器状态存在问题，应将问题排除后开始作业	
4	人机配合铺贴墙纸	机器人自动完成大面作业，人工配合完成上料、排水管内侧、阴阳角和门窗洞口处铺贴、拼缝处剪裁、墙纸顶底端收边、水电洞口处理	
5	工完场清、成品保护	墙纸工作完成后，应由人工检查确认墙纸无质量问题。打扫干净现场、将机器人清洁干净后入库；关好门窗，使墙纸自然阴干	
6	质量检查	墙纸阴干后应按要求再次检查墙纸铺贴质量	

2. 墙纸铺贴机器人施工要点

（1）机器人操作

墙纸铺贴机器人进行作业时，主要模块有底盘控制、上装控制、视觉控制等。实际操控时可使用 APP、触摸屏两种方式。墙纸铺贴机器人操作流程见表 3-16。

墙纸铺贴机器人操作流程   表3-16

操作项		操作内容
1	开机准备	1. 底盘检查：APP遥控操作底盘，底盘移动则底盘正常。 2. 电量检查：确保电池报警下限低于实际电量，电量过低需进行充电。 3. 视觉检查：镜头无遮挡，光源开启，设置光强参数100。按CH键切换功能选项，其中H对应光源启动与关闭，按+、-键，切换0（关闭），1（打开）。 4. 对应不同通道，设置1，2通道为100，表示光强为100。 5. 原料检查：检查墙纸余量，保证充足；检查胶槽的胶量，保证充足。 6. 送料、上胶检查：点击手动画面—手动墙纸—JOG+，会进行手动送料，检查送料与上胶效果。有问题需调节胶槽安装位置，无问题继续往下进行。检查结束后，手动切除伸出的墙纸；切纸完成，需按"切纸退"键将切刀退回初始位置，否则会造成堵纸
2	地图校准	使用APP进行地图选择并进行地图校准 
3	发布路径信息	使用APP选择相应房间工作路径并下发 
4	选择起始站点	点击参数设置，输入起始站点
5	输入工艺参数	常用参数如下：一二级铺贴结束位置，三级铺贴开始位置，三级铺贴结束位置，三级升降初始位置，升降初始位置
6	复位	1. 点击复位按钮前，需保证AGV模式处于联机状态。 2. 点击复位按钮，看到三色报警灯显示黄色，则复位结束，进入下一步
7	启动	点击启动按钮，三色报警灯显示绿色，开启自动运行

（2）APP界面操作

1）网络连接与登录。如图3-4所示，点击设置系统Wi-Fi，进入界面，选择需要连接的机器Wi-Fi名，进行连接，完成APP与机器人的网络连接后进行登录，输入账号密码点击登录，进入机器人操控界面。

图 3-4 网络连接和登录界面

2）底盘控制。底盘控制分为手动控制与自动控制，其中自动控制下还有地图的选择、下载、对图、路径的选取等功能，如图 3-5 所示。

点击右下角方向键盘进行机器人的底盘移动控制。底盘移动方式共有六种：左平移、右平移、前进、后退、原地左转、原地右转。点击速度设置按钮，可分别设置直行、横移、旋转的速度大小，如图 3-6 所示。

3）地图选择。地图选择有三种方式，机器地图、本地地图和云地图。如图 3-7 所示，进入地图选择，自动跳出可供选择的地图选项。点击使用该地图，即可加载该地图，点击本地地图，选择相应点地图，点击下发，此时，APP 平板自带地图下发到机器内部，按照机器自带地图取用即可。

4）对图。如图 3-8 所示，在"底盘作业－自动模式－机器路线"选项下点击左下角对图按钮，拖动方向键，使方向键的位置指向与实际机器人在地图环境中位置指向对应，点击选择地图，雷达扫描图形即会随方向键改变而改变，雷达扫描图形与地图边界吻合后点击确定即对图成功。

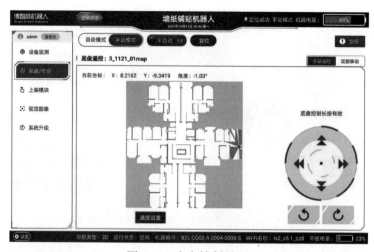

图 3-5　底盘控制界面

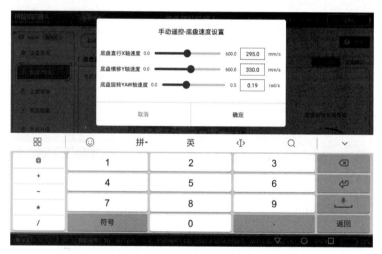

图 3-6　底盘速度设置

图 3-7　地图选择

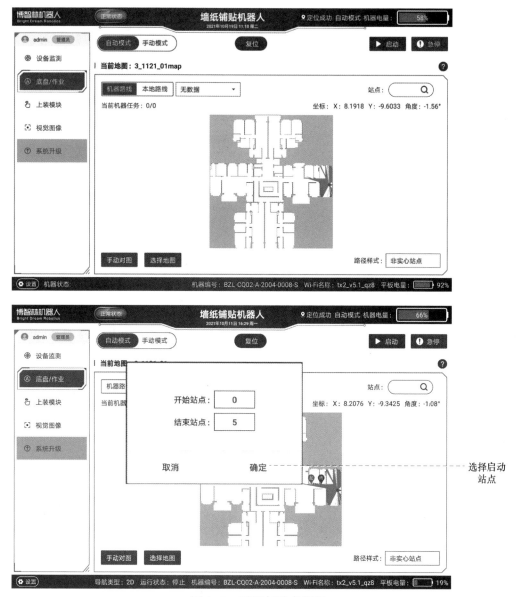

图 3-8　对图与站点设置

5）路径选择与下发。墙纸铺贴机器人用于室内装修工程中的墙纸铺贴作业，依靠激光 SLAM 技术和全向移动底盘，能够实现不同作业面之间的自主移动。通过人工铺贴工艺步骤，设计了高度集成的上装机构，实现墙纸输送、涂胶、裁剪、铺贴等功能。基于视觉检测与激光标定技术，保障墙纸铺贴的垂直度和搭边距离。机器具备防撞、停障、雷达偏移报警、过负载报警等安全功能，人与物的安全均能得到保障。

墙纸铺贴机器人总体路径规划规则（图 3-9）。

① 站点位置对应机器人底盘四轮对角线交点。

② 站点规划总体为顺时针方向。

装饰工程机器人施工

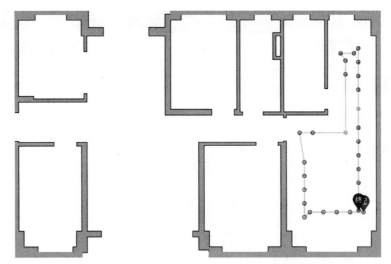

图 3-9　墙纸铺贴机器人路径规划示意图

③ 保证机器人不会与现场建筑环境发生碰撞。

④ 一次性铺贴完成一个完整的作业单位，作业单位通常为一间房或连续几间房。生成路径所需空间信息数据从 BIM 中获取、包含房间高度、剪力墙、柱、梁的位置及尺寸、门窗高度等。根据获取到的各类空间数据信息生成正确合理的作业路径。

路径选择有 BIM 路径（机器路线）和本地路径，如图 3-10 所示。BIM 路径，即为机器人控制器 /home/nvidia/catkin_ws/src/controller_server/maps/ 文件夹与地图同名的路径。本地路径，即为 APP 安装目录 /BZL/route 下路径文件。在本地路径按钮下可对本地路径文件进行选择，选择相应的路径，点击复位键，待复位完成后，点击下发路径即可（默认情况下，点击下发路径为 BIM 路径）。

6）上装控制。手动上装控制可通过 APP 实现，也可以通过触摸屏进行操作。APP 上装手动模式下，如图 3-11 所示。可分别对机器人执行机构机构进行手动控制，包括升降、三级升降、前端进退、墙纸传输、水平、倾斜、刮板、切纸进退、裁边。其中，切纸进退只有两个键：切纸进和切纸退，控制切纸机构的前进和后退。

8 个机构均有两种操作方式，绝对定位与相对移动。绝对定位：选择图 3-11 左下角相应的机构，设置绝对位置与速度设置对话框，长按绝对定位按钮。相对移动，选择图 3-11 左下角相应的机构，设置速度设置对话框，长按右下角中间按钮，实现上升下降功能。

7）工艺设置。包括自动作业参数和铺贴位置参数如图 3-12 所示，工艺参数设置界面可设定机器人自动铺贴工艺相关参数，如铺贴墙纸的高度、垂直度、铺贴速度等。其中自动作业参数界面设定各机构自动铺贴开始时与初始位置，亦即复位后各机构位置；自动速度用于设定各机构自动铺贴时的执行速度；倾角标准值用于设定铺贴时机器的倾角，决定铺贴墙纸的垂直度；铺贴力矩用于设定铺贴时前端压墙的力度，将直接影响到墙纸铺贴的质量。

图 3-10　路径选择

图 3-11　上装控制（一）

图 3-11　上装控制（二）

图 3-11 上装控制（三）

图 3-11　上装控制（四）

图 3-12　工艺参数设置

8）视觉控制。如图 3-13 所示，视觉数据分为三部分：水平、垂直和旋转。墙纸铺贴机器人对于视觉应用流程为：①机器通过导航定位系统运动到相应站点；②通过视觉进行二次定位，视觉判断反馈激光线与墙纸边水平距离、机器人相机安装位置与墙面垂直距离、机器人相机镜面与墙面夹角；③根据视觉数据，对机器人进行水平、垂直及倾角的调整以保证搭边距离、铺贴辊子能与墙面平行和压实墙面。

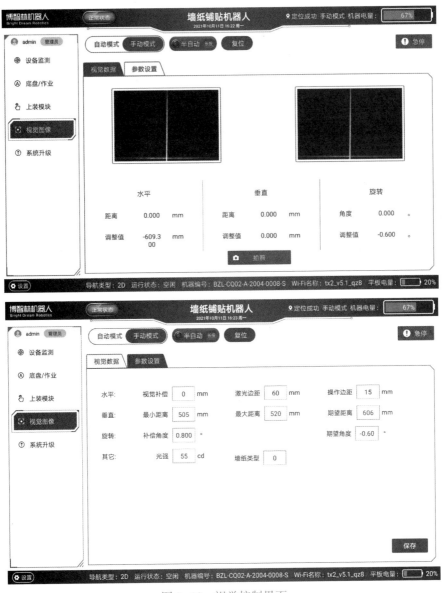

图 3-13　视觉控制界面

9）设备监测。如图 3-14 所示，监测界面分为故障管理与机器状态两部分。故障管理包括故障和故障日志，故障涉及底盘报警、导航报警、上装报警、视觉报警等诸多模块。上装报警时应及时处理，待处理完毕后长按按钮可实现报警清除。如提示地图偏移报警，

图 3-14　设备监测界面

则需进入底盘自动模式进行对图操作，对图成功后，返回监测故障报警界面，按故障复位按钮复位。长按报警清除即可实现报警清除。

3. 墙纸铺贴成品保护

墙纸铺贴施工过程及施工后成品保护措施内容见表3-17。

墙纸铺贴施工成品保护　　　　　　　　　　　　　表3-17

序号	墙纸铺贴成品保护措施	图例
1	墙纸裱糊完成的房间应及时清理干净，后续施工过程中，不能再作为物料房或休息室使用，避免墙纸遭受污染或损坏，房间最好及时上锁，并定期做好通风换气、排气的工作	
2	墙纸铺贴时，必须严格按照规程施工。施工操作时要做到干净利落，边缝要切割整齐，胶痕必须及时清擦干净，在整个墙面装饰施工工程中，严禁非操作人员随意触摸成品	
3	暖通、电气、上下水管的施工过程中，操作者应该注意保护成品墙面，严防污染和损坏成品	
4	刚铺装墙纸后的房间应关闭门窗2～3天，阴干处理，避免通风导致墙纸翘边和起鼓；不要开暖气等空调设备，以免墙纸剧烈收缩造成开缝	

4. 墙纸铺贴机器人质量标准

墙纸铺贴施工质量要求符合《建筑装饰装修工程质量验收标准》GB 50210—2018、《建筑工程施工质量验收统一标准》GB 50300—2013 的规定。主控项目质量要求见表 3-18，一般项目质量要求见表 3-19。裱糊工程的允许偏差和检验方法见表 3-20。

主控项目质量要求　　　　　　　　　　　　　　表3-18

序号	检查项目	要求	检验方法
1	墙纸的种类、规格、图案、颜色和燃烧性能等级	应符合设计要求及国家现行标准的有关规定	观察；检查产品合格证书、进场验收记录和性能检验报告
2	涂饰颜色和图案	各幅墙纸拼接应横平竖直，拼接处应不离缝、不搭接、不显拼缝	距离墙面1.5m处观察
3	涂饰综合质量	墙纸应粘贴牢固，不得有漏贴、补贴、脱层、空鼓和翘边	观察；手摸检查
4	基层处理	应符合本项目单元3.2任务3.2.1中提到的施工基层要求	检查隐蔽工程验收记录和施工记录

一般项目质量要求　　　　　　　　　　　　　　表3-19

序号	检查项目	要求/允许偏差	检验方法
1	裱糊后墙纸	墙纸表面应平整，不得有波纹起伏、气泡、裂缝、褶皱；表面色泽应一致，不得有斑污，斜视时应无胶痕	观察；手摸检查
2	墙纸与装饰线、踢脚板、门窗框的交界处，与墙面电气槽、盒交接处	应吻合、严密、顺直，不得有缝隙	观察
3	墙纸边缘	应平直整齐，不得有纸毛、飞刺	观察
4	墙纸阴阳角处	阴角处应顺光搭接，阳角处应无接缝	观察
5	允许偏差	应符合以表3-20规定	见表3-20

裱糊工程的允许偏差和检验方法　　　　　　　　　　　　　　表3-20

序号	项目	允许偏差（mm）	检验方法
1	表面平整度	3	用2m靠尺和塞尺检查
2	立面垂直度	3	用2m垂直检测尺检查
3	阴阳角方正	3	用200mm直角检测尺检查

任务 3.2.3　墙纸铺贴机器人安全事项

1. 安全操作前提

（1）操作者上岗前必须经过培训，经考核合格后方可上岗；

（2）严禁酒后、疲劳上岗；

（3）操作设备前必须按要求穿戴好劳动保护用品：安全帽、防护口罩；

（4）施工用电严格执行《施工现场临时用电安全技术规范》JGJ 46—2005，强调突出线缆架设及线路保护，严格采用三级配电二级保护的三相四线制，每台设备和电动工具都应安装漏电保护装置，漏电保护装置必须灵敏可靠；

（5）按照机器人操作规程进行操作，认真遵守相关要求；

（6）设备上不得放置与作业无关物品，禁止作业现场堆放影响机器人安全运行的物品，禁止任何无关人员在机器人作业范围内停留；

（7）机器人运行过程中，严禁操作者离开现场。

2. 机器人安全开机事项

（1）检查供电电池线路及接头、电机动力线缆、编码器线缆、抱闸线缆、各传感器线缆（包括光电开关及行程开关等）状态，存在线路破损、老化、接头松动、积尘等现象时禁止开机；

（2）检查急停按钮可操作性及急停功能是否完好，如有异常禁止开机；

（3）检查机器人本体、电控柜箱、传动机构等外部防护装置的完整性，防护设施不完整时禁止开机；

（4）检查机器人机身及相应的设备功能完整性，若出现破损、裂纹、断裂现象时禁止开机；

（5）检查电控柜内状态，存在杂物、积灰、浸液等异常时禁止开机；

（6）机器人上电操作：按下电池电源按钮，打开主电控柜门，从左至右依次打开空气开关，以及确认逆变器的电源开关打到 ON 的位置，等待 PLC、触摸屏、伺服等全部上电并且没有报警输出时，机器人全部上电正常。

3. 机器人操作安全事项

（1）设备运转过程中出现异响、振动、异味或其他异常现象，必须立即停止机器人，及时通知维修人员进行维修，严禁私自拆卸、维修设备；

（2）设备运行过程中，须设置警示区域，与无关人员保持一定的安全距离，而且，严禁对设备进行调整、维修等作业；

（3）如需要手动控制机器人时，应确保机器人动作范围内无任何人员或障碍物，应预先识别机器人运行轨迹并将移动速度由慢到快逐渐调整，进行转向时一定要降低速度到安全范围之内，避免速度突然变快打破机器人稳定状态；

（4）严禁任何人员对机器人进行野蛮操作，严禁强制按压、推拉各执行机构，不允许使用工具敲打、撞击机器人，操作过程中，不得随意修改机器人各运行参数，严禁无关人员触动控制按钮；

（5）电池充放电时应明确区分充电、放电接头，电池接头应连接牢固，无松动，禁止电池接地，充电时必须在专用区域进行；

（6）维修保养时应关闭设备总电源并挂牌警示，机器人需储存在专用仓库；

（7）当机器人着火时，使用适宜的灭火工具进行扑灭。

（8）图 3-15 为施工现场常见安全标识，需按照标识指示执行。

必须戴安全帽

必须穿防护鞋

紧急停止

非指定人员禁止操作

机器运转时请勿靠近

图 3-15　常见安全标识

单元 3.3　墙纸铺贴机器人维修保养

任务 3.3.1　墙纸铺贴机器人维护

1. 墙纸铺贴机器人日常维护

墙纸铺贴机器人日常维护见表 3-21。

2. 墙纸铺贴机器人定期维护

墙纸铺贴机器人定期维护内容包括易损件、机械件、电气件及视觉系统的维护，维护要点见表 3-22～表 3-25。

墙纸铺贴机器人日常维护　　　　　　　　表3-21

序号	维护项目	时间间隔	内容	位置图示
1	上胶胶槽	每次使用后	清洗。 清洁方法：把胶槽取出放到自来水中冲洗干净后擦干即可	

易损件定期维护要点　　　　　　　　　　　　　　　　表3-22

序号	维护项目	时间间隔	内容	位置图示
1	裁纸刀片	一个月	清除刀片上的胶体,必要时更换刀片	
2	铺贴海绵辊	一个月	清除海绵辊上的灰尘,失去弹性后更换	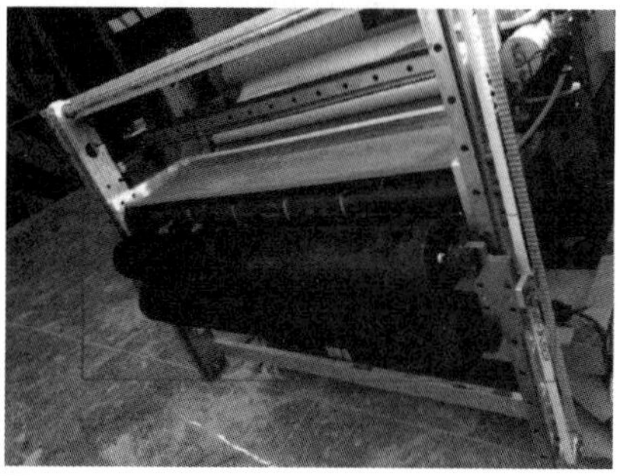

机械件定期维护保养要点　　　　　　　　　　　　　　表3-23

序号	维护项目	维护周期	内容	位置图示
1	导轨及丝杆	三个月	除锈,上润滑油	 
2	传动齿轮	一个月	除锈,必要时更换	

续表

序号	维护项目	维护周期	内容	位置图示
3	钢丝绳	一个月	检查钢丝绳外包胶是否有破损，钢丝绳是否破裂，必要时更换	
4	同步带	一个月	必要时更换	

电气件定期维护要点表　　　　　　　　　　　　　　　　表3-24

序号	维护项目	维护周期	内容	位置图示
1	驱动器	一个月	断电清除灰尘及油脂	
2	电控系统	一周	检查接线是否有松动脱落，检查功能是否正常	

续表

序号	维护项目	维护周期	内容	位置图示
3	PLC操作面板	每次使用前	检查各项功能是否正常运行，是否有破损，必要时更换	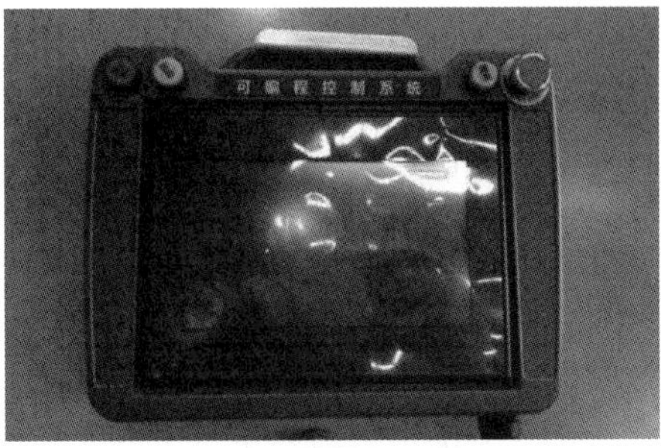
4	导航雷达	每次使用前	检查各项功能是否正常运行	

视觉系统定期维护要点 表3-25

序号	维护项目	维护周期	内容	位置图示
1	视觉系统	每次使用后	使用后，必须盖上镜头盖，检查镜头是否有污染，有污染灰尘必须清除，清理时相机位置不容许发生移位	

任务 3.3.2　墙纸铺贴机器人常见故障及处理

1. 墙纸铺贴机器人故障信息

墙纸铺贴机器人常见故障信息见表3-26。

2. 墙纸铺贴机器人故障分析

当墙纸铺贴机器人出现故障时，应停止施工作业，针对性地进行故障分析，从墙纸送料轴结构、线路、一二级升降轴、前端、AGV网线、倾角仪线路、电池通信线路等方面进行排查。

3. 墙纸铺贴机器人事故处理

墙纸铺贴机器人常见故障及处理方法见表3-26。

墙纸铺贴机器人常见故障及处理方法　　　　　　　　　　　　　　表3-26

序号	故障信息	故障处理方法
1	送料伺服报警 前端进退伺服报警 三级升降伺服报警 升降伺服报警 水平伺服报警 倾斜伺服报警	1. 检查墙纸送料轴结构、线路是否异常，若无异常，点报警页面"PLC报警清除"按钮； 2. 以上不能解决时，关机重启，仍不能解决应联系专业人员处理
2	升降已到正/负极限 水平已到正/负极限 倾斜已到正/负极限 刮板上下已到正/负极限 前端进退已到正/负极限 三级升降已到正/负极限	检查一二级升降轴是否已到正限位，若是，则手动下降一二级升降轴，若不是，则检查一二级升降正限位开关线路是否正常
3	上升到顶	检查前端是否已经接触到楼板，若是，则手动下降设备，若不是，则检查上升到顶开关线路是否正常
4	倾斜调整值超出正/负极限	检查地面是否平整，倾角调整范围只有±1.5°
5	水平调整值超正/负极限	1. 水平调整范围±45mm； 2. 检查墙面是否干净，是否有引起相机误拍的因素；若无异常请联系专业人员处理
6	AGV通信异常	1. 检查连接AGV网线是否正常； 2. 手动模式下在自动页面开关一下"AGV联机"，关电重启，若不能解决请联系专业人员处理
7	接收倾角仪数据异常	检查倾角仪线路是否正常
8	接收电池数据异常	检查电池通信线路是否正常
9	低电量报警	应停止设备作业，及时给设备充电
10	PLC错误	1. 点击报警页面"PLC报警清除"按钮； 2. 关电重启，若不能解决请联系专业人员处理

小结

墙纸铺贴机器人，用于住宅和办公建筑室内墙面墙纸铺贴，其显著特点是高续航、高效率和高质量，可以保障机器人在不需要人工的情况下自动规划路径行驶并完成室内墙纸铺贴。

墙纸铺贴机器人具备自主导航、定位、路径规划、自动涂胶、自动传送、自动裁剪、自动铺贴、视觉识别、自动裁边等功能。

墙纸铺贴机器人施工工艺流程：场地、基层验收→涂刷基膜→机器人状态检查、材料准备→人机配合铺贴墙纸→工完场清、成品保护→质量检查。

墙纸铺贴施工质量要求应符合《建筑装饰装修工程质量验收标准》GB 50210—2018、《建筑工程施工质量验收统一标准》GB 50300—2013 的规定。

巩固练习

一、单项选择题

1. 墙纸铺贴机器人最大爬坡角度为（ ）。

A. 5° B. 10° C. 15° D. 20°

2. 墙纸铺贴机器人的跨缝能力为（ ）mm。

A. 20 B. 30 C. 40 D. 50

3. 墙纸铺贴机器人的越障能力为（ ）mm。

A. 20 B. 30 C. 40 D. 50

4. 墙纸铺贴机器人的重量约为（ ）kg。

A. 200 B. 300 C. 380 D. 480

5. 目前墙纸铺贴机器人使用的墙纸材料常规宽度是（ ）mm。

A. 350 B. 530 C. 920 D. 1060

6. 暂停时三色灯亮起什么颜色（ ）。

A. 黄灯 B. 绿灯 C. 红灯 D. 三色灯交替

7. 调整墙纸铺贴机器人"倾角标准值"是为了调整（ ）。

A. 调整激光线的角度 B. 调整墙纸铺贴的角度

C. 调整底盘的倾斜角度 D. 调整地面的倾斜度

8. 当墙纸铺贴机器人出现低电量报警时，应（ ）。

A. 停止设备作业，及时给设备充电 B. 检查电池通信线路是否正常

C. 检查地面是否平整 D. 检查前端是否已经接触到楼板

9. 墙纸铺贴机器人电池续航时间一般可以达到（ ）h。

A. 2 B. 4 C. 6 D. 8

10. 贴墙纸前，需清理好现场卫生，以免弄脏墙纸，切割墙纸一般用（ ）。

A. 剪刀　　　　　　B. 美工刀　　　　　　C. 切割机　　　　　　D. 云石机

二、多项选择题

1. 墙纸铺贴完成后有哪些地方需要人工处理（　　）。

A. 墙纸底端　　　　　　　　　　　　B. 墙纸顶端

C. 墙纸重叠处　　　　　　　　　　　D. 机器位置走到 0 站点

2. 墙纸铺贴机器人施工前，基层的条件有（　　）。

A. 混凝土或抹灰基层含水量≤8%　　　B. 阴阳角方正≤3mm

C. 平整度≤3mm　　　　　　　　　　D. 垂直度≤3mm

3. 传统墙纸铺贴施工工艺包括（　　）。

A. 基层处理　　　　　　　　　　　　B. 墙纸准备及胶水调制

C. 裁纸与涂胶　　　　　　　　　　　D. 墙纸铺贴

4. 墙纸铺贴机器人在不需要人工的情况下能自动规划路径行驶并完成室内墙纸铺贴，与传统的人工作业比较（　　）。

A. 减少了人为操作的误差　　　　　　B. 材料使用率低

C. 施工观感和质量得到了大幅提高　　D. 工人劳动强度低

5. 利用墙纸铺贴机器人完成墙纸铺贴的房间，以下说法正确的是（　　）。

A. 不能再作为物料房或休息室使用，避免墙纸遭受污染或损坏

B. 应关闭门窗 1d，阴干处理，避免通风导致墙纸翘边和起鼓

C. 应及时上锁，并定期做好通风换气、排气的工作

D. 不要开暖气等空调设备，以免墙纸剧烈收缩造成开缝

6. 墙纸铺贴机器人质量标准主控项目包括（　　）。

A. 墙纸的种类、规格、图案、颜色和燃烧性能等级

B. 涂饰颜色和图案

C. 涂饰综合质量

D. 允许偏差

7. 关于墙纸铺贴机器人安全事项，以下说法正确的是（　　）。

A. 操作者上岗前必须经过培训，经考核合格后方可上岗

B. 设备上不得放置与作业无关物品，禁止作业现场堆放影响机器人安全运行的物品，禁止任何无关人员在机器人作业范围内停留

C. 机器人运行过程中，操作者遇到急事，可以离开现场

D. 操作设备前必须按要求穿戴好劳动保护用品：安全帽、反光衣、劳保鞋等

8. 墙纸铺贴机器人需要定期维护，其中维护间隔时间为 1 个月的是（　　）。

A. 上胶胶槽　　　　B. 裁纸刀片　　　　C. 铺贴海绵辊　　　　D. 导轨及丝杆

9. 墙纸铺贴机器人常见故障包括（　　）。

A. 低电量报警　　　　　　　　　　　B. PLC 错误

C. 接收倾角仪数据异常　　　　　　　D. 接收电池数据异常

10.墙纸铺贴机器人施工准备作业条件包括（　　　）。

A. 施工空间　　　　B. 场地地面　　　　C. 临时水电　　　　D. 基层处理

三、判断题

1. 腻子打磨完成后便可以铺贴墙纸。　　　　　　　　　　　　　　（　　　）

2. 墙纸工作完成后，应由人工检查确认墙纸无质量问题。打扫干净现场、将机器人清洁干净后入库；关好门窗，使墙纸自然阴干。　　　　　　　　（　　　）

3. 墙纸铺贴机器人机器高度太高，不能使用施工电梯运输。　　　（　　　）

4. 各幅墙纸拼接应横平竖直，拼接处不离缝、不搭接、不显拼缝。　（　　　）

5. 外墙喷涂机器人机具有自动铺贴功能。　　　　　　　　　　　（　　　）

四、简答题

1. 简述墙纸铺贴机器人主要功能。

2. 简述墙纸铺贴机器人施工工艺流程。

3. 简述墙纸铺贴机器人施工操作要点。

4. 简述墙纸铺贴机器人施工质量标准。

5. 简述墙纸铺贴机器人施工常见故障。

6. 简述墙纸铺贴机器人故障排除方法。

项目**4** 地下车库（4.5m）喷涂机器人 >>>

【**知识要点**】

通过学习了解4.5m地下车库喷涂机器人概况、功能、结构和特点；熟悉机器人施工准备内容、施工工艺、质量标准和安全文明事项；掌握4.5m地下车库喷涂机器人日常和定期维护保养方法，熟悉常见故障的分析判断与现场处理的程序与方法。

【**能力要求**】

具备识别机器人主要结构构件的能力；进行4.5m地下车库喷涂机器人作业条件的检测与判定，施工操作的能力；具备正确的维护与保养机器人的能力；能够分析机器人常见故障并处理能力。

单元 4.1　地下车库（4.5m）喷涂机器人性能

任务 4.1.1　地下车库喷涂机器人概述与功能

4.5m 地下车库喷涂机器人

4.5m 地下车库喷涂机器人是一款针对地下车库墙面、立柱外表面的腻子和乳胶漆喷涂的自动化设备，代替人工作业，既可以节省大量的劳动力，提高施工效率，降低生产成本，提高腻子和乳胶漆施工质量，同时也可避免涂料对工人健康的危害。

1. 地下车库喷涂机器人概述

地下车库作为建筑室内装修中工作量比较大的一个环节，其质量直接影响到以后墙面的平整美观度。目前室内喷涂的工艺主要由工人手动实现，具有下列几个特点：市场需求量大；人工作业效率低；人工成本高；喷涂质量要求高；重复操作性强，适合实现作业设备智能化。

因此，研发 4.5m 地下车库喷涂机器人并用机器人作业代替人工作业，既可以节省大量的劳动力，提高施工效率，降低生产成本，提高乳胶漆施工质量，同时也可避免涂料对工人健康的危害。

2. 地下车库喷涂机器人功能

4.5m 地下车库喷涂机器人（图 4-1）是一款全自动喷涂机器人，主要用于地下车库、办公楼、商场、工厂等高大空间建筑的平面墙、顶棚和立柱的底漆和面漆喷涂。其显著特点是高续航、高效率和高质量。可以在不需要人工的情况下自动规划路径行驶并完成喷涂，机器人可在 1h 内完成 250m^2 喷涂作业，喷涂效率较人工提升 2～3 倍，大大缩减了施工成本。该款机器人主要功能及参数见表 4-1、表 4-2。

图 4-1　地下车库（4.5m）喷涂机器人

地下车库（4.5m）喷涂机器人功能   表4-1

功能名称	功能描述
自主导航、定位	机器人内置激光雷达，可在地下车库环境下完成自主导航移动和精确定位
路径规划	通过APP导入地图，可生成机器人移动和喷涂点位，形成机器人喷涂路径
自动喷涂（底漆和面漆）	机器人可以喷涂建筑内墙用无颗粒水性乳胶漆（包括底漆和面漆）
立面墙自动喷涂	机器人可对建筑物地下车库平面墙进行自动喷涂（底漆和面漆）作业
顶棚自动喷涂	机器人可对建筑物地下车库顶棚进行自动喷涂（底漆和面漆）作业
立柱自动喷涂	机器人可对建筑物地下车库立柱进行自动喷涂（底漆和面漆）作业
房梁自动喷涂	机器人可对建筑物地下车库房梁进行自动喷涂（底漆和面漆）作业
阴阳角自动喷涂	机器人可对建筑物地下车库阴阳角进行自动喷涂（底漆和面漆）作业
限位开关	机器人内置若干限位开关，用以限制末端执行机构的运动极限位置，保护机器人运动部件
状态指示灯	机器人具有状态指示灯，用以显示当前机器人工作状态；状态异常时（电机过载、短路等）会有蜂鸣器警报提醒
低电量报警	电池电量低于10%时会有报警提示功能
防碰撞检测	机器人内置防撞条，避免机器人与作业人员或周围环境造成碰撞风险
涂料余量检测	机器人内置称重力传感器，实时检测涂料余量，涂料不足时会有报警提示功能
喷涂压力检测	机器人内置压力传感器，实时检测喷涂压力，喷涂过程喷嘴堵塞及压力泄露会有报警提示功能

地下车库（4.5m）喷涂机器人参数   表4-2

4.5m地下车库喷涂机器人

参数名称	数值
版本	V3.1
外形尺寸（长×宽×高）	1500mm×1000mm×2100mm
整机重量	650kg
工作续航	≥4h
移动速度	≤0.5m/s
涂料容量	150L
喷涂高度	≤4500mm
最大喷涂效率	250m²/h
爬坡角度	≤10°
越障高度	≤30mm
越沟宽度	≤50mm

任务 4.1.2　地下车库喷涂机器人结构

1. 整机结构

4.5m 地下车库喷涂机器人主要由底盘、上装机构、电控柜、料桶、机械臂和喷涂机六个模块组成，每个模块可单独装配与测试，如图 4-2 所示。

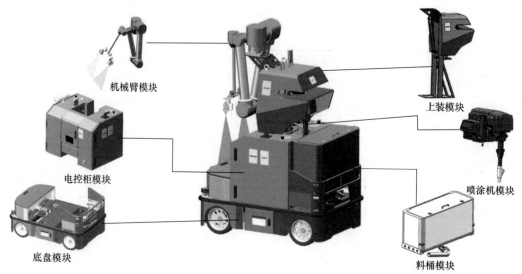

图 4-2　地下车库（4.5m）喷涂机器人结构总图

2. 上装模块

上装模块结构如图 4-3 所示。该模块的主要设计特点是：

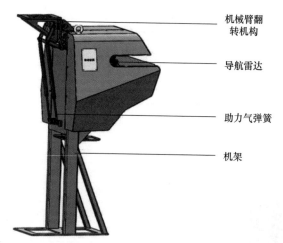

图 4-3　地下车库（4.5m）喷涂机器人上装模块结构

（1）减重设计。机械臂翻转机构缩小宽度，在满足刚强度要求的前提下机架优化设计，减少材料使用量。

（2）整机高度可调。可通过翻转机构降低整机高度至 1750mm，方便进入人 / 货梯或运输货车车厢。

3. 底盘模块

底盘采用四轮独立驱动方案，另外增加两个转向电机分别驱动前后桥转向，实现底盘的全向移动，结构如图 4-4 所示。底盘设计最大爬坡能力为 10°，最大越障高度 30mm，最大涉水深度 50mm。

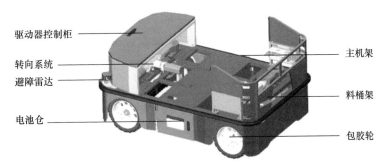

驱动器控制柜
转向系统
避障雷达
电池仓
主机架
料桶架
包胶轮

图 4-4　地下车库（4.5m）喷涂机器人底盘模块结构

4. 电控柜模块

电控柜为全密封设计，达到 IP54 防护等级，满足喷涂环境使用要求。电控柜采用热量内、外循环系统设计，控制柜内热量合理流通，加快散热效率，电机驱动器等发热多元件，采用外循环散热系统。内置直流断路器、漏电保护开关等多重安全防护，电控柜模块如图 4-5 所示。

LED灯
机械臂控制柜
空压机
急停开关
电源总开关
断路器
逆变器
机械臂示教器

图 4-5　地下车库（4.5m）喷涂机器人电控柜模块结构

5. 料桶模块

料桶设计容量 150L，满足快速加料与清洗方便功能。料桶底部采用锥形结构，排污管倾斜一定角度，更利于排出余料，清洗更简便快捷，料桶模块结构如图 4-6 所示。

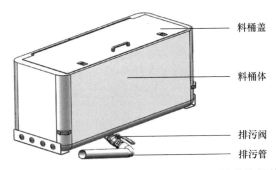

料桶盖
料桶体
排污阀
排污管

图 4-6　地下车库（4.5m）喷涂机器人料筒模块结构

6. 机械臂模块

采用负载为20kg的六轴机械臂，末端装有喷涂执行机构，采用双喷枪设计，两个喷枪之间的距离可以根据喷嘴喷幅进行调节，每个喷枪由一个电磁阀单独控制开关。喷枪前端及两侧安装有行程开关，防止发生碰撞造成机构损坏。机械臂模块结构如图4-7所示，主要规格参数见表4-3。

地下车库（4.5m）喷涂机器人机械臂规格参数　　　　　　表4-3

型号	扬天R-Sv20
手臂形式	垂直多关节
动作自由度（轴）	6
最大负载能力（kg）	20
最大工作半径（mm）	1650
重复定位精度（mm）	±0.02

7. 喷涂机模块

4.5m地下车库喷涂机器人使用的喷涂机为电动无气喷涂机，其特点是高压无气，最大流量4.5L/min，可支持双喷枪同时作业，如图4-8所示。

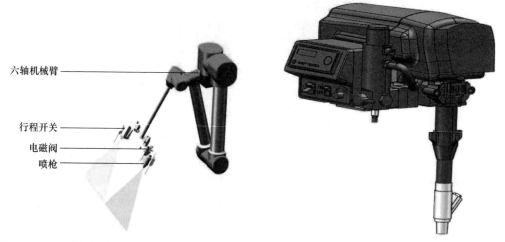

图4-7　地下车库（4.5m）喷涂机器人机械臂　　图4-8　地下车库（4.5m）喷涂机器人喷涂机
模块结构

任务 4.1.3　地下车库喷涂机器人特点

1. 传统施工

传统室内墙面乳胶漆施工工艺包括基层处理、第一层腻子批刮、第二层腻子批刮、打磨、刷底漆、修补打磨、刷第一遍面漆、刷第二遍面漆和质量检查等过程。传统施工流程如图4-9所示。

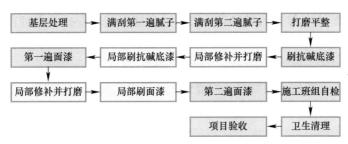

图 4-9　传统乳胶漆施工工艺流程

由于传统的腻子批刮无法保证平整细腻，打磨较粗糙以及打磨后表面粉尘未清扫干净，导致施工后容易存在墙面颗粒凸起问题。此外，人工传统施工的操作及油漆的涂刷量无法精细控制，容易出现乳胶漆起粉、脱落，涂料透底，油漆表面起泡、起砂，胶漆流坠等质量通病问题，返工处理现象较普遍，无形之中加大了工程成本。

2. 地下车库喷涂机器人施工

4.5m 地下车库喷涂机器人在不需要人工的情况下，能自动规划路径行驶并完成地下车库喷涂，能精确控制油漆的喷涂量与范围，与传统的人工作业比较，减少了人为操作的误差，施工观感和质量得到了大幅提高。

对比传统施工方式有以下优点：①喷涂质量与材料使用率更高；②综合施工成本更低；③施工效率更高；④工人劳动强度低，机器可自动完成喷涂作业，有效避免油漆喷涂时对作业工人造成的危害。传统施工与 4.5m 地下车库喷涂机器人施工作业参数对照见表 4-4。

传统施工与地下车库（4.5m）喷涂机器人施工作业参数对照表　　　　表4-4

项目	传统施工	4.5m地下车库喷涂机器人施工
观感	较差	好
表面平整度	一般	好
作业效率（m²/h）	60	250
作业人员配置（1000m²/人）	1	1
表面流痕、刷纹、漏涂	有	无
开裂、起皮	有	无
综合成本（元/m²）	1.85	1.33

单元 4.2　地下车库（4.5m）喷涂机器人施工

任务 4.2.1　地下车库喷涂机器人施工准备

1. 施工平面布置与图纸资料

（1）施工平面布置。施工区域合理布置是施工组织的重要环节，其主要通过立体的整体规划，平面的具体安排这两种基础手段，达到施工区域安排的合理化、程序化、系统化，有助于简化交叉施工的复杂关系，方便综合管理。主要考虑内容有办公区、作业区、临时堆放区、仓储区、物资运输线路、人员通道等。

（2）在机器人进场前，项目部必须提前15d提供建筑图、结构图、装修图等图纸，用于建立BIM模型和进行作业仿真。并明确进场时间和施工工艺，便于开展机器人的运输和辅助器具准备工作。

2. 作业条件

（1）施工空间。工作场地净高应确保在2500～4500mm之间，运行通道最小门洞尺寸符合高≥2200mm、宽≥1100mm的要求；

（2）场地地面。地面平整，无障碍物，无杂物，积水深度不超过30mm，地面坡度小于10°，垂直障碍不超过30mm，沟槽宽度小于50mm；

（3）临水临电。设置了专门供水区和废水处理区；提供220V供电，供电功率大于5kW，设有满足作业要求的配电箱并且消防管道类设施未安装；

（4）作业环境温度。作业环境温度应在5～35℃之间，并做好通风换气和防尘工作；

（5）成品保护。完成对已完工工序、已安装设施设备的成品保护工作，避免污染已完成工程。

（6）施工资料。明确了进场时间，进场前15d提供作业区域的建筑图、结构图及装修图，用于BIM模型建立和仿真喷涂；

（7）进行了前置工序的检查，检测结果符合表4-5的要求。

前置工艺要求   表4-5

序号	检查项目	要求
1	基层含水率	混凝土或抹灰基层：≤10%
2	基层质量	无霉斑、无空鼓、开裂、剥离、不起砂、不掉粉
3	墙面平整度、垂直度	抹灰墙面：[0，4]mm 铝模墙面：[0，5]mm
4	阴阳角方正度	[0，4]mm

注：部分指标应根据项目实际情况调整。

3. 设备运输与工具准备

（1）运输与贮存。机器人的运输与贮存应符合要求，需长途运输时将机器设备装入专用包装箱内，并将设备与底托用绑带妥善固定好，如图4-10所示；短途运输时，可直接将设备通过车辆的升降尾板，操控设备移动至车厢中间后用两条长度大于1m的木方固定前后车轮，将设备断电。

设备应贮存在阴凉、干燥、通风处，单次最长贮存时间为1年，超过1年时间，建议由专业人员打开包装，对设备进行检测才可进行使用或再次贮存。

（2）人工配合的作业工具准备就位；其中辅助施工工具准备见表 4-6，检查工具准备见表 4-7。

4. 人员准备

（1）4.5m 地下车库喷涂机器人作业班组就位，现场管理及辅助人员就位。4.5m 地下车库喷涂机器人施工班组及现场管理及辅助人员见表 4-8。

（2）施工人员配备保证措施

1）充分利用开工前的前期准备时间，对工程施工管理人员及施工操作人员进行施工前开工动员和施工及技术交底工作，其主要内容为：介绍工程基本情况和场地使用划分安排；做好施工后勤工作的组织安排；讲述工程施工特点、施工方法及应特殊注意事项；明确本工程项目的管理班子、管理层次、管理职责、管理措施和管理要求及相关奖罚制度；强化施工安全意识、质量意识、工期意识、

图 4-10　长途运输专用包装箱

辅助施工工具 表4-6

序号	工具名称	作用/适用情况	图例
1	料桶	搅拌、盛放油漆容器	
2	鸡毛掸子	用于打磨完成后进行扫灰	
3	美纹纸	用于饰面分色、分界，或保护与墙面有交界的其他材料	

检测工具表   表4-7

序号	工具名称	作用	图例
1	温度计	检测室内温度	
2	含水率测试仪	检测基层含水率	
3	空鼓锤	检查基层是否空鼓	
4	2m靠尺	检查墙面平整度、垂直度	
5	楔形塞尺	检查缝隙大小，配合2m靠尺检查平整度	
6	阴阳角检测尺	检查阴阳角方正度	

地下车库（4.5m）喷涂机器人施工人员一览表 表4-8

序号	人员	数量	工作内容
1	现场施工员	0	—
2	电工	0	—
3	机器人操作人员	1	现场机器人操作施工
4	机器人作业保障人员	0	—
5	人机协作工人	0	—

文明施工意识、大局意识、协调配合要求、环保意识等方面的教育；强调工程施工作业的特殊要求和管理措施。经过动员及交底参加施工人员了解施工基本情况，清楚施工特点和注意事项，做到心中有数，提高思想认识，振奋工作精神，以饱满的工作热情和高昂的士气进场施工，保证按期完成任务。

2）选择能打硬仗的，并有施工经验的施工队伍组成作业层，承担工程的施工任务。如果因某些特殊原因可能会造成工期延误时，项目经理部将集中优势兵力把损失的时间抢回来，对工作面较大的分项工程通过增加人手、全方位施工以赢得进度。

3）合理安排各工序、各工种配合穿插，不留施工间歇，根据各专业各工种可在时间顺序和空间组织穿插施工，实现交叉作业，同步作业等是保证工期的重要手段。保证有充足的准备队伍，根据工地需要随时增加人员以确保施工进度。

4）协调好各工种之间的关系，抓住主要矛盾，充分发挥人力、物力、财力的作用，保护进度计划的实行。

5）严把质量关，争取一次交验合格率100%，将返工返修缩小到最低程度，压缩工期。

6）在施工过程中，如遇到其他人力不可抗拒因素影响工期，在短时间内需大量增加技术工人，项目部将利用公司组织力量，从总部抽调技术熟练的工人进场支援，确保工程如期完工。

5. 材料准备

4.5m地下车库喷涂机器人选用防霉涂料（乳胶漆）。进场材料必须有合格证和检验报告，严禁使用假冒伪劣产品；同一标段或楼栋应尽量使用同一批次的底漆和面漆。

（1）材料性能特点。防霉涂料的性能特点及作用见表4-9；涂料需严格按照对应型号涂料的水漆比进行调配，加水充分搅动，至颜色均匀无分色，提起木棍倾斜45度观察，涂料呈完整的扇面流下即可使用。

防霉涂料性能特点及作用 表4-9

种类	性能特点	作用
防霉涂料	① 优良的防霉性能 ② 良好的耐水、耐候性能 ③ 抗水泥降解性、抗碳化、抗粉化、防止漆膜粉化及褪色	① 防霉作用 ② 建筑装饰作用

（2）材料存放和堆放。涂料存放不能选择露天的场所，堆放场地地面干燥不潮湿（必

装饰工程机器人施工

要时可垫高），堆放不超过三层。

（3）材料供应保证措施

1）针对工程特点，制定切实可行的工期保证措施，在施工备料方面，应根据现场进度尽可能地减少总备料次数，保证现场有充足的施工用材；合理调整工种配置，形成各施工段合理流水施工和交叉施工，使现场采购、加工、制作等工作合理、有序地展开，确保工期要求。

2）对施工所用材料，特别是需提前采购和加工材料，材料部门应提前介入，开工前按图纸及甲方的要求，选择材料样板，材料小样经甲方及设计师确认方可进行大批量采购。根据现场施工进度，提前组织材料进场，送货时间做到本地采购材料一天内到场，外市采购材料两天内到场，外省采购材料三天内到场。所有外加工材料做到提前7d订货，保证现场施工需求，确保工程施工的连续性。

3）所有的材料都必须是优等品，关键在进货过程中精挑细选，确保材料质量达到本工程的要求。

4）从材料的选购、加工、包装、运输等层次，层层把好质量关，最后到工地经质检员和库管员验收入库。做好各项物资的供应工作，从材料的采购、调配、平衡、运输及合理使用上加强管理与协调，确保工程进度。

5）材料供应计划在施工图方案确认后2d内，提出主要材料订单。由甲方（或监理）确认后，方可进场施工。材料预算或概算；材料订货或加工；材料发货和运输；材料检测或化验；材料验收入库并分发至使用地点。

6. 施工前成品保护

（1）4.5m地下车库喷涂机器人施工成品保护见表4-10。

（2）成品保护要求

1）涂料墙面未干前室内不得清刷地面，以免粉尘沾污墙面，漆面干燥后不得挨近墙面泼水，以免泥水沾污；

2）涂料墙面完工后要妥善保护，不得磕碰损坏；

3）涂刷墙面时，不得污染地面、门窗、玻璃等已完工程。

地下车库（4.5m）喷涂机器人施工成品保护措施　　表4-10

序号	成品保护措施	图例
1	施工场地灰尘应清理干净，防止施工期间灰尘飞扬，影响喷涂质量	

142

续表

序号	成品保护措施	图例
2	施工前应做好地下室门窗、管道线路、开关盒及其他设备的成品保护	

（3）成品保护原则。谁施工谁保护，成品施工方需在成品施工完成后做好保护措施。

1）管理责任单位界定

单体：对于精装修房，以土建移交精装修为界，移交前管理责任单位为土建总包，移交后管理责任单位为装修单位；对于毛坯房，管理责任单位为土建总包单位。

地下室：由土建总包统一管理；

室外：园建及绿化单位各自负责其管理范围内的成品保护。

2）先检查后保护的原则

所有工序必须施工单位自检、监理验收、项目部专业工程师抽检合格，并做好成品清洁后方可进行保护。

成品生产方对已方产品保护负有最终责任。包括对成品采取防护措施责任、看管和巡查责任、与后续施工方协调和交底责任等。

合理规划工序原则：尽量避免多工种在同一作业户内交叉施工。对于产品保护难度较大的材料安排在大部分装饰工作量完成后进行安装。

3）持续保护原则

成品生产方负有对成品保护措施进行巡视检查责任，同时负有对已破坏部分及时进行修补责任。

7. 技术准备

（1）制定详细有针对性和操作性的技术交底方案。做好对施工作业与管理人员技术、质量、消防和安全文明施工及环保（三级）的交底工作。

（2）现场安排专业维护的技术人员。对每个班组每天提交的机具进行清洁和保养，将机具故障消灭在萌芽阶段，保证现场机具设备完好，对有故障的坏损机具，联系原供应商提供零配件进行装配维修，对不能修复的，要马上予以调换，保证现场设备满足施工的需要，而不是形同虚设。定期进行机械设备的检修及保养，对易损坏部件及消耗品，仓库内备足一定的数量。

（3）机械设备配置。项目经理部根据施工组织安排，充分保证现场施工机具的数量要求，并通过合理调度，发挥现场所有机具设备的使用价值，根据施工现场场地、材料、工艺等的具体要求，合理地高速装备结构。对施工中的各类机具设备的数量、规格和进场时间作好准备，机具设备要先在场外检修保养，确保不带病运转。进场机械设备须经项目经理部逐台进行验收，并填写施工机械设备验收清单。

（4）机械设备的控制。机械设备操作人员必须持证上岗，做到定人、定岗、定位。

（5）机械设备的维护、检查。为保证机械设备性能满足工程施工需要，必须由操作人员对其进行系统的维护，项目经理部对机械设备做到每月检查一次。使机械设备在使用过程中保持良好的工作状态，充分发挥生产效率，并延长使用寿命保证安全生产。

（6）充分满足装饰施工的工艺性要求。通过机具施工达到规定的设计工艺效果和质量要求。贯彻机械化、半机械化和改良机具相结合的方针，重点配备中、小型机具和手持电动机具，改善施工条件，减轻工人劳动强度，提高施工效率，保证施工质量与施工进度。

（7）为保证工程按计划进度执行。在机械设备及工具方面，相关部门将根据工程需要，配备相应数量的施工机具，并备有若干工程应急使用的机械设备。

8. 资金准备

项目财力的合理使用是工程按进度计划顺利施工的保障，做好项目成本控制和使用是项目降低成本，提高综合效益的基础。

9. 工作制度保障

（1）结算及承包制度。充分体现多劳多得的分配原则，利用经济手段使工程施工管理步入正轨，调动广大职工的劳动积极性。通过广泛宣传，多种形式的计划交底，使工程施工变成群众性的公约计划。

（2）做好职工和生活保障工作。关心职工的生活、工作、休息；解决好职工的实际困难，使施工人员心情舒畅，无后顾之忧，全身心投入工作。

（3）做好治安、保卫工作。及时与社会各部门取得联系，预防违法乱纪事件发生，保证国家财产及职工身心不受损害。

（4）做好安全工作、消防工作、文明施工工作。按照安全管理条例及安全操作规程，做好安全消防、文明施工工作，使职工有一个较好的工作环境，有关内容在后面各部分详述。

10. 计划调整措施预案

（1）由于工程施工受各种因素的制约，计划实施过程中会不同程度偏离计划目标，要对劳动力情况、现场组织管理、设计进度情况、材料/设备审批情况、供货情况进行综合分析。并针对已延误的工期，运用制定阶段性计划、调整生产要素配备，满足进度要求；采取各种措施对总进度计划和目标进行调整。保证计划实现所需生产要素，落实日期、责任单位/部门、责任人及质量标准。

（2）由于施工原因造成非关键线路工程进度滞后，在不影响每一阶段的进度前提下，按上一条规定采取补救措施。

任务 4.2.2 地下车库喷涂机器人施工工艺

1. 基本作业条件

（1）墙面应基本干燥，基层含水率不大于10%；

（2）抹灰作业全部完成，过墙管道、洞口、阴阳角等处应提前抹灰找平修整，并充分干燥；

（3）门窗玻璃安装完毕，湿作业地面施工完毕，管道设备试压完毕；

（4）冬期要求在采暖条件下进行，环境温度不低于5℃。

2. 机器人施工作业流程

4.5m 地下车库喷涂机器人施工工艺流程包括：腻子基层验收→机器人状态检查→导入地图、路径文件→拌料、加料和试喷→机器自动喷涂底漆→全面检查、修补缺陷→机器自动喷涂第一遍面漆→机器自动喷涂第二遍面漆→质量验收。施工工艺内容详见表4-11。

地下室（4.5m）喷涂机器人施工工艺详解 表4-11

	工艺流程	内容	图例
1	腻子基层验收	① 基层表面要保持平整洁净，无浮砂、油污，水暖、管道、开关箱等有孔洞的部位用砂浆修补平整并清理干净 ② 检查墙面有无抹灰层空鼓、开裂等质量问题 ③ 检查基层是否满足作业条件	
2	机器人状态检查	检查机器人电池状态，打开电池开关，空气开关，连接手持平板进行设备自检	
3	导入地图、路径文件	① 导入地图文件：在相应界面选择正确的地图文件，下发地图到机器人 ② 导入路径文件：在相应界面选择正确的路径文件，下发路径信息到机器人	
4	拌料、加料、试喷	① 选择的底漆按照各型号涂料的水漆比进行充分搅拌后通过滤网缓慢倒入机器人料桶中 ② 取废料桶放置在喷嘴正下方，操作APP进行试喷 ③ 确认喷涂机压力稳定、压力值无误，涂料喷出的形状、喷幅无异常后进行下一步操作	

工艺流程		内容	图例
5	自动喷涂底漆	① 设置初始点位：拖动地图中显示的图标到机器人在地图中的实际位置，调整箭头方向与机器人导航激光雷达朝向一致，多次调整使雷达扫描图案与地图边界相吻合 ② 设置喷涂压力：设置"喷枪延时时间""喷涂压力"数值并发送到机器人 ③ 在任意界面上方点击"自动模式"按钮将机器人切换到自动模式，机器人自动进行喷涂	
6	全面检查修补缺陷	整体检查一遍，对墙面缺陷部位重新打磨并用外墙腻子修补，腻子干透后再进行打磨，补喷底漆	
7	自动喷涂第一遍面漆	待补喷的底漆完全干透后，将料桶内、喷涂系统管内的底漆清洗干净后换成面漆涂料，重复3、4、5步骤即可自动进行第一遍面漆喷涂	
8	自动喷涂第二遍面漆	待第一遍面漆完全干透后，重复3、4、5步骤即可自动进行第二遍面漆喷涂	

3. 人工边角施工工艺

（1）工艺处理要求。清理墙面→修补墙面→刮腻子→刷第一遍乳胶漆→刷第二遍乳胶漆。

1）清理墙面：将墙面起皮及松动处清除干净，并用水泥砂浆补抹，将残留灰渣铲干净，然后将墙面扫净。

2）修补墙面：用水石膏将墙面磕碰处及坑洼缝隙等处找平，干燥后用砂纸凸出处磨掉，将浮尘扫净。

3）刷第一道乳胶漆：涂刷顺序是先刷顶板后刷墙面，墙面是先上后下。先将墙面清扫干净，墙面无粉尘，乳胶漆使用前应搅拌均匀，适当加水稀释，防止干燥无法涂漆刷。

4）第二道乳胶漆：操作要求同第一道，使用前充分搅拌，如不稠，不宜加水，以防透底。

（2）质量要求

1）保证项目：材料品种、颜色应符合设计和选定样品要求，严禁脱皮、漏刷、透底。

2）基本项目：属中级油漆基本项目标准。

① 透底、流坠、皱皮：大面无，小面明显处无。

② 光亮和光滑：光亮和光滑均匀一致。

③ 装饰线：分色线平直，偏差不大于 1mm（拉 5m 线检查，不足 5m 拉通线检查）。

④ 颜色刷纹：颜色一致，无明显刷纹。

任务 4.2.3　地下车库喷涂机器人施工要点

1. 机器开机前检查

（1）检查供电电池线路及接头、电机动力线缆、编码器线缆、抱闸线缆、各传感器线缆（包括光电开关及行程开关等）状态，存在线路破损、老化、接头松动、积尘等现象严禁开机。

（2）检查急停按钮可操作性及急停功能是否完好，如有异常严禁启动设备。

（3）检查机器人本体、电控柜箱、料桶、二级升降轴、三、四轴旋转台等外部防护装置的完整性，防护装置不完整时严禁开机。

（4）检查喷涂机本体、空压机设备功能完整性，喷涂系统管道出现破损、裂纹、断裂现象禁止启动设备。

（5）检查电控柜内状态，存在杂物、积灰、浸液等异常严禁开机，严禁在电控柜内放置配件、工具、杂物、安全帽等，以免影响到部分线路，造成设备的异常。

2. 机器开机

（1）机器人上电操作：旋动机器人本体上的总开关，由"0"位转向"1"位，确保逆变器的电源开关打到 ON 的位置，等待 PLC、TX2、伺服等全部上电且没有警报输出后，则表示机器人上电正常，电源总开关位置如图 4-11 所示。

（2）当设备出现上电异常时，严禁重复掉电上电操作，需立即检查并报备相关负责人、技术人员。

3. APP 界面操作

（1）连接与登录。使用 APP 前，连接好对应机器的

图 4-11　电源总开关位置

装饰工程机器人施工

Wi-Fi，点击重新连接后点击登录，如图 4-12 所示。

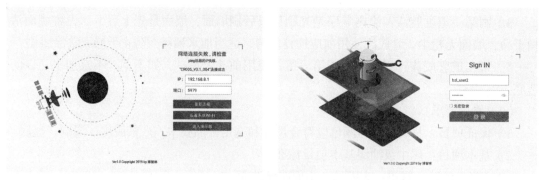

图 4-12　连接与登录界面

登录 APP 后进入操作主界面，如图 4-13 所示，左边为主菜单选项，右边为对应菜单操作项。每个界面均显示手自动切换按钮与急停、复位按钮。机器运行过程中，按下急停按钮，可使机器瞬间停止工作，再次点击急停按钮机器将复位；长按故障复位按钮可使机器恢复正常，点击手动模式或自动模式可以实现两种工作状态的切换。

图 4-13　操作主界面

（2）机器状态。机器状态包括基本状态、上装状态和底盘状态信息，如图 4-14 所示。

其中基本状态页面显示机器喷涂压力，电池温度、电压、电流，底盘设置速度等基本信息；上装状态页面的底盘状态显示机器当前站点号，作业进度，位姿状态等信息，工作状态显示机器在自动模式运行当前作业基本信息，包括总站点数，作业类型，作业高度，作业宽度等信息。底盘状态页面包含底盘电机、IMU 信息。

（3）上装控制。上装页面有喷涂机打开、底盘遥控以及机械臂工艺模拟控制按钮，同时可控制喷枪开与关，如图 4-15 所示。

图 4-14　机器状态操作界面

图 4-15　上装控制操作界面

点击模拟作业可以开启模拟喷涂作业功能。根据模拟作业的类型（顶棚、立面、横梁、阴角、侧立面），选择相应的机械臂展开功能，机械臂展开后，输入需要模拟作业的参数，输入起始高度和终止高度，并选择喷枪开关类型，长按执行按钮开始模拟作业，操作界面如图 4-16 所示。

图 4-16　模拟作业操作界面

（4）底盘遥控

底盘遥控显示的是机器当前所在的地图位置，通过点击前后左右移动按钮控制机器移动及向左或向右旋转，通过移动与旋转速度的设置可控制相应的直行、横移或旋转速度，操作界面如图4-17所示。

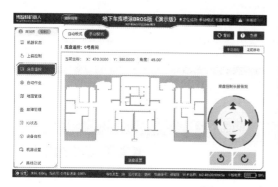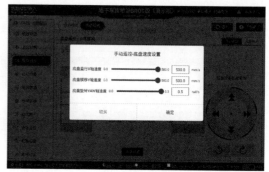

图4-17 底盘遥控操作界面

地图匹配，进行对图操作，拖拽光标至机器当前位置并使光标指向导航激光方向，完成地图匹配，操作界面如图4-18所示。

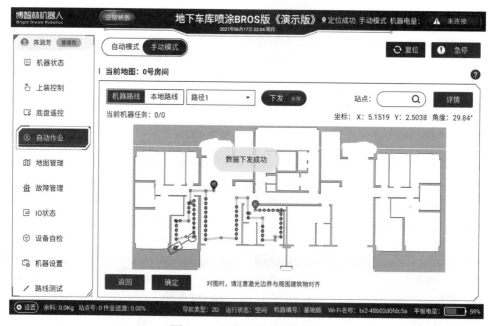

图4-18 地图匹配操作界面

（5）路线选择。扫描路径文件，可扫描平板根目录下"path"文件夹中路径，并选择路径下发，路线选择操作界面。如图4-19所示。

（6）故障报警。当前故障中信息，机器报警后，显示对应故障类型信息；当前全部日志，显示机器报警的历史日志，故障报警操作界面如图4-20所示。

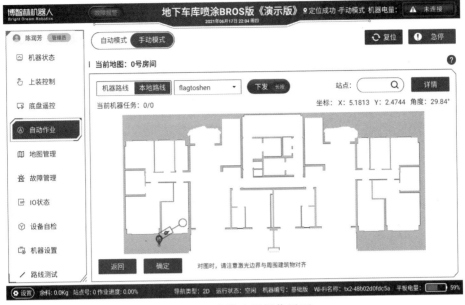

图 4-19 路线选择操作界面

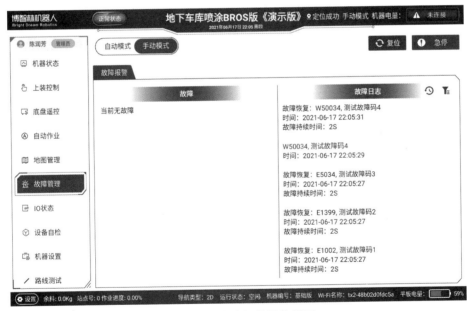

图 4-20 故障报警操作界面

（7）IO 状态。IO 状态显示所有的 IO 触发状态，如图 4-21 所示。

（8）设备自检。机器运行前可以实现各部分的自检。长按设备自检按钮，机器自动对图中各模块进行自检并显示自检结果，操作界面如图 4-22 所示。

（9）机器设置。机器设置包括常规设置和高级设置。

1）常规设置中，常规配置显示底盘 IP 地址与底盘当前版本；其他设置可屏蔽空压机、蜂鸣器、喷涂机、喷枪阀等设备，照明灯、雷达清洗以及喷涂机压力设置，如图 4-23 所示。

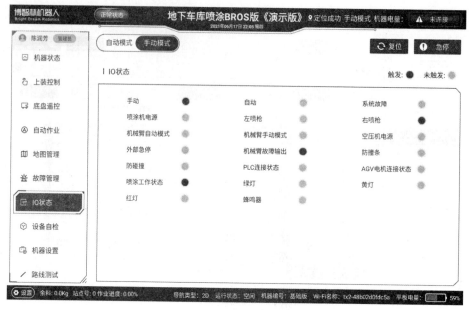

图 4-21　IO 状态操作界面

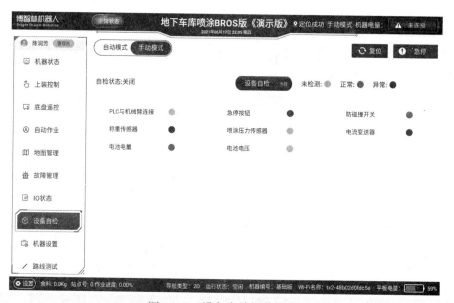

图 4-22　设备自检操作界面

2）高级设置，普通用户可设置喷枪开关的延时时间以及称重报警的上限和下限重量，管理员用户可以进入紧急模式如图 4-24 所示。

（10）APP 设置。APP 设置界面可显示登录名称和应用版本，可设置皮肤、清除软件运行缓存和退出账号登录等操作，如图 4-25 所示。

4. 机器自动作业操作

（1）开机前对机器进行状态检查，确认无损坏等状态异常后开机并执行开机自检；

（2）在地图管理页面，切换到自动作业页面；

图 4-23 机器设置常规设置界面

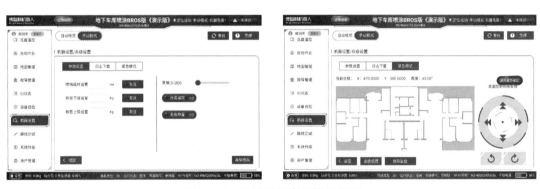

图 4-24 机器设置高级设置界面

图 4-25 APP 设置界面

（3）将机器调整到初始点位，调整到机器初始作业姿态；

（4）进入自动作业页面，点击手动对图，拖动图标到机器所在地图实际位置，方向为激光雷达朝向，点击确定，操作界面如图4-26所示；

图4-26 对图操作界面

（5）选择本地路线路径文件，长按下发发送按钮，如果目录中没有出现要发送的文件，先确认路径是否放在平板存储里面（根目录/path下）；

（6）操作界面如图4-27所示；

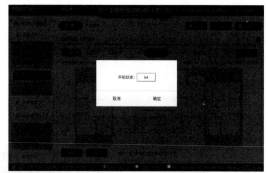

图4-27 路径和站点发送操作界面

（7）点击自动模式按钮将机器切换到自动模式，选择下发站点，若为起始点，则为默认输入，若为从指定路径点作业，在站点路径里面输入站点，若选择跳点作业，请检查机械臂是否有前置工艺设置。点击启动，机器开始自动运行；

（8）作业结束，点击手动模式将机器切换到手动模式。

5. 机器操作相关说明

（1）运行指示灯

1）绿灯：正常运行；

2）黄灯：待机状态；

3）红灯：异常状态，包括电机过载、电机超速、急停限位、低电量、余料不足、喷涂压力不足等；

4）报警方式：蜂鸣器。

（2）机械臂手动操作。机械臂的手动操作人员必须经过相关培训以后才能进行，操作步骤如下。

图 4-28 选择开关

1）选择开关切换到手动模式如图 4-28 所示；

2）选择合适的工具工件如图 4-29 所示；

3）选择合适的手动速度如图 4-30 所示；

4）选择增量或连续模式如图 4-31 所示；

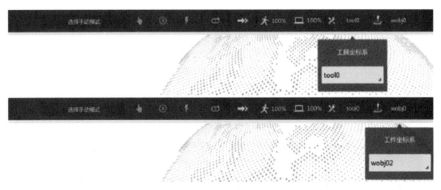

图 4-29 选择工具工件

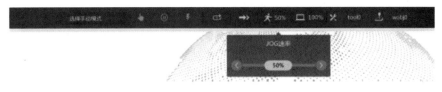

图 4-30 选择手动速度

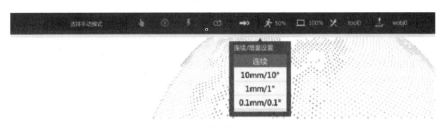

图 4-31 选择增量或连续模式

5）选择合适的运动坐标系。按下使能开关→按下相应的运动按键→到达预期目标点→松开使能开关→查看目标点位置如图 4-32 所示。

6. 清洗与关机

（1）清洗。喷涂完毕后，务必对机器料桶和喷涂机进行清洗。

1）料桶清洗步骤。

步骤一：打开排污阀将机器料桶中剩余涂料排放到临时料桶，打开回流阀排放回流管中涂料，如图 4-33 所示；

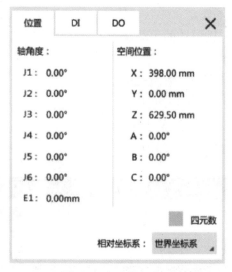

图 4-32 选择坐标系

图 4-33 排放剩余涂料

步骤二：关闭排污阀，往机器料桶加入清水并清洗，可以使用毛刷清洗桶壁内部，如图 4-34 所示，清洗后打开排污阀排净污水；

步骤三：重复上述清洗步骤直到料桶内壁残余涂料清洗干净，待污水排净后妥善处理废水。

2）喷涂机清洗步骤。在每次喷涂作业完成后 10min 内，需对喷涂设备进行清洗，以免管路或喷嘴堵塞，影响下一次喷涂作业。清洗步骤如下：

步骤一：打开回流阀，将喷涂机管路中的液体排空，如图 4-35 所示；

步骤二：关闭回流阀，向机器料桶中加入清水，打开喷涂机，直到喷嘴喷出清水大约 30～60s，关闭喷枪后打开回流阀，排出污水，如图 4-36 所示。

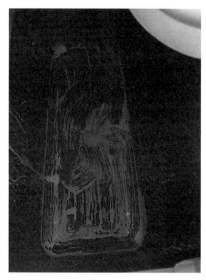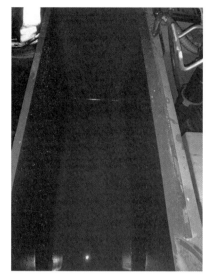

图 4-34　清洗机器料桶

图 4-35　打开回流阀排空管路涂料

步骤三：加清水重复 3～5 次，至喷枪完全喷出清水后将料桶及喷枪洗净。正常情况下，累计喷涂一个周后，需将过滤网取出清洗；若涂料中污染物较多，可适当缩短清洗时间间隔；

步骤四：最后拆卸喷枪喷嘴，使用毛刷及 TSL 液清洗喷嘴，直到喷嘴无乳胶漆残留后，装回喷枪喷嘴即可。

（2）清洗工作完成后，将悬臂收回至初始位置，关闭电控柜上电源开关。每次断电都要进行泄压操作，机器断电后，打开空压机柜门，找到泄压管道，并取出（管口禁止对着人或机器），顺时针打开管道上蓝色阀门，观察空压机压力表至压力降为"0"无气体喷出，逆时针关闭阀门收好管道并关闭仓门。

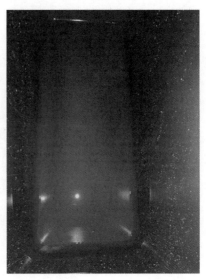

图 4-36　喷涂机管路喷洗

任务 4.2.4　地下车库喷涂机器人质量标准

1. 基层处理标准

基层处理的质量优劣直接关系到涂饰工程的最终质量，故本章将基层处理作为涂饰工程的一个工序来看待。对基层进行处理的做法一般包括清理、涂刷抗碱封闭底漆或界面剂、用腻子找平等。如果采用水泥砂浆、水泥混合砂浆、聚合物水泥砂浆和粉刷石膏等材料对基层进行找平，则不属于涂饰工程的基层处理工序，而应该按一般抹灰工程进行验收。不同类型的涂料对混凝土或抹灰基层含水率的要求不同，涂刷溶剂型涂料时，参照国际一般做法规定为不大于 8%；涂刷乳液型涂料时，基层含水率控制在 10% 以下时涂饰质量较好，同时，国内外建筑涂料产品标准对基层含水率的要求均在 10% 左右，故规定涂刷乳液型涂料时基层含水率不大于 10%。

2. 质量验收标准

（1）4.5m 地下车库喷涂机器人施工质量应符合《建筑装饰装修工程质量验收标准》GB 50210—2018、《建筑工程施工质量验收统一标准》GB 50300—2013 的规定，主控项目质量要求见表 4-12，一般项目质量要求见表 4-13。

主控项目质量要求　　　　　　　　　　　　　　　　　　　表4-12

序号	检查项目	要求	检验方法
1	涂料品种、型号、性能等	应符合设计要求及国家现行标准的有关规定	检查产品合格证书、性能检验报告、有害物质限量检验报告和进场验收记录
2	涂饰颜色和图案	水性涂料涂饰工程的颜色、光泽、图案应符合设计要求	观察

序号	检查项目	要求	检验方法
3	涂饰综合质量	水性涂料涂饰工程应涂饰均匀、粘结牢固，不得漏涂、透底、开裂、起皮和掉粉	观察；手摸检查
4	基层处理	水性涂料涂饰工程的基层处理应符合以下规定： ①含水率不得大于8%；在用乳液型腻子找平或直接涂刷乳液型涂料时，含水率不得大于10%，木材基层的含水率不得大于12% ②找平层应平整、坚实、牢固，无粉化、起皮和裂缝；内墙找平层的粘结强度应符合现行行业标准《建筑室内用腻子》JG/T 298—2010的规定	观察；手摸检查；检查施工记录

一般项目质量要求 表4-13

序号	检查项目			要求/允许偏差	检验方法
1	与其他材料和设备衔接处			涂层与其他装修材料和设备衔接处应吻合，界面应清晰	观察
2	薄涂料涂饰质量	颜色	普通涂饰	均匀一致	观察、强光手电筒照射
			高级涂饰	均匀一致	
		光泽、光滑	普通涂饰	光泽基本均匀，光滑无挡手感	
			高级涂饰	光泽均匀一致，光滑	
		泛碱、咬色	普通涂饰	允许少量轻微	
			高级涂饰	不允许	
		流坠、疙瘩	普通涂饰	允许少量轻微	
			高级涂饰	不允许	
		砂眼、刷纹	普通涂饰	允许少量轻微砂眼、刷纹通顺	
			高级涂饰	无砂眼、无刷纹	
		立面垂直度	普通涂饰	3mm	2m靠尺
			高级涂饰	2mm	
		表面平整度	普通涂饰	3mm	2m靠尺、塞尺
			高级涂饰	2mm	
		阴阳角方正	普通涂饰	3mm	阴阳角检测尺
			高级涂饰	2mm	
		装饰线、分色线直线度	普通涂饰	2mm	5m线，钢直尺
			高级涂饰	1mm	

续表

序号	检查项目		要求/允许偏差	检验方法
3	厚涂料涂饰质量	颜色 普通涂饰	均匀一致	观察、强光手电筒照射
		颜色 高级涂饰	均匀一致	
		光泽 普通涂饰	光泽基本均匀	
		光泽 高级涂饰	光泽均匀一致	
		泛碱、咬色 普通涂饰	允许少量轻微	
		泛碱、咬色 高级涂饰	不允许	
		点状分布 普通涂饰	—	
		点状分布 高级涂饰	疏密均匀	
		立面垂直度 普通涂饰	4mm	2m靠尺
		立面垂直度 高级涂饰	3mm	
		表面平整度 普通涂饰	4mm	2m靠尺、塞尺
		表面平整度 高级涂饰	3mm	
		阴阳角方正 普通涂饰	4mm	阴阳角检测尺
		阴阳角方正 高级涂饰	3mm	
		装饰线、分色线直线度 普通涂饰	2mm	5m线，钢直尺
		装饰线、分色线直线度 高级涂饰	1mm	
4	复层涂料涂饰质量	颜色	均匀一致	观察、强光手电筒照射
		光泽	光泽基本均匀	
		泛碱、咬色	不允许	
		喷点疏密程度	均匀，不允许连片	
		立面垂直度	5mm	2m靠尺
		表面平整度	5mm	2m靠尺、塞尺
		阴阳角方正	4mm	阴阳角检测尺
		装饰线、分色线直线度	3mm	5m线，钢直尺

（2）观感效果

1）无开裂渗漏情况；

2）腻子面层无脱落、起皮；

3）面层平整、无高低起伏。

3. 应注意的质量问题

（1）涂料工程基体或基层含水率。混凝土和抹灰表面施涂水性和乳胶漆时，含水率不得大于10%。

（2）涂料工程使用腻子。应坚实牢固，不得粉化、起皮和裂纹。有防水要求的部位，应使用具有耐水性能的腻子。

（3）透底。产生原因是漆膜薄，因此刷涂料时除应注意不漏刷外，还应保持涂料乳胶漆的稠度，不可加水过多。

（4）接槎明显。涂刷时要上下刷顺，后一排笔紧接前一排笔，若间隔时间稍长，就容易看出明显接头，因此大面积涂刷时，应配足人员，互相衔接。

（5）刷纹明显。涂料（乳胶漆）稠度要适中，排笔蘸涂料量要适当，多理多顺，防止刷纹过大。

（6）分色线不齐。施工前应认真划好粉线，刷分色线时要靠放直尺，用力均，起落要轻，排笔蘸量要适当，从左向右刷。

（7）涂刷带颜色涂料。配料要合适，保证每间或每个独立面和每遍都用同一批涂料，并宜一次用完，确保颜色一致。

任务 4.2.5　地下车库喷涂机器人安全事项

1. 安全生产制度

（1）安全生产管理目标。制定工程安全生产管理目标，重大安全事故率为 0 项，无轻伤事故。

（2）安全生产管理体系。建立以项目经理为组长，项目副经理、技术负责人、专职安全员为副组长，专业施工人员为组员的项目安全生产领导小组，在项目形成纵横网络管理体制。

（3）安全工作流程。明确施工安全工作流程，入场教育落实安全责任制，编制项目安全防护方案。

（4）安全生产管理制度。落实安全生产管理制度，工程安全生产管理必须以防护为重点，同时抓好现场生产、用电、机械使用等各项安全工作，加强安全计划管理，做到防患于未然。

1）落实企业《安全生产责任制》《安全教育培训制度》《安全生产定期检查制度》等各项制度。

2）落实安全生产责任制，项目经理为第一负责人，坚持管理生产必须管安全的原则。

3）实施"施工生产安全否决权"制，对于违章指挥及违章作业，施工人员有权拒绝，专职安全员有权中止施工，并限期进行整改。

4）严格按施工组织设计施工，在编制施工组织设计、施工方案时，必须有安全技术措施，并经上级技术负责人批准后，组织实施。施工现场应严格执行安全技术措施，作业前要向职工进行书面和口头交底，若改变原计划须取得编制审批部门批准。

5）班组每天进行班前活动，落实安全技术交底。并作好当天工作环境的检查，做到当日检查当日记录。

6）专职安全员参加由监理组织的每周一次安全检查和安全专题会议，奖优罚劣并及时整改。

7）项目经理组织项目部安全领导小组成员进行每月一次安全大检查，并按《建筑施工安全检查标准》JGJ 59—2011 要求作好记录；落实入场教育制度，定期进行安全技术交底。

8）落实安全检查制度，定期不定期组织检查现场安全生产情况。

（5）安全教育培训制度。由项目经理在工程开工时，组织全体员工进行安全意识教育。新施工人员入职必须进行安全教育及安全技术操作的培训，相应之安全技术考核合格后，方可正式上岗。项目应根据工程之具体特点，开展不同形式的安全知识教育活动，使安全教育工作有趣及多样化。

安全技术交底是安全教育的基础形式，应叙述具体，可操作性强，在每一分项工程作业前，应针对分项工程的特点，由工长向操作人员实施交底。特殊工序的安全教育及交底，可较其他分项工程的安全教育范围适当扩大，必要时可由项目经理或项目副经理组织。经常对员工进行安全政策、法规、技术的知识的培训教育，并组织定期培训，进行考核。安全教育工作应与经济挂钩，实施奖罚制度各级管理人员应严于律己，不违章指挥，确保在安全状态下组织指挥生产。项目安全部门在项目开工前，提出安全培训计划，并组织实施。

（6）定期检查制度。安全生产应定期进行检查，工程开始检查安全措施，施工过程中检查措施的落实、违章指挥、违章操作，施工结束，检查安全总结。施工过程的检查，项目组织不少于2次/月，由项目经理组织，安全员做检查记录，项目经理因故不参加的，可委托项目班子其他成员组织。施工作业条件必须由项目经理领导全面审核，合格后方可投入使用。每次检查由安全部门负责安全记录，并加以整理，分发有关责任人，下次检查时，检查上次问题的整改情况。安全检查应包括：

1）措施及其落实；

2）"三宝"的使用及"四口""五临边"的防护；

3）是否进行了技术安全交底；

4）违章指挥及违章作业；

5）电气设备及防雷；

6）安全记录，实施奖罚制度，督促安全问题整改，提高自我防护能力。

（7）施工用电管理制度。施工现场及生活临建用电，必须按用电线路布置规划线路，任何人不得随意接拉电线，需要时，可向主管人员申请，主管人员可根据用电情况安排专业电工办理。所有用电线路（固定的或临时的）均由专业电工统一接或拆，确保用电线路可靠和安全。

（8）事故报告处理制度。积极采取预防措施，防止事故发生。事故发生后，被伤害人或发现人员应立即报告项目负责人，项目负责人按程序上报主管领导部门。事故应填报工伤事故报告，并必须坚持实事求是，尊重科学的原则。在调查处理事故的过程中，玩忽职守、徇私舞弊、打击报复者，按国家相关规定追究法律责任。事故处理按国家有关法律执行，经过调查、审查、批复，确定是否可以结案，特殊情况下，结案不得超过180d。

（9）安全管理的基本原则。施工现场安全管理的内容主要是安全组织管理、场地与设施管理、行为控制和安全技术管理四个方面，分别对生产中的人、物、环境的行为与状态，进行具体的管理与控制。为有效地将生产因素的状态控制好，实施安全管理过程中必须坚持六项基本管理原则：

1）管生产同时管安全；

2）坚持安全管理的目的性；

3）必须贯彻预防为主的方针；

4）坚持"四全"动态管理；

5）安全管理重在控制；

6）在管理中发展、提高。

（10）环保、文明施工保证措施

1）严格原材料的采购

施工中原材料的采购必须严格按照 ISO 9001 和 ISO 14001 的相关执行文件进行。现代装饰中必须强调装饰材料的无害化，建筑材料的放射性污染物氡，化学污染物甲醛、氨、苯及各种具有挥发性的有机物（TVOC）是人体健康和环保污染的罪魁祸首。所以，在材料的采购过程中要特别注意各种涂料、油漆，它们的采购必须要有检验机构所出示的合格证明和绿色环保标志。

2）严格控制施工过程中的环境污染

在施工工程中，严格按照工地环境管理方案，我们从控制粉尘污染、噪声污染、灯光污染三方面着手，并在施工过程中派人及时纠正检查中发现的不符合环境管理方案的情况。

3）粉尘控制

禁止在施工现场焚烧旧材料、有毒、有害和有恶臭气味的物质。装卸有粉尘的材料时，应洒水润湿和在仓库进行。严禁向建筑物外抛掷垃圾，所有垃圾袋装运走。运输车辆必须冲洗干净后方可离场上路。装运建筑材料、建筑垃圾的车辆，派专人负责清扫道路及冲洗，保证行始途中不污染道路和环境。

4）噪声控制

施工中采用低噪声的工艺和施工方法。建筑施工作业的噪声可能超过建筑施工现场的噪声限制时，在噪声特别严重的区域我们将设置隔声。合理安排施工工序。由于施工不能中断的技术原因和其他特殊原因，确需中午或夜间连续施工作业的，向建设行政主管部门和环保部门申请，取得相应的施工许可证后方可施工。

5）灯光控制

我们将注意夜间灯光照明，在施工区内进行作业封闭，尽量减低光污染。施工完成后，评估施工对环境的影响，对环境管理体系进行评审，制定纠正和预防措施。

2. 安全操作前提

（1）运输安全。 运输车辆进入场地后，需检查汽车载重等车辆安全信息，避免超载引发安全隐患，且有专门人员需随车看护机器人。

（2）用电安全。工作设备引电需遵守工地安全用电规定，需设置专用的充电场所，并进行相关的安全防护与警示。

（3）设备管理安全。需要设置专门的工作设备存放处并做好相关防护工作。

（4）作业人员安全防护。作业人员进场前必须按要求穿戴好劳动保护用品（安全帽、反光衣、劳保鞋、防护口罩等），保证作业人员安全。

（5）场地围护安全。需设置安全距离和安全警戒线，确保人员与机器人安全；机器人在施工作业时，除操作工程师外禁止其他施工人员在同一个区域作业。

（6）机器人维护和拆卸安全。机器人如需进行维护或拆卸、更换零部件，需严格按照产品手册要求的步骤，并在机器人断电和卸压的前提下进行操作。

（7）操作者上岗前必须经过培训，经考核合格后才可上岗。

（8）严禁酒后、疲劳上岗。

（9）禁止非专业人员、培训未合格的人员对机器人进行操作和维护，防止对人员造成伤害以及对机器人设备造成损坏。

（10）设备上不得放置与作业无关物品，禁止作业现场堆放影响机器人安全运行的物品，禁止无关人员在机器人作业范围内停留。

（11）机器人运行过程中，严禁操作者离开现场，以确保特殊情况能得到及时处理。

（12）非紧急状态不得频繁使用急停开关，避免对抱闸系统和传动系统造成额外的磨损，降低机器人安全系数。

3. 具体操作注意事项

（1）设备运转过程中出现异响、振动、异味等异常现象时，必须立即停止机器人，及时通知专业人员进行维修，严禁私自拆卸、维修设备。

（2）设备运行时，严禁任何人将身体靠近喷枪运动装置。

（3）设备运行时，严禁对设备进行调整、维修等作业。

（4）如需要手动控制机器人时，应确保机器人动作范围内无人员或障碍物，应预先识别机器人运行轨迹并将移动速度由慢到快逐渐调整，避免速度突然变快打破机器人稳定状态。

（5）严禁任何人员对机器人进行野蛮操作，强制掰动机器人各机构，不允许使用工具敲打、撞击机器人。

（6）操作过程中，不得随意修改各运行参数，严禁无关人员触动控制按钮。

（7）电池充放电时应明确区分充电、放电接头，电池接头应连接牢固，备用电池应该放入换电池小车；禁止电池接地，充电必须在专用区域进行。

（8）维修保养时应关闭设备总电源并挂牌警示。

（9）严格遵守机械臂使能装置开关的使用说明。

（10）机器人施工、施工现场常见安全标识详见表4-14。

常见安全标识   表4-14

内容	标识
急停按钮：在遇到紧急或突发事故时按下，停止设备运行，急停按钮可通过旋转复位	

续表

内容	标识
电击危险标识：操作或对本产品进行维护维修的过程中，有触电的风险，请勿触碰设备电气元件。在需对本产品进行维护维修时，请断电并上锁挂牌后进行相应操作	有电危险 Electric shock risk
当心机械伤人标识：在标志挂放处应小心使用机械设备，以免造成人身伤害	当心机械伤人
严禁倚靠标识：本产品运行时会发生移动，请勿依靠在产品的任何部位，以免造成人身伤害	严禁倚靠
禁止攀爬标识：在机器人通电状态或断电状态下，均禁止攀爬机器人	禁止攀爬
注意安全标识：在机器人作业时，周围人员务必保持高度警惕并保持安全距离，避免发生意外时造成人身伤害	注意安全
必须戴防毒面具标识：在机器人作业时，操作人员及附近人员需佩戴专业防毒面具，避免雾化涂料危害身体健康	必须戴防毒面具

续表

内容	标识
高压喷涂机操作要求：在进行喷涂机相关操作时，必须根据标识要求进行严格操作	高压喷涂机 1、非专业人员严禁拆卸！ 2、严禁外力撞击！ 3、维修前必须进行泄压、断电！ 4、严禁喷涂机长时间无吸料工作！ 说明：拆装及调试需专业人员严格按照喷涂机说明书操作。
电池拆装要求：非专业人员禁止私自拆装电池时，在进行电池拆装时务必根据标识要求进行	电池拆装说明 1、拆卸、装配电池前，务必断开电池电源； 2、拆卸电池前，务必拔掉电池供电线（红色插头）； 3、拆卸电池前，务必拔掉电池485通讯线（金属圆孔插头）； 4、请勿大力强制关闭电池仓门，请先确保电池装配到位，线缆及电池把手复原整完成。

任务 4.2.6 地下车库（4.5m）喷涂机器人维修保养

1. 地下车库喷涂机器人日常维护

4.5m 地下车库喷涂机器人的日常维护保养要点见表 4-15。

地下车库（4.5m）喷涂机器人日常维护保养要点 表4-15

序号	维护项目	内容
1	料桶清洗	喷涂完毕后，严格按清洗步骤对机器料桶进行清洗
2	喷涂机和喷嘴清洗	在每次喷涂作业完成后10min内，需对喷涂设备进行清洗，以免管路或喷嘴堵塞，影响下一次喷涂作业
3	喷涂机润滑保养	喷涂机使用一段时间后需添加机油，保证性能 添加机油名称：TSL溶液 添加周期和添加量：1~2次/d，2~5滴/次
4	激光雷达保养	每天操作使用机器人前清扫激光雷达上灰尘及异物

2. 地下车库喷涂机器人定期维护

4.5m 地下车库喷涂机器人定期维护与保养要点见表 4-16。

地下车库（4.5m）喷涂机器人定期维护保养要点 表4-16

序号	维护项目	时间间隔	具体内容
1	机器人外壳	一周	对机器人本体外部的紧固件、钣金件、外壳进行磨损、变形、折弯、腐蚀、松动的方面进行检查，以确保使用过程中不会因上述问题造成异常
2	动力/通信线缆	一周	对机器人的动力线缆、通信线缆进行磨损、脱皮、松动、干涉、折弯进行确认，以确保使用过程中不会因上述问题造成短路、接触不良引发危险及异常

序号	维护项目	时间间隔	具体内容
3	喷涂管道	一周	对机器人的料管、气管进行磨损、折弯、干涉、接头松动进行确认，以确保在使用过程中不会因上述问题造成管道破裂，压力不稳等危险及异常
4	机械臂	一周	对固定机械臂的4PC螺栓及相应的模块固定螺栓是否松动进行确认，以确保在使用过程中不会因上述问题造成机械臂固定松动
5	行程开关	一个月	清理行程开关表面的灰尘以及喷漆后的，并拧紧传感器安装支架的螺丝
6	减速机	一个月	检查底盘四个包胶轮上螺栓是否松动，用内六角扳手拧紧相应固定螺栓

3. 地下车库（4.5m）喷涂机器人常见故障及处理

4.5m 地下车库喷涂机器人常见故障及处理方法见表 4-17。

地下车库（4.5m）喷涂机器人常见故障及处理方法　　　　表4-17

序号	常见故障	处理方法
1	在喷涂作业中出现： ① 雾化小、滋水 ② 无涂料喷出 ③ 喷嘴堵塞	① 检查回流阀是否完成并关闭（需要人工操作喷涂机上的旋钮，水平状态为关闭） ② 检查涂料是否充足，进料口是否堵塞 ③ 将进料口换成清水，回流后打开喷嘴进行喷涂操作，检验喷涂雾化是否正常，同时观察表盘上的压力值是否正常（一般设置在22MPa左右） ④ 卸下喷嘴，检查喷涂涂料检测喷枪管路是否堵塞，同时使用TSL溶液、毛刷清洗喷嘴至无乳胶漆残留
2	① 机器人偏离预设路径 ② 机器人有碰撞周围物体风险 ③ 机器人移动路径上有较大障碍物或沟壑	暂停机器人作业，或拍下红色急停按钮
3	程序故障	暂停机器人作业，重启电源，如重启无法解决及时联系维修部门
4	喷涂作业过程中，出现压力不稳或压力达不到预设压力	① 检查吸料口是否有堵塞 ② 检查料管带过滤器的转接头是否有堵塞 ③ 检查料口接头是否松动或有滴漏
5	限位开关异常报警	检查报警的限位开关s处是否有异物遮挡
6	BIM 地图与实际不符	联系BIM组进行地图修正

小结

　　地下车库（4.5m）喷涂机器人，主要用于地下车库、办公楼、商场、工厂等高大空间建筑的平面墙、顶棚和立柱的底漆和面漆喷涂。修边收口由人工采用传统施工方式完成。

传统涂料施工工艺包括清理墙面→修补墙面→刮腻子→刷第一遍乳胶漆→刷第二遍乳胶漆和质量检查等过程。

室内喷涂机器人施工工艺流程包括：腻子基层验收→机器人状态检查→导入地图、路径文件→拌料、加料和试喷→机器自动喷涂底漆→全面检查、修补缺陷→机器自动喷涂第一遍面漆→机器自动喷涂第二遍面漆→质量验收。

地下车库（4.5m）喷涂机器人施工质量要求参照《建筑装饰装修工程质量验收标准》GB 50210—2018、《建筑工程施工质量验收统一标准》GB 50300—2013 对应规定的主控项目质量、一般项目质量要求执行。

巩固练习

一、单项选择题

1. 地下车库（4.5m）喷涂机器人对施工场地有着一定的要求，施工空间净高不得低于（   ）。

A. 2500mm
B. 2600mm
C. 2700mm
D. 2800mm

2. 地下车库（4.5m）喷涂机器人机械臂最大工作半径是（   ）。

A. 2000mm
B. 1650mm
C. 1700mm
D. 1850mm

3. 地下车库（4.5m）喷涂机器人最大爬坡坡度为（   ）。

A. 6°
B. 7°
C. 8°
D. 10°

4. 地下车库（4.5m）喷涂机器人最大喷涂高度为（   ），整机重量为（   ）。

A. 4.5m；650kg
B. 4.5m；700kg
C. 3.2m；700kg
D. 3.2m；650kg

5. 地下车库（4.5m）喷涂机器人样机整机尺寸为（   ）。

A. 1500mm×950mm×2000mm
B. 1500mm×950mm×2100mm
C. 1500mm×1000mm×2000mm
D. 1500mm×1000mm×2100mm

二、多项选择题

1. 机器操作人员、维护人员必须经过（   ）后，才能对机器人进行操作、维护和维修。

A. 正规的机器人操作培训
B. 考核合格
C. 安全培训
D. 机器人理论知识培训

2. 禁止（   ）操作、维护机器人，以免对该人员和机器人设备造成严重损害。

A. 非专业人员 　　　　　　　　　　B. 未经申请人员

C. 非本公司人员 　　　　　　　　　D. 培训未合格人员

3. 严禁（　　）等上岗。

A. 喝酒以后 　　　　　　　　　　　B. 过于疲劳

C. 服用精神类药物 　　　　　　　　D. 身体感到不适

4. 操作设备前必须按要求穿戴好（　　）等劳动保护用品，操作前应熟读机器人操作手册，并认真遵守。

A. 安全帽 　　　　　　　　　　　　B. 反光衣

C. 劳保鞋 　　　　　　　　　　　　D. 专业防毒面具

5. 检查供电电池线路及接头、电机动力线缆、编码器线缆、抱闸线缆、各传感器线缆（包括光电开关及行程开关等）状态，存在（　　）等现象严禁开机。

A. 线路破损、老化 　　　　　　　　B. 线路接头松动

C. 线路积尘 　　　　　　　　　　　D. 线路标识不清晰

三、论述题

1. 简述 4.5m 地下车库喷涂机器人施工的工艺流程。

2. 简述 4.5m 地下车库喷涂机器人的作业条件。

3. 简述 4.5m 地下车库喷涂机器人常见故障与处理办法。

项目 **5** 地下车库（2.4m）喷涂机器人 >>>

【知识要点】

通过学习了解 2.4m 地下车库喷涂机器人概况、功能、结构和特点；熟悉 2.4m 地下车库喷涂机器人施工准备内容；掌握 2.4m 地下车库喷涂机器人施工工艺、质量标准和安全文明事项；掌握日常和定期维护保养内容；常见故障的分析判断与现场处理的程序与方法。

【能力要求】

具备识别 2.4m 地下车库喷涂机器人基本功能参数、主要结构构件的能力；具备作业条件的检测与判定能力；能规范地操作地下车库喷涂机器人施工，具备正确维护与保养和常见故障的分析处理能力。

单元 5.1　地下车库（2.4m）喷涂机器人简介

任务 5.1.1　地下车库喷涂机器人概述与功能

2.4m 地下车库喷涂机器人

　　2.4m 地下车库喷涂机器人是一款针对地下车库墙面、立柱外表面的腻子和乳胶漆喷涂的自动化设备，代替人工作业，既可以节省大量的劳动力，提高施工效率，降低生产成本，提高腻子和乳胶漆施工质量，同时也可避免涂料对工人健康的危害。

1. 地下车库喷涂机器人概述

从现有楼盘开发数量及发展趋势来看，绝大多数楼盘均会配备地下车库。车库墙面和立柱外表面的腻子和乳胶漆喷涂是地下车库装修过程中必不可少的一道工序，其主要作用是美白、平整墙面，防水、防霉保护墙体等。而且地下车库墙面及柱面施工面积十分庞大，具有极大的市场需求量。目前地下车库墙面装修装饰工艺主要由工人手工作业实现，人工作业具有下列几个特点：工作环境恶劣；人工作业效率低；人工成本高；施工整体质量难以保证；重复操作性强。综合市场需求量以及人工作业等特点，地下车库墙面和立柱面的腻子和乳胶漆喷涂适合设备智能化作业。

因此，研发 2.4m 地下车库喷涂机器人并用机器人作业代替人工作业，既可以节省大量的劳动力，提高施工效率，降低生产成本，提高腻子和乳胶漆施工质量，同时也可避免涂料对工人健康的危害。

图 5-1　地下车库（2.4m）喷涂机器人

2. 地下车库喷涂机器人功能

2.4m 地下车库喷涂机器人是一款针对地下车库墙面、立柱外表面的腻子和乳胶漆喷涂的自动化设备，如图 5-1 所示，针对地下车库 2.4m 以下建筑毛坯表面的腻子和乳胶漆的自动喷涂（设备间、立柱间距小于 2.9m 以及立柱距离墙面小于 2.9m 等区域除外）。与传统人工施工方式相比，具有效率高、质量高、质量统一性高、成本低等特点。其主要功能及参数见表 5-1、表 5-2。

地下车库（2.4m）喷涂机器人功能　　　　　　　　　　　表5-1

功能名称	功能描述
腻子喷涂	能按照地下车库施工质量要求完成2.4m以下墙面和立柱外表面腻子喷涂（设备间、立柱间距小于2.9m以及立柱距离墙面小于2.9m等区域除外）
乳胶漆喷涂	能按照地下车库施工质量要求完成2.4m以下墙面和立柱外表面乳胶漆喷涂（设备间、立柱间距小于2.9m以及立柱距离墙面小于2.9m等区域除外）
全向移动	机器人具有全向移动功能，能沿任意方向移动和原地旋转

续表

功能名称	功能描述
路径规划	通过导入建筑BIM模型，可生成机器人施工作业路径
自动避障、停障	机器人本体靠近和意外触碰障碍物时，可自动停止，保障安全
急停	机器人具有急停按钮装置，紧急状态时按下，可使其立即停止
语音播报	机器人正常作业或出现故障时，能语音播报相关状态
状态指示	机器人有状态指示灯，用以显示当前机器人工作状态
余料检测	实时检测腻子或乳胶漆余量，余料不足时可自动报警
多机调度	机器人具备多机调度功能接口

地下车库（2.4m）喷涂机器人参数　　　　　　　　表5-2

参数名称	数值
外形尺寸（长×宽×高）	1700mm×1050mm×1800mm
整机重量	空载≤900kg
工作续航	≥5h
移动速度	≤0.5m/s
涂料容量	≤135L
喷涂高度	≤2400mm
喷涂效率	腻子施工≥80m²/（h·遍）；乳胶漆施工≥160m²/（h·遍）
爬坡角度	≤10°
越障高度	≤30mm
越沟宽度	≤50mm

任务 5.1.2　地下车库喷涂机器人结构与特点

1. 地下车库喷涂机器人结构

2.4m 地下车库喷涂机器人主要由底盘、电池组件、喷涂系统、电控系统、导航系统、料桶模块、外罩防护等组成，机器人结构如图 5-2 所示。

（1）底盘能沿任意方向行走和原地旋转，是机器人的行走及整体承载部件；

（2）电池组件是整个机器人的动力源；

（3）喷涂系统是整个机器人最终执行系统，包含升降模组、泵、过滤器、回流机构、喷枪等部件。在控制系统和导航系统的共同作用下，喷涂系统完成对地下车库墙面、立柱外表面的腻子和油漆自动喷涂作业；

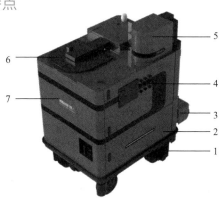

图 5-2　地下车库多功能涂机器人
结构总图

1—底盘；2—电池组件（内部）；3—喷涂系统；
4—电控系统；5—导航系统；6—料桶模块；
7—外罩防护

173

（4）电控系统通过 PLC、继电器、电机驱动器等电气元件，按照一定逻辑对机器人各个动作进行控制，保证机器人能够安全可靠的作业；

（5）导航系统可以自动规划路径，使机器人自主移动到指定作业点；

（6）料桶模块用于盛装机器人作业用腻子或乳胶漆，同时还具有余料监测、自动翻盖等功能；

（7）外罩防护除了起到美观作用外，还能为机器人提供防水、防尘等功能。

2. 地下车库喷涂机器人特点

（1）传统施工

传统墙面、立柱外表面的乳胶漆施工工艺流程包括基层处理、第一层腻子批刮、第二层腻子批刮、打磨刷底漆、修补打磨、第一遍面漆、第二遍面漆和质量检查。传统施工流程如图 5-3 所示。

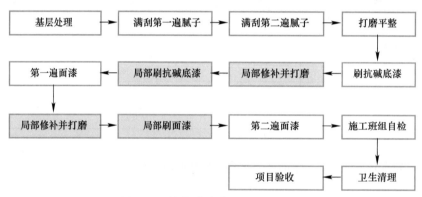

图 5-3　传统乳胶漆施工工艺流程

由于工人的从业时间、行业经验及工作态度等多种因素的影响，使得人工施工过程中质量、进度等无法做到精准的把控，导致整个施工过程效率低下且施工质量参差不齐。此外，人工传统施工过程中，工人的操作及对腻子和乳胶漆的涂刷量无法精细控制，使得施工完成的墙面容易出现乳胶漆起粉、脱落、透底，乳胶漆表面起泡、起砂，乳胶漆流坠等质量通病问题，返工处理现象较普遍，无形之中加大了工程成本。

（2）地下车库（2.4m）喷涂机器人施工

2.4m 地下车库喷涂机器人自带涂料，通过导航系统实现自主导航。可通过控制系统和喷涂系统实现喷涂功能，全向移动底盘越障、越沟、涉水能力优秀，环境适应性强，采用 BIM 软件规划路径，实现全自动喷涂。

对比传统施工方式有以下优点：

1）喷涂质量与材料使用率更高；

2）综合施工成本更低；

3）施工效率更高；

4）工人劳动强度低，机器可自动完成喷涂作业，可有效避免油漆喷涂时对作业工人造成的危害。

单元 5.2　地下车库（2.4m）喷涂机器人施工

任务 5.2.1　地下车库喷涂机器人施工准备

1. 施工平面布置与图纸资料

（1）施工平面布置。施工区域的合理布置是施工组织的重要环节，其主要是通过立体的整体规划，平面的具体安排这两种基础手段，达到施工区域安排的合理化、程序化、系统化，有助于简化交叉施工的复杂关系，方便综合管理。主要考虑内容有办公区、作业区、临时堆放区、仓储区、物资运输线路、人员通道等。

（2）在机器人进场前，项目部必须提前 15d 提供建筑图、结构图、装修图等图纸，用于建立 BIM 模型和进行作业仿真。并明确进场时间和施工工艺，便于开展机器人的运输和辅助器具准备工作。

2. 作业条件

（1）地下车库地面无杂物堆积、无积水、干净平整，不可有沙层或沙堆、油渍干扰项，油渍等干扰物，避免底盘打滑无法行使；

（2）地下车库消防管道、水管、设施类无需喷涂腻子或乳胶漆区域，需提前保护或采取其他措施，防止机器人作业过程中，溢散的涂料污染此类区域；

（3）地下车库内墙面、柱面无浮尘，整洁干净，满足验收标准，由总包方、甲方（监理）联合对车库内墙基层进行验收，出具地下车库墙验收报告并签字确认；

（4）因地下车库基层墙面施工不合格而导致腻子或乳胶漆喷涂质量出现缺陷或不合格项，不纳入本机器人喷涂质量验收范围；

（5）预先评估作业区域内参照物是否满足导航需求，若不满足，则需提前合理布置参照物；

（6）机器人作业区域须满足最基本人机协作条件，必要时增加照明设施；

（7）机器人作业区域内须配备 AC220V 电源，16A 插座，供机器人电池充电；

（8）机器人作业区域内须配备水源，用于搅拌腻子或乳胶漆，同时规划废水排放区域，供机器人清洗使用；

（9）机器人施工作业过程中，作业区域周围用警示带进行围挡，并贴上相应的警示语。

3. 机械、工具准备

（1）机器人运输设备运转正常；

（2）机器人状态调校良好；

（3）人工配合的作业工具准备就位；其中辅助施工工具准备见表 5-3，工序前置条件检查工具准备见表 5-4。

辅助施工工具

表5-3

序号	工具名称	作用/适用情况	图例
1	料桶	搅拌、盛放油漆容器	
2	搅拌器	腻子和乳胶漆搅拌	
3	腻子批刀	腻子修补	
4	打磨机	腻子打磨	
5	鸡毛掸子	用于打磨完成后进行扫灰	

续表

序号	工具名称	作用/适用情况	图例
6	美纹纸	用于饰面分色、分界，或保护与墙面有交界的其他材料	

检测工具 表5-4

序号	工具名称	作用	图例
1	温度计	检测地下车库温度	
2	含水率测试仪	检测基层含水率	
3	空鼓锤	检查基层是否空鼓	
4	2m靠尺	检查墙面平整度、垂直度	

续表

序号	工具名称	作用	图例
5	楔形塞尺	检查缝隙大小，配合2m靠尺检测平整度	
6	阴阳角检测尺	检查阴阳角方正度	

4. 人员准备

（1）工程师1名，主要负责对机器人进行操作及管理，具体内容包括机器人的手动控制，自动喷涂作业，设备清洗，换料、加料操作，电池更换及充电，机器人保养维护等。

（2）工艺师傅1名，人员必须熟悉腻子和乳胶漆相关的施工工艺，主要负责对设备无法覆盖的喷涂范围进行处理；同时，完成搅和腻子、乳胶漆的工作，并协助工程师完成换料、加料、电池更换等操作。

（3）施工人员配备保证措施

1）充分利用开工前期准备时间，对工程施工管理人员及施工操作人员进行施工动员和施工技术交底工作，其主要内容为：介绍工程基本情况和场地使用划分安排；做好施工后勤工作组织安排；讲述工程施工特点、施工方法及应特殊注意事项；明确本工程项目管理班子、管理层次、管理职责、管理措施、管理要求及相关奖罚制度；强化施工安全意识、质量意识、工期意识、文明施工意识、大局意识、协调配合要求、环保意识等方面的教育；强调工程施工作业的特殊要求和管理措施。

2）合理安排各工序、各工种配合穿插，不留施工间歇，根据各专业各工种可在时间顺序和空间组织穿插施工，实现交叉作业，同步作业等是保证工期的重要手段。

3）协调好各工种之间的关系，抓住主要矛盾，充分发挥人力、物力、财力的作用，保护进度计划的实行。

4）严把质量关，争取一次交验合格率100%，将返工返修缩小到最低程度。

5）在施工过程中，如遇到其他人力不可抗拒因素影响工期，采取协调技术熟练的工人进场支援，确保工程如期完工。

5. 材料准备

2.4m地下车库喷涂机器人选用内墙腻子和乳胶漆。进场材料必须有合格证和检验报告，严禁使用假冒伪劣产品；同一标段或楼栋应使用同一批次的腻子、底漆和面漆。

（1）材料性能特点。内墙腻子、乳胶漆的性能特点及作用见表 5-5；腻子和乳胶漆使用机器人喷涂作业前，必须严格按照规定的料水比进行配比，并搅拌均匀。

内墙腻子和乳胶漆的性能特点及作用 表5-5

种类	性能特点	作用
内墙腻子	1. 环保无毒无害 2. 粘结强度高 3. 良好的透气性、耐候性等	1. 墙面修补 2. 墙面找平 3. 漆面基础
乳胶漆	1. 优良的防霉性能 2. 良好的耐水、耐候性能 3. 抗水泥降解性，抗碳化、抗粉化，防止漆膜粉化及褪色	1. 防霉作用 2. 建筑装饰作用

（2）材料存放和堆放。涂料存放不能选择露天的场所，堆放场地地面干燥不潮湿（必要时可垫高），堆码不得超过三层。

（3）材料供应保证措施

1）针对工程特点，制定切实可行的工期保证措施，在施工备料方面，应根据现场进度尽可能地减少总备料次数，保证现场有充足的施工用材；合理调整工种配置，形成各施工段合理流水施工和交叉施工，使现场采购、加工、制作等工作合理、有序地展开，以确保工期要求。

2）对施工所用材料，特别是需要提前采购和加工材料，材料部门应提前介入，开工前按图纸及甲方的要求，选择材料样板，材料小样经甲方及设计师确认方可进行大批量采购。根据现场施工进度，提前组织材料进场，送货时间做到本地采购材料一天内到场，外市采购材料两天内到场，外省采购材料三天内到场。所有外加工材料做到提前七天订货，保证现场施工需求，确保工程施工的连续性。

3）所有的材料都必须是优等品，关键在进货过程中精挑细选，确保材料质量达到工程要求。

4）从材料的选购、加工、包装、运输等层次，层层把好质量关，经质检员和库管员验收入库。做好各项物资的供应工作，从材料的采购、调配、平衡、运输及合理使用上加强管理与协调，确保工程进度。

5）材料供应计划在施工图方案确认后提出主要材料订单。做好材料预算或概算，材料订货或加工，材料发货和运输，材料检测或化验，材料验收入库并分发至使用地点。

6. 施工前成品保护

（1）成品保护要求。2.4m 地下车库喷涂机器人施工成品保护见表 5-6。

1）涂料墙面未干前室内不得清刷地面，以免粉尘沾污墙面，漆面干燥后不得挨近墙面泼水，以免泥水沾污；

2）涂料墙面完工后要妥善保护，不得磕碰损坏；

3）涂刷墙面时，不得污染地面、门窗、玻璃等已完工程。

序号	成品保护措施	图例
1	施工场地灰尘应清理干净，防止施工期间灰尘飞扬，影响涂饰质量	
2	施工前应做好地下室门窗、管道线路、开关盒及其他设备的成品保护	

（2）成品保护原则

1）谁施工谁保护。成品施工方需在成品施工完成后做好保护措施。

2）管理责任单位界定

① 单体。对于精装修房，以土建移交精装修为界，移交前管理责任单位为土建总包，移交后管理责任单位为装修单位；对于毛坯房，管理责任单位为土建总包单位。

② 地下室。由土建总包统一管理。

③ 室外。园建及绿化单位各自负责其管理范围内成品保护。

3）先检查后保护原则。所有工序必须施工单位自检、监理验收、项目部专业工程师抽检合格，并做好成品清洁后方可进行保护。

4）成品生产方对已方产品保护负有最终的责任。包括对成品采取防护措施的责任、看管和巡查的责任、与后续施工方的协调和交底的责任等。

5）合理规划工序原则。尽量避免多工种在同一作业户内交叉施工。对于产品保护难度较大的材料安排在大部分装饰工作量完成后进行安装。

6）持续保护原则。成品生产方负有对成品保护措施进行巡视检查的责任，同时负有对已破坏的部分及时进行修补的责任。

7. 技术准备

（1）制定详细的有针对性和操作性的技术交底方案，做好对施工作业与管理人员技术、质量、消防和安全文明施工及环保（三级）的交底工作。

（2）现场安排专业维护的技术人员，对每个班组每天提交的机具进行清洁和保养，保证现场机具设备完好，对有故障的坏损机具，联系原供应商提供零配件进行装配维修，对不能修复的予以调换，保证现场设备满足施工的需求，而不是形同虚设。定期进行机械设备的检修及保养，备足易损坏部件及消耗品。

（3）机械设备配置，项目经理部根据施工组织安排，充分保证现场施工机具的数量要求，并通过合理调度，发挥现场所有机具设备的使用价值，根据施工现场场地、材料、工艺等的具体要求，合理地高速装备结构。对施工中的各类机具设备的数量、规格和进场时间作好准备，机具设备要先在场外检修保养，确保不带病运转。进场机械设备须逐台进行验收，并填写施工机械设备验收清单。

（4）机械设备的控制，机械设备操作人员必须持证上岗，做到定人、定岗、定位。

（5）机械设备的维护、检查，为保证机械设备性能满足工程施工需要，必须由操作人员对其进行系统的维护，项目部对机械设备做到每月检查一次。使机械设备使用过程保持良好的工作状态，充分发挥生产效率，延长使用寿命保证安全生产。

（6）充分满足装饰施工工艺性要求，通过机具施工达到规定的设计工艺效果和质量要求。贯彻机械化、半机械化和改良机具相结合的方针，改善施工条件，减轻工人劳动强度，提高施工效率，保证施工质量与施工进度。

（7）为保证工程按计划进度执行，在机械设备及工具方面，相关部门将根据工程需要合理配备，并备有应急使用机械设备。

8. 资金准备

项目财力的合理使用是工程按进度计划顺利施工的保障，做好项目成本控制和使用是项目降低成本，提高综合效益的基础。

9. 工作制度保障

（1）结算及承包制度。充分体现多劳多得的分配原则，利用经济手段使工程施工管理步入正轨，调动广大职工的劳动积极性。通过广泛宣传，多种形式的计划交底，使工程施工变成群众性的公约计划。

（2）做好职工和生活保障工作。关心职工的生活、工作、休息；解决好职工的实际困难，使施工人员心情舒畅，无后顾之忧，全身心投入工作。

（3）做好治安、保卫工作。及时与社会各部门取得联系，预防违法乱纪事件发生，保证国家财产及职工身心不受损害。

（4）做好安全工作、消防工作、文明施工工作。按照安全管理条例及安全操作规程，做好安全消防、文明施工工作，使职工有一个较好的工作环境，有关内容在后面各部分详述。

10. 计划调整措施预案

（1）由于工程施工受各种因素的制约，计划实施过程中会不同程度偏离计划目标，要对劳动力情况、现场组织管理、设计进度情况、材料/设备审批情况、供货情况进行综合分析。并针对已延误的工期，运用制定阶段性计划、调整生产要素配备，满足进度要求；采取各种措施对总进度计划和目标进行调整。保证计划实现所需生产要素，落实日期、责任单位/部门、责任人及质量标准。

（2）由于施工原因造成非关键线路工程进度滞后，在不影响每一阶段的进度前提下，按上一条规定采取补救措施。

任务 5.2.2 地下车库喷涂机器人施工工艺

1. 基本作业条件

（1）墙面应基本干燥，基层含水率不大于 10%；

（2）抹灰作业全部完成，过墙管道、洞口、阴阳角等处应提前抹灰找平修整，并充分干燥；

（3）门窗玻璃安装完毕，湿作业的地面施工完毕，管道设备试压完毕；

（4）冬期要求在采暖条件下进行，环境温度不低于 5℃。

2. 机器人施工作业流程

2.4m 地下车库喷涂机器人墙面施工工艺流程包括：机器人自动喷涂第一遍腻子→人工墙面缺陷修补→机器自动喷涂第二遍腻子→腻子人工打磨→局部修补→机器自动喷涂第一遍底漆→机器自动喷涂第一遍面漆→机器自动喷涂第二遍面漆→验收合格。

进行机器人施工作业的操作包括作业区域确认、前置条件排查、机器人状态检查、BIM路径规划及导入、操控机器人自动喷涂作业、机器设备清洗、场地清理。内容见表5-7。

地下喷涂机器人施工操作流程　　　　　　　　　　表5-7

	操作流程	内容
1	作业区域确认	1. 确认建筑图纸和作业现场是否一致 2. 确认地面是否有沟、洞等影响机器人施工
2	前置条件排查	1. 地面是否无物料堆积、无积水 2. 作业面是否达到验收标准 3. 水、电是否按照要求供应
3	机器人状态检查	1. 管路、接头、阀门检查 2. 线路检查 3. 泵机检查 4. 喷嘴检查 5. 底盘轮系检查
4	BIM路径规划及导入	1. 根据图纸与实际测量的差异，进行BIM路径规划 2. 打开设备电源 3. 路径规划完成，导入平板 4. 设备空跑测试，确认路径规划无误（每个区域选几个点进行） 5. 对同一区域，同一路径不同的作业工序只需要一次BIM路径规划及导入
5	机器人自动喷涂作业	1. 机器人自动作业 2. 对机器人无法作业区域进行人工修补
6	设备清洗	1. 人工清洗机器人 2. 机器人按照要求放置到指定位置 3. 设备各个运动部件复位并关闭设备电源
7	场地清理	1. 作业完成后整理收集施工辅助用具，并按规定放置 2. 清理作业过程中产生的废弃物转运至规定位置

3. 人工边角施工工艺

（1）工艺处理要求

清理墙面→修补墙面→刮腻子→刷第一遍乳胶漆→刷第二遍乳胶漆。

1）清理墙面：将墙面起皮及松动处清除干净，并用水泥砂浆补抹，将残留灰渣铲干净，然后将墙面扫净。

2）修补墙面：用水石膏将墙面磕碰处及坑洼缝隙等处找平，干燥后用砂纸凸出处磨掉，将浮尘扫净。

3）腻子批刮：批刮腻子遍数可由墙面平整程度决定，一般情况为两遍；第一遍用胶皮刮板横向满刮，刮施无接头不得留槎，干燥后用磨砂纸，将浮腻子及斑迹磨光，并将墙面清理干净。第二遍用胶皮刮板竖向满刮，所用材料及方法同第一遍腻子，干燥后砂纸磨平并将墙面灰尘清理干净。如需求刮施三遍，第三遍则用胶皮刮板找补或用钢片刮板满刮腻子，将墙面刮平刮光，干燥后用细砂纸磨平磨光，不得遗漏或将腻子层磨透底。

① 第一遍乳胶漆：涂刷顺序是先刷顶板后刷墙面，墙面是先上后下，先将墙面清扫干净，用布将墙面粉尘擦掉。乳胶漆用排笔涂刷，使用新排笔时，将排笔上的浮毛和不牢固的毛理掉；乳胶漆使用前应搅拌均匀，适当加水稀释，防止头遍漆刷不开，干燥后复补腻子，再干燥后用砂纸磨光，清扫干净。

② 刷第二遍乳胶漆：操作要求同第一遍，使用前充分搅拌，如不很稠，不宜加水，以防透底。

（2）质量要求

1）保证项目：材料品种、颜色应符合设计和选定样品要求，严禁脱皮、漏刷、透底。

2）基本项目：属中级油漆基本项目标准。

① 透底、流坠、皱皮：大面无，小面明显处无。

② 光亮和光滑：光亮和光滑均匀一致。

③ 装饰线：分色线平直，偏差不大于1mm（拉5m线检查，不足5m拉通线检查）。

④ 颜色刷纹：颜色一致，无明显刷纹。

任务 5.2.3 地下车库喷涂机器人施工要点

1. 机器开机前检查

（1）管路检查。检查管与管、管与喷枪、管与过滤器之间的接头是否连接牢固，检查管路是否破损。

（2）阀门检查。腻子乳胶漆切换阀是否按照规定开启，腻子喷涂时，打开腻子管路手动阀，关闭乳胶漆管路手动阀，关闭腻子手动泄压支路手动球阀；乳胶漆喷涂时，打开乳胶漆管路手动阀，关闭腻子管路手动阀，关闭乳胶漆管路手动泄压支路手动阀。

（3）喷涂机检查。检查喷涂机泵压旋钮是否旋到最大（顺时针转到转不动为止）；检查泵液压油油位是否在标准值内；柱塞泵是否按照要求滴分离油。

（4）线路检查。检查电池信号线与供电线是否正确连接；检查电控系统线路是否完整且连接完好。

（5）检查天线连接是否牢固。

（6）检查油漆腻子喷嘴是否磨损，必要时进行更换。

（7）底盘检查。定期检查舵轮、可控承载轮是否出现严重磨损，评估底盘能否正常行走。

（8）机器人整体检查。检查机器人外部防护装置是否完整。

2. 机器开机

（1）机器人上电操作：打开机器人操作面上电池电源开关，打开机器人后侧负荷开关，机器人操作面板"电源"灯亮，长按机器人操作面板"上电"按钮 1s，直至"控制"灯亮，等待 PLC、TX2、伺服等全部上电且没有警报输出后，则表示机器人上电正常。

（2）当设备出现上电异常时，严禁重复掉电上电操作，需立即检查并报备相关负责人、技术人员。

3. APP 界面操作

（1）登录。使用 APP 前，连接好对应机器的 Wi-Fi，点击重新连接后点击登录，如图 5-4 所示。

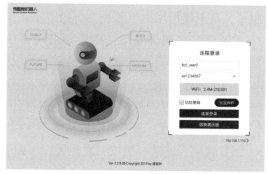

图 5-4　登录界面

进入机器基本状态界面，故障信息显示，绿灯表示无故障，红灯表示有故障。控制机器启动，停止、暂停、继续、急停。显示机器的电量信息、报警状态、工作状态、工作模式等，如图 5-5 所示。

（2）机器状态。机器状态包括机器信息和底盘状态。其中机器信息页面展示了上装机构的信息，包含余料值，电机位置，到位信号等。底盘状态主要是电池信息，舵轮信息，导航信息等，如图 5-6 所示。

（3）上装控制。手动模式下的上装控制，可对机器人各个运动部件进行控制，控制方式可选择"点动模式"和"位置模式"，"点动模式"下可输入"目标速度"然后点击"+"或"-"进行点动操作；"位置模式"下可输入"目标位置"，相应的上装部分会自行运动到目标位置；手动模式下也可对喷枪、泵、激光雷达防护罩等部分进行开关操作，如图 5-7 所示。

（4）底盘遥控。长按前、后、左、右、左转、右转按钮时，机器人底盘分别做出对应

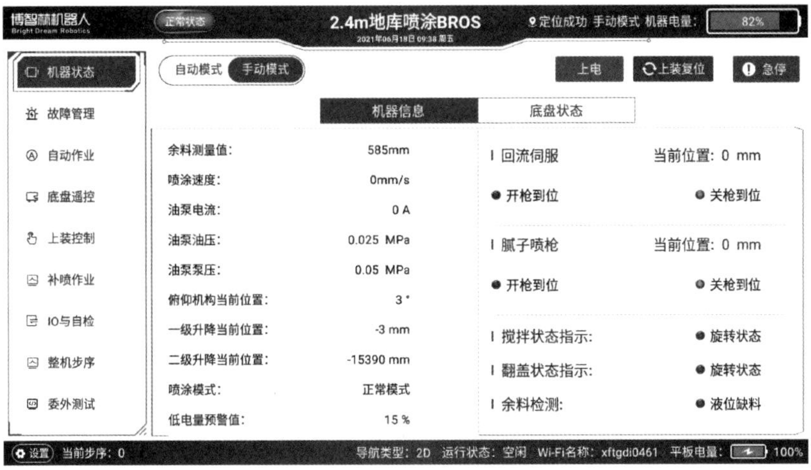

图 5-5　机器信息界面

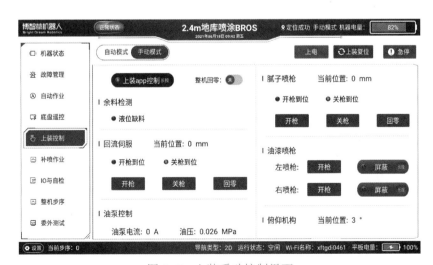

图 5-6　机器基本状态界面

图 5-7　上装手动控制界面

的动作，地图上实时坐标点会根据底盘的路径改变而发送变化；点击【速度设置】按钮，弹出底盘速度设置窗口，可对 X 轴、Y 轴、YAW 轴进行设置，可以拖动数据条改变或者输入精确数值设置，如图 5-8 所示。

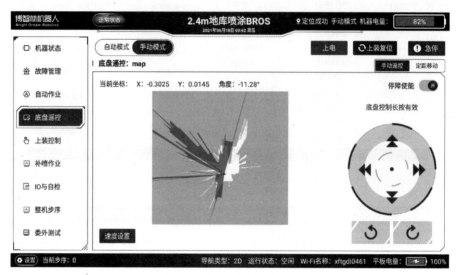

图 5-8　底盘遥控操作界面

（5）路线选择。扫描地图文件，可扫描平板根目录下"map"文件夹中的地图文件，并选择地图下发；然后"手动模式"下选择路径下发；"自动模式下"点击"启动"按钮并选择相应站点设置为开始运行的路径站点发送。路线选择操作界面如图 5-9 所示。

图 5-9　路线选择操作界面

（6）故障报警。当前故障中信息，机器报警后，显示对应故障类型信息；当前全部日志，显示机器报警的历史日志，故障报警界面如图 5-10 所示。

图 5-10　故障报警操作界面

（7）IO 状态。IO 状态显示所有的 IO 触发状态，如图 5-11 所示。

图 5-11　IO 状态操作界面

（8）设备自检。机器运行前可以实现对机器各部分的自检。长按设备自检按钮，机器自动对图中各模块进行自检并显示自检结果，如图 5-12 所示。

（9）机器设置。机器设置包括常规设置和其他设置。如图 5-13、图 5-14 所示。

（10）APP 设置。APP 设置界面可显示登录名称和应用版本，可设置皮肤、清除软件运行缓存和退出账号登录等操作，如图 5-15 所示。

4. 机器自动作业模式

APP 自动作业模式下，会自动屏蔽相关功能，只保留展示界面。

装饰工程机器人施工

图 5-12　设备自检操作界面

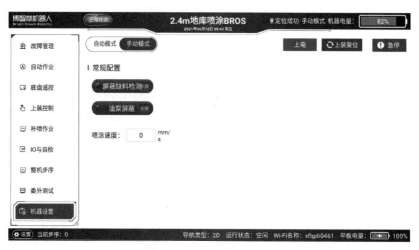

图 5-13　常规设置界面

图 5-14　其他设置界面

188

图 5-15　APP 设置界面

5. 机器操作相关说明

运行指示灯

（1）绿灯。整机无故障，进入自动运行步后亮绿灯。

（2）黄灯。首次循环默认亮起黄灯，整机无故障复位，没有故障了亮黄灯。

（3）红灯。只要有任意部件有故障，亮红灯。

（4）其他。如果故障情况下按暂停，那么绿灯和红灯交替亮起，表示这是有故障的暂停。没有故障时触发暂停，则绿灯闪烁。

6. 设备清洗

（1）将料桶中混有少量腻子或卸压回路内油漆和水混合物从枪口排出；向料桶中加水，持续冲洗至枪口出水基本清澈，打开卸压回路，关闭喷枪，约 2min 后关闭卸压回路，打开喷枪排水，直至料桶完全干净，喷枪排出水基本清澈。

（2）若是腻子喷涂作业，则关闭末端喷涂系统喷枪，打开油漆管路手动回流支路手动球阀，继续清洗至出水清澈，关泵约 10s 后关闭手动阀。

（3）料桶清洗完成后，对机器人入料管进行清洗。

（4）喷嘴清洗。用清水清洗拔出的喷嘴，用软物将喷嘴里沉积的腻子或乳胶漆挑出并冲洗干净。需要注意在喷嘴拔出后，若是腻子喷嘴则应及时泡在清水中，若是油漆喷嘴则应及时泡到稀料中，以免喷嘴中腻子或油漆固化堵塞喷嘴。油漆喷嘴连续使用 3h 后应拆下喷嘴和喷嘴座放入清水浸泡并更换清洗好的喷嘴和喷嘴座继续作业。

（5）过滤器清洗。将过滤器从过滤器固定座中取出；拧开过滤器两端接头，拆开过滤器，将里面的滤网取出用清水冲刷清洗干净，并组装完整，拧上相应管道接头，固定到过滤器固定座上。需要注意管道接头须拧紧，无松动，正常每周清洗一次油漆和腻子过滤器。

（6）机器人清洗完成后需要在料桶中加入一定量的清水，下次喷涂作业前将水排尽后再进行加料操作。需要特别注意连续作业 4h 左右需要对料桶、管路等进行清洗。

7. 设备撤场

作业完成后，将机器人运送或者操控机器人移动到指定位置放置。若使用其他设备运输机器人，运输前应确保机器人关机，并确认如下内容：

（1）确认机器人所有运动部装复位；

（2）确认关闭机器人操作面板电池开关；

（3）确认关闭机器人后侧负荷开关。

机器人撤场后应对喷涂作业过程中所使用工具进行整理，对作业场地进行清理，将产生的废弃物妥善处理。

任务 5.2.4 地下车库喷涂机器人质量标准

1. 基层处理标准

基层处理的质量优劣直接关系到涂饰工程最终质量，故本章将基层处理作为涂饰工程的一个工序来讲述。基层处理的做法一般包括清理、涂刷抗碱封闭底漆或界面剂、用腻子找平等。如采用水泥砂浆、水泥混合砂浆、聚合物水泥砂浆和粉刷石膏等材料对基层进行找平，则不属于涂饰工程基层处理工序，而应该按一般抹灰工程进行验收。不同类型涂料对混凝土或抹灰基层含水率的要求不同，涂刷溶剂型涂料时，参照国际一般做法规定基层含水率不大于 8%；涂刷乳液型涂料时，基层含水率控制在 10% 以下涂饰质量较好，同时，国内外建筑涂料产品标准对基层含水率的要求均在 10% 左右，故规定涂刷乳液型涂料时基层含水率不大于 10%。

2. 质量验收标准

2.4m 地下车库喷涂机器人施工质量应符合《建筑装饰装修工程质量验收标准》GB 50210—2018、《建筑工程施工质量验收统一标准》GB 50300—2013 的规定，主控项目质量要求见表 5-8，一般项目质量要求见表 5-9。

主控项目质量要求 表5-8

序号	检查项目	要求	检验方法
1	涂料品种、型号、性能等	应符合设计要求及国家现行标准的有关规定	检查产品合格证书、性能检验报告、有害物质限量检验报告和进场验收记录
2	涂饰颜色和图案	水性涂料涂饰工程的颜色、光泽、图案应符合设计要求	观察
3	涂饰综合质量	水性涂料涂饰工程应涂饰均匀、粘结牢固，不得漏涂、透底、开裂、起皮和掉粉	观察；手摸检查
4	基层处理	水性涂料涂饰工程的基层处理应符合以下规定： ① 含水率不得大于8%；在用乳液型腻子找平或直接涂刷乳液型涂料时，含水率不得大于10%，木材基层的含水率不得大于12% ② 找平层应平整、坚实、牢固，无粉化、起皮和裂缝；内墙找平层的粘结强度应符合现行行业标准《建筑室内用腻子》JG/T 298—2010的规定	观察；手摸检查；检查施工记录

一般项目质量要求 表5-9

序号	检查项目			要求/允许偏差	检验方法
1	与其他材料和设备衔接处			涂层与其他装修材料和设备衔接处应吻合，界面应清晰	观察
2	薄涂料涂饰质量	颜色	普通涂饰	均匀一致	观察、强光手电筒照射
			高级涂饰	均匀一致	
		光泽、光滑	普通涂饰	光泽基本均匀，光滑无挡手感	
			高级涂饰	光泽均匀一致，光滑	
		泛碱、咬色	普通涂饰	允许少量轻微	
			高级涂饰	不允许	
		流坠、疙瘩	普通涂饰	允许少量轻微	
			高级涂饰	不允许	
		砂眼、刷纹	普通涂饰	允许少量轻微砂眼、刷纹通顺	
			高级涂饰	无砂眼、无刷纹	
		立面垂直度	普通涂饰	3mm	2m靠尺
			高级涂饰	2mm	
		表面平整度	普通涂饰	3mm	2m靠尺、塞尺
			高级涂饰	2mm	
		阴阳角方正	普通涂饰	3mm	阴阳角检测尺
			高级涂饰	2mm	
		装饰线、分色线直线度	普通涂饰	2mm	5m线，钢直尺
			高级涂饰	1mm	
3	厚涂料涂饰质量	颜色	普通涂饰	均匀一致	观察、强光手电筒照射
			高级涂饰	均匀一致	
		光泽	普通涂饰	光泽基本均匀	
			高级涂饰	光泽均匀一致	
		泛碱、咬色	普通涂饰	允许少量轻微	
			高级涂饰	不允许	
		点状分布	普通涂饰	—	
			高级涂饰	疏密均匀	
		立面垂直度	普通涂饰	4mm	2m靠尺
			高级涂饰	3mm	
		表面平整度	普通涂饰	4mm	2m靠尺、塞尺
			高级涂饰	3mm	
		阴阳角方正	普通涂饰	4mm	阴阳角检测尺
			高级涂饰	3mm	
		装饰线、分色线直线度	普通涂饰	2mm	5m线，钢直尺
			高级涂饰	1mm	

续表

序号	检查项目		要求/允许偏差	检验方法
4	复层涂料 涂饰质量	颜色	均匀一致	观察、 强光手电筒照射
		光泽	光泽基本均匀	
		泛碱、咬色	不允许	
		喷点疏密程度	均匀，不允许连片	
		立面垂直度	5mm	2m靠尺
		表面平整度	5mm	2m靠尺、塞尺
		阴阳角方正	4mm	阴阳角检测尺
		装饰线、分色线直线度	3mm	5m线，钢直尺

观感效果

（1）无开裂渗漏情况；

（2）腻子面层无脱落、起皮；

（3）面层平整、无高低起伏。

3.应注意的质量问题

（1）涂料工程基体或基层的含水率。混凝土和抹灰表面施涂水性和乳胶漆时，含水率不得大于10%。

（2）涂料工程使用腻子。应坚实牢固，不得粉化、起皮和裂纹。有防水要求的部位，应使用具有耐水性能的腻子。

（3）透底。产生原因为漆膜过薄，因此刷涂料时除应注意不漏刷外，还应保持涂料乳胶漆稠度，不可加水过多。

（4）接槎明显。涂刷时要上下刷顺，后一排笔紧接前一排笔，若间隔时间稍长，就容易看出明显接头，因此大面积涂刷时，应配足人员，互相衔接。

（5）刷纹明显。涂料（乳胶漆）稠度要适中，排笔蘸涂料量要适当，多理多顺，防止刷纹过大。

（6）分色线不齐。施工前应认真画好粉线，刷分色线时要靠放直尺，用力均，起落要轻，排笔蘸量要适当，从左向右刷。

（7）涂刷带颜色涂料。配料要合适，保证每间或每个独立面和每遍都用同一批涂料，并宜一次用完，确保颜色一致。

任务 5.2.5　地下车库喷涂机器人安全事项

1.安全生产制度（同任务 4.2.5 中的"安全生产制度"）

2.机器施工具体注意事项

（1）作业人员安全防护要求

作业人员进入作业区域应穿戴安全帽、劳保鞋、反光衣；喷涂作业时应佩戴防护口罩，必要时佩戴护目镜，维护保养作业时应穿戴手套。

（2）场地围护安全要求

机器人施工作业时，作业场地周围须用警示带进行围护，并贴上警示标语。

（3）用电安全注意事项

1）自觉遵守机器人工作场地用电规章制度，用电要申请，安装、修理找电工，严禁私拉乱接用电设备，用电设备必须安装漏电保护器。

2）机器人开机之前需要检测线缆是否有短路、断路，线缆破损等情况。

3）不可私自更改机器人线路的连接，出现线缆接头脱落、短路，线缆破损等情况请联系专业人员进行处理。

4）电池充放电时应明确区分充电、放电接头，电池接头应连接牢固，无松动。

5）备用电池应该放入换电池小车，禁止电池接地，充电时必须有人员在场看护。

（4）运输安全注意事项及保障

1）机器人内部所有可动部件（升降机构、底盘轮系）均应固定。

2）机器人在包装时应对设备给予机械、物理或化学保护。

① 机械保护。应考虑运输和储存时堆垛、装卸引起的各种应力，对于易碎结构可能会发生的碰撞及振动，应对设备包装进行相应的减震及防摔保护；

② 物理或化学保护。为避免设备或材料受有害介质如凝结水、含盐空气、灰尘等的侵害，应对设备进行表面涂漆并保持干燥或增加防护罩等保护。

3）通过楔定和固定办法对机器人保护，机器人必须在三个方向上予以楔定。

4）机器人包装时，如有必要，应通过悬吊或阻尼装置使设备和其他包装箱隔离开，以达到防震和防撞击目的。

5）吊装作业，使用满足要求的吊具，并对吊具进行检查；吊装作业前，须检查吊环是否损坏、吊环与设备连接是否可靠，吊挂是否平衡，须卸载机器人电池，严禁带电池吊装；同时确认机器人柜门、升降机构、底盘轮系等可动部件均被可靠固定，严禁非牢固固定情况下对机器人进行吊装；吊装作业过程中，机器人严禁与其他物品发生碰撞，同时需轻拿轻放；其余安全要求及注意事项按照《特殊安全作业规范》GB 30871—2014 及《建筑施工安全技术统一规范》GB 50870—2013 执行。

6）人工进行场内运输时须走满足机器人性能要求的路径，禁止强行越障、越沟及涉水行驶，严禁在坡度大于 10° 的坡道行驶。

（5）机器人作业过程安全注意事项

1）机器人作业过程中优先使用平板等设备远程操作，所有现场人员由一人统一指挥，机器人只能由一人操作。

2）机器人作业过程中，严禁人员站在设备正前方（末端喷涂系统侧），其余方向应离设备 1.5m 之外。

（6）机器人拆装维护安全注意事项

1）机器人带电维护。维护之前，须先确保管路系统中无压力，人员不能站在设备正前方，维护中及维护后机器人所有操作由一人操作且操作前进行安全确认。

2）机器人断电维护。维护之前，须先确保管路系统中无压力，确保机器人电源关闭，机器人维护后上电及后续操作由一人操作且操作之前进行安全确认。

3）机器人维护和拆装过程中，维护人员须额外佩戴手套（劳保棉线手套），防止手部划伤等。

4）机器人维护或拆装完成后，需确保管路无破损、管路接头拧紧无松动、电路正常后方能再次上电。

3. 其他安全注意事项

1）机器人运转过程中出现异响、振动、异味或其他异常现象，必须立即停止机器人，及时通知维修人员进行维修，严禁私自拆卸、维修设备。

2）机器人维护过程中需悬挂相应警示牌。

3）如需要手动控制机器人时，应确保机器人动作范围内无任何人员或障碍物，应预先识别机器人运行轨迹并将移动速度由慢到快逐渐调整，进行转向时一定要降低速度到安全范围之内，避免速度突然变快打破机器人稳定状态。

4）严禁任何人员对机器人进行野蛮操作，严禁强制按压、推拉各执行机构，不允许使用工具敲打、撞击机器人。

5）操作过程中，不得随意修改机器人各运行参数，严禁无关人员触动控制按钮。

6）当机器人着火时，迅速断电，然后使用灭火器灭火，优先使用二氧化碳灭火器，也可使用干粉灭火器。

7）机器人作业完成，须将机器人清洁干净，存放于阴凉干燥专用仓库，并用遮阳布覆盖，严禁太阳光直射。

8）机器人长时间不作业，必须卸载电池，并用遮阳布覆盖，机器人和电池须单独存放于阴凉干燥的专用区域，严禁机器人带电池长时间存放。

9）机器人电池长时间存放时，须确保电池处于满电状态，每月对电池电量进行检查，防止电池因自身放电特性而导致电池过放电而无法启动。

10）机器或工地中一些常见安全标识，需按标识指示执行，见表4-14。

任务 5.2.6　喷涂机器人维修保养

2.4m 地下车库喷涂机器人维修保养包括日常维护和定期维护，作业人员应对照维护项目开展对机器人维修保养工作，保障机器寿命和运行正常。

1. 喷涂机器人日常维护

为保障 2.4m 地下车库喷涂机器人的正常使用及安全，机器人作业前后，需对机器人关键部位做日常的维保和点检，内容见表 5-10。

机器人日常维护点检表　　　　　　　　　　　　　　　　　表5-10

序号	点检部位	点检项目	方法	点检阶段	注意事项
1	管路	检查管路是否破损 检查接头是否连接牢固	目视	开机前	
2	末端喷涂机构喷枪	喷枪固定是否牢固 喷枪是否处于关枪状态	目视	开机前	

续表

序号	点检部位	点检项目	方法	点检阶段	注意事项
3	喷嘴	喷嘴型号是否正确 喷嘴安装是否正确	目视	开机前	
4	油泵	检查压力调节旋钮是否调到最大 检查液压油高度是否在允许范围内	操作目视	开机前	
5	柱塞泵	滴入分离油（2～3滴）	操作	开机前	
6	手动阀	手动阀是否按照要求开闭	操作目视	开机前	
7	急停按钮 安全触边	检查是否能正常工作	操作	作业前	在平坦地面测试
8	泄压回流喷枪	能否正常开闭	操作	作业前	不能打开前端喷枪
9	末端喷涂机构喷枪	喷枪能否正常开闭	操作目视	作业前	前端不能有人

2. 喷涂机器人定期维护

（1）液压油与过滤器

每 6～12 个月更换一次液压油过滤器。日常需要注意液压油位检测，此操作必须在设备关机、管路中无压力情况下进行。如图 5-16 所示，并注意如下几点：

1）防止水、污油或杂质进入；

2）防止空气进入；

3）使用指定液压油（TITAN Hydraulic Oil 或液压油 /3.78L/ 瓦格纳尔 /430361），如图 5-17 所示；

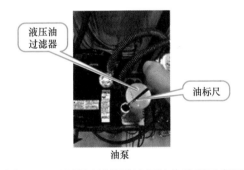

图 5-16 油泵过滤器及液压油位检测示意图

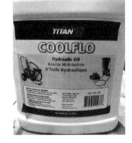

图 5-17 液压油铭牌

4）防止液压油过热；

5）防止压力过大。

（2）柱塞泵料仓及过滤器滤芯

连续使用 1 周需要对柱塞泵料仓及过滤器、滤芯清洁一次，柱塞泵料仓如图 5-18 所示。

柱塞泵料仓及过滤器滤芯的清洗操作必须在机器人关机且管路中无压力的情况下进行，柱塞泵料仓拆卸如图 5-19 所示。

图 5-18 柱塞泵料仓结构示意图

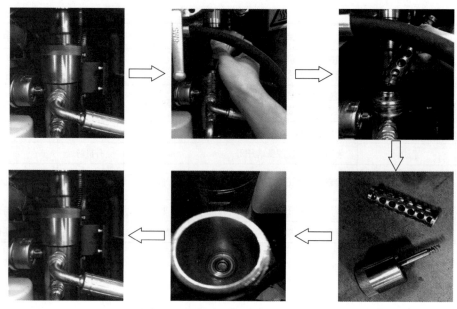

图 5-19　柱塞泵料仓拆卸示意图

1）逆时针旋送料仓盖，并向上取出；

2）向上提出过滤器滤芯；

3）对料仓盖、过滤器滤芯进行清洗；

4）检查料仓，并对料仓进行清洗；

5）检查清洗完毕后将柱塞泵料仓还原安装。

3. 喷涂机器人常见故障及处理

2.4m 地下车库喷涂机器人常见故障及处理方法见表 5-11。

表5-11

地下车库（2.4m）喷涂机器人常见故障及处理方法

序号	常见故障	处理方法
1	导航故障报警	1. 将灰尘清理干净 2. 检查导航线缆等其他硬件问题
2	电机故障	1. 确定机器是否上电，上电后，使用平板"底盘故障复位"功能 2. 如未能解决，应及时联系维保工程师
3	遇到障碍物	1. 打开避障雷达保护罩 2. 清除机器周围其他物料等
4	定位失败/机器人自动作业路线偏移	1. 打开激光雷达保护罩 2. APP进行对图操作 3. 核对BIM地图是否使用正确 4. 核对作业现场和建筑图纸是否存在较大偏差
5	停障功能已关闭	根据实际需求打开或关闭"停障使能"
6	PLC与TX2通信故障	更换路由器或者网线

续表

序号	常见故障	处理方法
7	腻子管路错误	打开机器左侧门，关闭油漆管路的阀门，打开腻子管路的阀门
8	油漆管路错误	打开机器左侧门，打开油漆管路的阀门，关闭腻子管路的阀门
9	翻盖电机故障或升降电机故障或俯仰电机故障	确保机器处于上电状态，操作机身右侧的复位按钮，或者APP"上装控制"页面里的"复位"按钮
10	在喷涂作业中出现喷涂扇面变小或无涂料喷出	1. 查看APP液压显示是否为25MPa，若不是该压力值则尝试如下操作： （1）泵体总装油泵压力旋钮顺时针旋到最大 （2）检查液压油油位 2. 清洗管路、喷嘴，必要时进行更换 3. 料桶中加入腻子或墙面漆

小结

本项目针对地下车库、办公楼、商场、工厂等建筑的平面墙、顶棚和立柱的底漆和面漆喷涂的机器人施工工艺和传统施工工艺进行了对比，并对机器人主要施工操作、保养和常见事故进行了详解。

新的施工工艺，现行的规范及标准，地下车库（2.4m）喷涂机器人施工质量控制及参照标准按《建筑装饰装修工程质量验收标准》GB 50210—2018、《建筑工程施工质量验收统一标准》GB 50300—2013 中的主控项目质量和一般项目质量对应执行。

巩固练习

一、单项选择题

1. 地下车库（2.4m）喷涂机器人最大爬坡坡度为（　　）。

A. 6°　　　　　　B. 7°　　　　　　C. 8°　　　　　　D. 10°

2. 喷涂顶棚和立面时喷嘴距离墙面距离一般为（　　），机身距离墙面的安全距离一般为（　　）。

A. 400mm；100mm　　　　　　　　B. 500mm；150mm

C. 600mm；100mm　　　　　　　　D. 700mm；150mm

3. 地下车库（2.4m）喷涂机器人最大喷涂高度为（　　），整机重量为（　　）。

A. 2.4m；800kg　　　　　　　　　B. 2.4m；900kg

C. 3.2m；300kg　　　　　　　　　D. 3.2m；350kg

4. 电池的电量低于（　　）时，涂料低于（　　）kg，控制系统输出报警。

A. 10%；3　　　B. 20%；3　　　C. 10%；5　　　D. 20%；5

5. 地下车库（2.4m）喷涂机器人样机整机尺寸为（　　）。

A. 1300mm×950mm×1785mm   B. 1050mm×950mm×1785mm

C. 1700mm×1050mm×1800mm   D. 1050mm×690mm×1780mm

二、多项选择题

1. 机器操作人员、维护人员必须经过（   ）后，才能对机器人进行操作、维护和维修。

A. 正规的机器人操作培训   B. 考核合格

C. 安全培训   D. 机器人理论知识培训

2. 禁止（   ）操作、维护机器人，以免对该人员和机器人设备造成严重损害。

A. 非专业人员   B. 未经申请人员

C. 非本公司人员   D. 培训未合格人员

3. 严禁（   ）等上岗。

A. 喝酒以后   B. 过于疲劳

C. 服用精神类药物   D. 身体感到不适

4. 操作设备前必须按要求穿戴好（   ）等劳动保护用品，操作前应熟读机器人操作手册，并认真遵守。

A. 安全帽   B. 反光衣   C. 劳保鞋   D. 专业防毒面具

5. 检查供电电池线路及接头、电机动力线缆、编码器线缆、抱闸线缆、各传感器线缆（包括光电开关及行程开关等）状态，存在（   ）等现象严禁开机。

A. 线路破损、老化   B. 线路接头松动

C. 线路积尘   D. 线路标识不清晰

三、判断题

1. 当设备出现上电异常时，可以重复掉电、上电操作，立即检查并报备相关负责人、技术人员。   （   ）

2. 检查电控柜内状态，存在杂物、积灰、浸液等异常严禁开机，严禁在电控柜内放置配件、工具、杂物、安全帽等，以免影响到部分线路，造成设备的异常。   （   ）

3. 设备上可以放置与作业无关物品，禁止作业现场堆放影响机器人安全运行的物品，禁止任何人在机器人作业范围内停留。   （   ）

4. 机器人在运动时会携带巨大的能力，当发生碰撞时，会对其工作范围内的人员和设备造成严重的伤害/损害。所以在作业过程中必须谨慎靠近机器人。   （   ）

5. 检查急停按钮可操作性及急停功能是否完好，如有异常严禁启动设备。   （   ）

四、论述题

简述 2.4m 地下车库喷涂机器人施工的工艺流程。

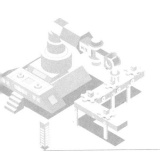

项目 6 地坪研磨机器人 >>>

【知识要点】

通过本项目学习地坪研磨机器人结构、功能、机器人地坪研磨施工及操作流程，熟悉地坪研磨机的施工、质量标准；了解地坪研磨机器人维修保养，常见故障及处理办法及安全技术要求。

重点：地坪研磨机器人施工、质量标准。

难点：地坪研磨机器人施工。

【能力要求】

通过本项目的学习和训练，在技术技能方面应达到下面要求：

1. 具有操作地坪研磨机器人，进行施工作业的能力；

2. 具有边角收口人工研磨施工操作的能力；

3. 具有施工质量验收标准的能力；

4. 具有正确判定常见机器故障，并进行简单检修的能力。

单元 6.1 地坪研磨机器人性能

任务 6.1.1 地坪研磨机器概述与功能

1. 地坪研磨机器人概述

地坪研磨
机器人

在经济全球化的 21 世纪，随着我国建筑行业的迅速发展，原传统密集型劳动作业方式已经不再适应发展的需求，建筑机械设备一体化、智能化、自动化必将成为时代主流。

地坪研磨机器人是在地坪研磨机基础上研发出的机器设备。能完成地下车库、室内厂房地坪的自动打磨，对地坪进行研磨找平处理，对基层局部进行平整度维修，去除地坪地表面浮浆，将研磨过程产出的沙尘收进后方的集尘袋中，解决了传统作业现场里灰尘弥漫的问题，为地坪表面后续工序施工提供了平整地坪条件的一款建筑机器人设备，是做地坪工程处理的重要设备之一。

2. 地坪研磨机器人功能

地坪研磨机是由研磨电机、吸尘电机、多功能吸磨一体打磨机构成。施工时可边打磨边吸尘，工作达到无尘效果；能有效打磨地坪表面，使后续装饰材料和地面粘接度提高，同时保证地面平整。

地坪研磨机器人主要功能是去除混凝土表面浮浆、打磨抛光地面，可广泛应用于地下车库、室内厂房环氧地坪、固化地坪、金刚砂地坪施工。强大的自动功能更适合地下室车库、厂房大空间地坪施工环境。其研磨吸尘一体功能改善了传统施工作业环境。如图 6-1 所示。

地坪研磨机器人功能包括：

（1）自动定位与导航。地下室车库、厂房大空间地坪施工环境，地坪研磨机器人能够在设定线路，完成自动定位与导航全自动过程。

（2）全自动研磨。地坪研磨机器人在地下室车库、厂房大空间地坪研磨过程中，能够按照设定全自动研磨。地下停车库场地复杂、承重柱较多，依靠避障系统，机器人无需人工干预即可灵活地绕开柱子和现场工人，完成自动转向，研磨工作。

（3）远程断电保护。地坪研磨机器人在地坪研磨过程中，遇到机器故障或场地超出机器人设置故障时，根据机器人设置实现远程断电保护。

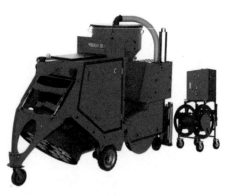

图 6-1 地坪研磨机器人

（4）大范围作业。地坪研磨机器人在地下室车库、厂房大空间地坪研磨中更能显示其优势。以 1000m² 施工面积计算，传统施工需要 3～4 名工人连续工作 8h 才能完成，但采用地坪研磨机器人只需要 1 个人，7h 即可完工，效率提升近 3 倍。

（5）便捷转场。地坪研磨机器人身高 1.7m，建筑产业工人在平板电脑上一键下发指令，机器人便立即开启自主移动，自主在同一项目乘坐施工电梯转场，如图 6-2 所示。

（6）自动吸尘集尘、抑制扬尘、尘满保护。地坪研磨机器人是一种吸磨一体研磨机，可以边打磨边吸尘。它能有效吸取打磨地面产生的尘屑，让施工环境可以达到无尘，如图 6-3 所示。

图 6-2 地坪研磨机器人转场

（7）自动放线、过放保护。地坪研磨机器人可依据 BIM 模型实现自动寻径，并将 BIM 模型与现场坐标系进行智能匹配，选择最佳坐标对房间信息进行全方位测量；机器人可在施工现场根据模型进行放样或复核，并设置过放保护临界。

(a)

(b)

图 6-3 地坪研磨机器人吸尘设备

（a）吸尘管；（b）沙尘箱

（8）自动停障。地坪研磨机器人在地坪研磨过程中，根据机器人设置实现自动停障，工作效率大为提高，是传统研磨机效率的 4 倍。

（9）技术参数。地坪研磨机器人适用于环氧地坪研磨、中涂砂浆研磨、固化地坪研磨等地坪工程。其技术参数详见表 6-1。

地坪研磨机器人功能、性能概况表   表6-1

功能概况		性能概况	
适用范围	适用于公寓、住宅、办公楼等场景地下车库地面研磨施工	机身自重	700kg
		移动速度	≥25m/min
		设备尺寸	设备尺寸1900mm×1600mm×800mm

续表

功能概况		性能概况	
施工质量	混凝土墙面，表面平整度：5mm/2m	工作面积	800mm
		研磨效率	粗磨：≥150m²/h 中磨：≥100m²/h 细磨：≥50m²/h
	混凝土墙面，立面垂直度：5mm/2m	最大爬坡能力	10°
施工条件	墙面干净且大致平整，无坑洼、孔洞，严禁残留拉片、螺栓等金属突起物	最大越障能力	30mm（垂直方向）
	墙面水平度≤5mm	最大越沟能力	50mm
	顶板水平度极差≤5mm，高低差<10mm	定位精度	±50mm
运行模式	自动/手动	工作温度	0~40℃
		续航时间	2h左右

（10）机器人控制。地坪研磨机器人作业可通过机身按键、Pad实现手动控制，也可以通过程序实现自动控制。基于BIM地图，地坪研磨机器人能够智能规划施工路径、合理划分施工区域、施工顺序。同时地坪研磨机器人利用二维激光雷达进行水平面扫描，对墙、柱等建筑构件定位并控制底盘按照规划路径及姿态移动，能够实现施工效率最大化。

地坪研磨机器人面板由左电箱和右电箱面板按键组成，如图6-4所示，具体功能见表6-2。

图6-4 地坪研磨机器人面板

地坪研磨机器人面板按键功能
表6-2

位置	类型	名称	操作方式	说明
右电箱左一	红色蘑菇头按钮	急停	1. 用力拍下可使蘑菇头锁定在固定位置 2. 顺时针旋转松开急停，蘑菇头弹起	拍下急停可停止行走、停止打磨电机、吸尘器、卷线机、升降磨盘的工作
右电箱左二	红色按钮	待机	按下听到发出反馈声音即可松开	可控制三色灯熄灭，即机器进入待机状态
右电箱左三	绿色按钮	就绪	按下听到发出反馈声音即可松开	1. 可使机器上电； 2. 可控制三色灯变为绿色，即机器进入就绪状态
右电箱左四	自复位旋钮	磨盘升/磨盘降	1. 逆时针旋转则控制磨盘往上升，松开磨盘不动作 2. 顺时针旋转则控制磨盘往上升，松开磨盘不动作	1. 自复位旋钮，松开旋钮会自动回到中间位置； 2. 拍下急停时此旋钮无法控制磨盘升降

续表

位置	类型	名称	操作方式	说明
右电箱左五	自锁带灯按钮	电源按钮	1. 按下按钮锁住，指示灯变为绿色 2. 在没有交流电供电的情况下，弹起按钮，指示灯灭	自锁带灯按钮，指示灯亮则表示机器有电
左电箱	红色蘑菇头按钮	急停	1. 用力拍下可使蘑菇头锁定在固定位置 2. 顺时针旋转松开急停，蘑菇头弹起	拍下急停可停止行走、停止打磨电机、吸尘器、卷线机、升降磨盘的工作

任务 6.1.2 地坪研磨机器人结构

1. 传统地坪研磨机的主要构造

传统地坪研磨机是由电动机、变速机构、传动机构、动力机构、操纵机构、电气结构组成，如图 6-5 所示。

目前国内外的地坪研磨机，大部分都是行星齿轮变速的，也有部分是皮带或齿轮传动变速的。

2. 地坪研磨机器人机架总成

机架总成（图 6-6）主要由报警灯、导航激光雷达和右电箱等组成。

图 6-5 传统地坪研磨机

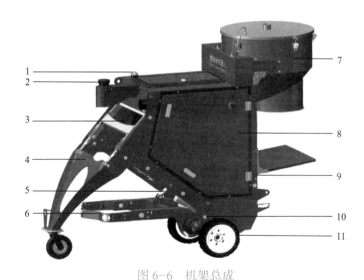

图 6-6 机架总成

1—报警灯；2—导航激光雷达；3—右电箱；4—前支撑脚；5—电动推杆；6—提升架；
7—吸尘器；8—左电箱；9—主机架；10—电缸转轴；11—驱动轮

3. 研磨盘总成

研磨盘总成主要由电机、防尘罩和吸尘管接头等组成，采用 380V 的 15kW 三相异步电动机提供研磨作业的动力。磨头或磨片安装在转换板上，每套研磨盘总成可安装 16 片磨头或磨片，用于研磨作业。如图 6-7 所示。研磨作业时防护壳扣合在地面上，提供相对

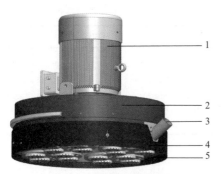

图 6-7　研磨盘总成结构

1—电机；2—防尘罩；3—吸尘管接头；
4—防护壳；5—转换板

密闭的环境以利于吸尘器吸取灰尘。

4. 电缆卷盘

电缆卷盘主要由消声器、箱体、电箱和滚筒等组成，如图 6-8 所示。

任务 6.1.3　地坪研磨机器人特点

1. 传统工艺痛点

传统研磨现场施工操作示例，如图 6-9 所示。

2. 地坪研磨机器人施工优点

地坪研磨机器人广泛应用于地下车库、室内厂房的环氧地坪、固化地坪、金刚砂地坪施工。对于场地比较复杂、承重柱偏多的场所，机器人可凭借智能避障系统灵活地绕开柱子和现场工人，完成自动转向。粗糙的地面在机器人下方磨盘打磨下变光滑。同时，打磨中产生的灰尘也由机器人自带的吸尘系统收集。机器人设置可满足不同环境的施工要求，也保障了施工现场人员的身体健康。

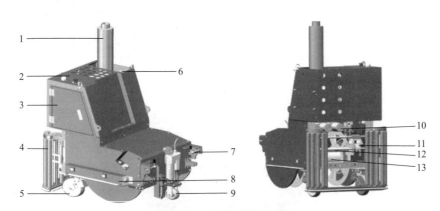

图 6-8　线缆卷盘结构

1—消声器；2—箱体；3—电箱；4—滚筒；5—减震万向轮；6—漩涡风机；7—连接销；
8—航空插头；9—前轮；10—减速电机；11—排线器；12—往复丝杆；13—电缆卷线筒

① 环境恶劣　② 效率低下　③ 质量不稳定　④ 安全隐患

图 6-9　传统工艺痛点

地坪研磨机器人有效解决现有的作业模式：研磨扬尘大、施工现场环境恶劣、劳动强度高、质量和效率低下、研磨作业完成后还需要人工清扫灰尘等痛点问题。

单元 6.2 地坪研磨机器人施工

任务 6.2.1 地坪研磨机器人施工准备

1. 场地条件

（1）需确保地坪研磨机器人可以通过室内公共区域等狭小空间，可施工户型面积最小值为 9m²；

（2）进出通道和工作区域内，坡度≤10°，缝隙宽度≤50mm，若不满足条件需铺设木板或钢板等材料辅助行进；

（3）安装地坪研磨机器人专用配电箱，连接供电线缆；

（4）基层满足施工要求，地面平整度≤8mm，局部凸起浮浆块高低差≤5mm，找平层的强度满足研磨标准；

（5）场地地面要求干净无杂物、干燥、不潮湿、平整、无空洞、无凹陷、无积水、无明灰、无顶棚渗漏水；

（6）现场需要配置照明灯带、场地围挡、场地标识牌、通风良好，且取水方便等；

（7）施工场地混凝土地面强度需达到 C25 及以上，且不高于 C35，且强度均匀；

（8）地面无外露的钢筋头、无大面积高硬度且高于 5mm 厚的混凝土凸起块，若有则提前处理掉；

（9）对施工场地的存在的高低差地面，如后浇带、两次浇筑接合缝等，需要提前处理平整；

（10）施工场地坑洼地面，需要提前处理平整；

（11）施工场地边缘周围 100m 范围内必须配有 380V 二级配电箱或配电房，能稳定输出不小于 23kVA 电能，且断路器开关电流容量不低于 50A；

（12）施工的场地墙、柱、顶面油漆已经喷涂完毕，避免污染成品地面。

2. 工序条件

（1）基层清理干净，无空洞、无凹陷、无外漏钢筋及特殊坚硬凸物。

（2）地坪研磨机器人完成空跑测试。

3. 地坪研磨机器人进场路径

施工场地具备地坪研磨机器人行走进入的通道；且通道能够满足地坪研磨机器人的尺寸、转弯半径以及越沟、越障、爬坡能力等要求；遥控地坪研磨机器人进场。无地坪研磨机器人进出场地的通道，可使用塔式起重机或者轮式起重机辅助地坪研磨机器人入场。

4. 施工设备准备

地坪研磨机器人施工设备见表 6-3。

表6-3

地坪研磨机器人施工设备一览表

序号	名称	类型	功能	备注
1	金刚石铁磨头	耗材	粗磨地面	30号 60号 120号
2	树脂磨片	耗材	研磨地面	50号 100号 200号 400号 800号 1500号 3000号
3	磨片安装板	耗材	转接磨片	用于安装磨片到磨盘上
4	集尘袋	耗材	吸尘器接装灰尘	
5	扫帚	工具	扫灰	
6	尘推	工具	拖匀固化剂	
7	大水桶	工具	固化剂兑水搅拌	
8	卷线器	工具	工地电源	
9	电镐	工具	混凝土块去除工具	
10	角磨机	工具	钢筋头切除	
11	铁锹	工具	铲灰	
12	斗车	工具	运灰	
13	推水器	工具	推灰	
14	泥桶	工具	调配修补砂浆	
15	镘刀	工具	修补地面	
16	修边机	工具	墙角柱边研磨	
17	保护薄膜	工具	用于防护成品墙柱面	

5. 人员准备

地坪研磨机器人作业班组、现场管理及辅助人员就位。

地坪研磨机器人施工班组、现场管理及辅助人员见表6-4。

表6-4

地坪研磨机器人施工班组、现场管理及辅助人员一览表

序号	人员	数量	用途
1	现场施工员	1	现场统筹
2	机器人操作人员	2	操作机器人施工及协助施工工作
3	机器人作业保障人员	1	及时维护机器工作

注：本表参考抹平机器人施工班组及现场管理及辅助人员配置。

6. 技术准备

（1）BIM路径制作。BIM路径是地坪研磨机器人自动研磨作业的线路，在激光雷达定位识别下，地坪研磨机器人会沿着设定的路径进行研磨作业。

1）从工程的甲方获取要施工的地下车库或室内厂房建筑图纸，并在图纸上标识具体打磨区域、起点位置、打磨方向等信息，移交给负责BIM路径制作的人员。

2）按照需求，制作BIM路径、地图下发到地坪研磨机器人。

（2）施工前对作业班组进行本次作业安全和分项技术交底、落实签名手续。

任务 6.2.2　地坪研磨机器人施工工艺

1. 施工流程

环氧地坪研磨、金刚砂地坪研磨、固化地坪研磨等分项工程施工流程，如图 6-10 所示。

1.BIM路径　　　2.地坪研磨机器人进场　　3.前置条件处理　　4.自动研磨

5.遥控打磨　　　6.边角打磨　　　7.地面修补

> 更换不同目数的磨头/磨片重复上述4、5、6打磨步骤至施工完成

图 6-10　地坪研磨机器人施工流程

2. 地坪基面粗磨

（1）地坪研磨粗磨时，由专业研磨机配金属磨头 30#、60#、120# 依次进行横竖向交叉粗磨整平。粗磨过程中，可用清水进行地面湿润，提高研磨切削效果。研磨盘转速 800～1200rpm，前进行走速度 0.06～0.08m/s，不宜过高。对基面平整度要求高，可在粗磨 60# 后，采用洒水方式确认基面局部的高低。待水干涸后，标记出基面发白处范围为高处，用小型研磨机进行研磨处理。

（2）基面粗磨完成后，若基面出现大量孔洞及脚印，需进行孔洞修补。对于因起砂造成的小孔洞，可在基面均匀喷洒一层修补液及修补砂浆，然后利用 120# 金属磨头进行研磨修补；对于脚印等大孔洞，需利用角磨机配合切割片，将大孔洞范围方形切割 5mm 深，用电镐等工具去掉切割范围内的混凝土，用修补砂浆与水的混合物倒入坑内填满，施压抹平。应确保修补砂浆高于基面，便于干涸后与基面打磨平整。

（3）粗磨及孔洞修补完成后，换上 50# 树脂干磨片，对基面进行整体研磨。横竖向交叉研磨，不要漏磨，避开大孔洞修补位置。研磨过程中，可用清水进行地面湿润。研磨盘转速 1200～1500rpm，前进行走速度 0.1～0.12m/s。需保持行进，不可停留。

（4）喷涂固化剂。基面 50# 研磨完毕后，将基面清洁干净，保持干燥。用混凝土密封固化剂材料均匀喷洒于地面（铂金一号固化剂兑水比例 1∶2）。当材料反应 2～4h 后，表面变粘稠时用清水清洗整体基面，将明水全部清除，自然干燥 12h 以上。

3. 地坪基面细磨

（1）待固化剂充分渗入地面、修补孔洞的砂浆充分干燥后，先用角磨机配 50# 树脂干磨片将高出基面的修补砂浆打磨平整。打磨时注意磨片应平贴于基面，使砂浆部分表面与基面高度一致，不可倾斜磨片，避免打磨出新的坑洞。

（2）将研磨机依此换上100#、200#、400#、800#、1500#、3000#树脂干磨片，对基面进行整体研磨。横竖向交叉研磨，不要漏磨。研磨盘转速1450rpm，行进速度0.15～0.2m/s，需持续行进不可停留。

任务 6.2.3　地坪研磨机器人施工要点

1. 地坪研磨机器人施工前检查

（1）开机前检查

1）检查供电主电缆线路及接头、研磨电机动力线缆、卷线器线缆、吸尘器线缆及管道、各传感器线缆状态，存在线路破损、老化、接头松动、积尘等现象严禁开机；

2）检查急停按钮可操作性及急停功能是否完好，如有异常严禁启动设备；

3）检查机器人本体、电控柜箱、卷线器、研磨机构等外部防护装置的完整性，防护设施不完整时严禁开机；

4）检查研磨主电机本体、研磨盘设备功能完整性，研磨机构出现破损、裂纹、断裂现象禁止启动设备；

5）检查电控柜内状态，存在杂物、积灰、浸液等异常严禁开机，严禁在电控柜内放置配件、工具、杂物、安全帽等，以免影响到部分线路，造成设备的异常；

6）检测三相主电源的电源柜的合规性，确认主电源能稳定输出50A以上的AC380V50Hz三相交流电；

7）检查研磨片或研磨头是否按照作业要求更换到位，无缺漏、无松动、无安装不到位等异常。

（2）通电操作。地坪研磨机器人开启前，需进行设备通电，具体操作如下：

1）按下三级配电箱（机器人专用电箱）的开关，如图6-11所示，使其至于ON状态（此时三级配电箱不亮灯）；

2）按下机器人电箱面板上的电源开关，如图6-12所示，该电源开关亮绿灯；

图6-11　机器人专用电箱

图6-12　电源开关

3）按下机器人电箱面板绿色"就绪"按钮。机器面板里亮绿灯、地面三级配电箱电源指示灯亮绿灯；若出现异常断电后，恢复操作见表6-5。

异常断电后恢复操作　　　　　　　　　　　　　　　　表6-5

序号	断电操作	恢复操作STEP1	恢复操作STEP2
1	拍下配电箱的急停	松开配电箱的急停	按机器绿色按钮
2	拍下机器上急停	松开急停	按机器绿色按钮
3	按下APP上急停	在APP上按恢复按钮（控制是否得电）	按机器绿色按钮
4	安全触边被触发（瞬时）	按机器绿色启动按钮	
5	安全触边被触发（撞墙或障碍物难以移开）	在APP上长按"防撞条屏蔽"	进行故障清除，即可移动机器

4）用 Pad 连接并操控机器。

（3）断电操作说明。每次使用完地坪研磨机器人需要先在 APP 上点击关机再关闭总电源。

2. APP 界面操作

使用 APP 操作机器人的距离需要在 5m 范围内。机器状态变为就绪时，使用 APP 操作地坪研磨机器人分为以下步骤：

（1）连接界面。输入地坪研磨机器人 IP 地址；连接地坪研磨机器人 Wi-Fi 并长按"确认"按钮；点击"连接"，稍等片刻进入到登录页面；初次登陆请记得修改初始密码，以保障用户密码安全；如图 6-13 所示。

（2）登录界面。选择需要登录的角色，其中操作员仅可查看或操作与作业相关的数据

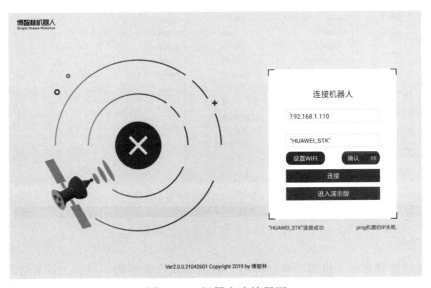

图 6-13　机器人连接界面

信息；调试员除作业操作以外，还可查看调试信息。之后点击"登录"，稍等片刻即可进入主页面；如图6-14所示。

（3）机器人状态界面。查看地坪研磨机器人状态界面，地坪研磨机器人发生故障时，查看本次作业地坪研磨机器人状态信息。地坪研磨机器人会实时上报并显示页面中的相关信息，方便操作人员实时监控机器人的状态数据。同时该界面还可查看上装状态和底盘状态，如图6-15所示。

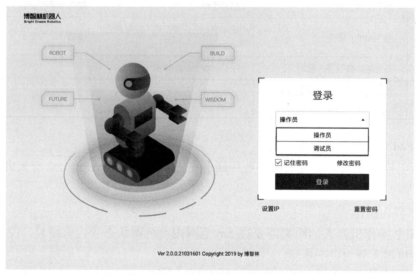

图6-14　登录界面

图6-15　机器信息查看界面

（4）故障报警界面。机器发生故障时，查看本次作业故障信息，如图6-16所示。地坪研磨机器人会实时上报并显示协议定义好的相关故障信息，方便操作人员实时监控地坪

图 6-16 故障报警界面

研磨机器人的故障状态数据。若发生故障时，顶部的故障灯 会亮起；点击右上角的筛选图标，可筛选查看指定类别的故障。

切换到相应页卡下可查看历史作业故障信息，如图 6-17 所示；点击右上角的筛选图标，可筛选查看指定类别的故障。

图 6-17 故障显示界面

（5）上装遥控界面。手动模式 – 模块操作，如图 6-18 和图 6-19 所示。连接登录成功后，切换到该界面使用 APP 遥控各模块运动，进行手动作业或自动作业测试。其中，

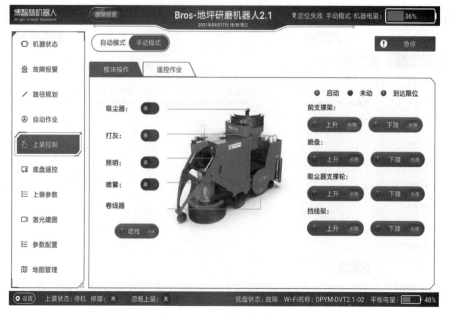

图 6-18　启停控制界面

图 6-19　升降控制界面

启停控制包括吸尘器启停、滤芯清灰启停、照明灯开关、喷雾启停、卷线器启停；升降控制包括前支撑架升降、磨盘升降、卷线支撑轮升降、挡线器升降。操作时需注意前支撑架未降到底时，禁止抬起磨盘。

（6）底盘遥控界面。底盘遥控界面，如图 6-20 所示。连接登录成功，在"底盘遥控"页卡选择手动模式可移动机器位置或控制机器行走。可长按页面中的遥控盘，对机器进行前进、后退、左转、右转的遥控操作；点击"速度设置"可设置机器在手动模式下行走的相应速度。

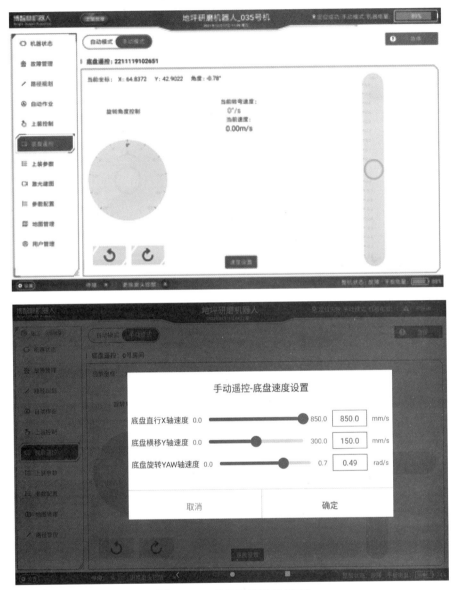

图 6-20 底盘遥控设置界面

（7）路线选择界面。启动自动作业前，需选择并下发对应的路线任务，如图 6-21 所示。其中选择路线任务类型，机器路径（BIM 路线），机器地图中自有的路线任务，本地路线，本地导入平板中的路线任务 Json 文件，导入目录地址，"根目录 /BZL/route"。确定选择好路线后，点击［下发］按钮，将任务路径下发给机器后，可以开始启动任务。路线缩放开关可控制路线站点缩放情况，可定位查看所输入的站点。

（8）对图界面。对图界面如图 6-22 所示。在"自动作业"页卡点击"对图"按钮即可进入该功能页面。首次连接登录机器时或机器选择切换使用新场地的地图后，需要使用该功能进行对图操作进行定位成功后才能正常作业。拖动对图图标，确定机器在地图中的位置和方向后点击"确定"，即可完成一次对图操作，该操作可多次重复进行。

213

装饰工程机器人施工

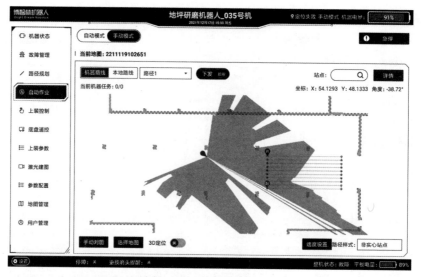

图 6-21　路线选择界面

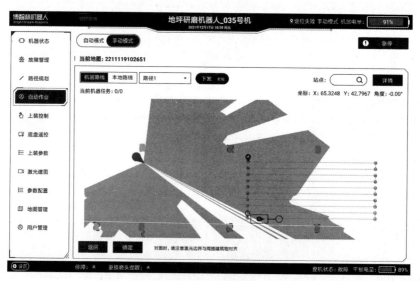

图 6-22　对图界面

（9）自动作业界面。自动作业界面如图 6-23 所示。连接登录成功，检查确保机器中有工作任务，对图定位成功、相应的参数配置正确，切换到自动模式的路线选择页卡下，选择任务路径，点击"启动"并根据提示输入相应的配置信息后，可启动自动作业，机器根据任务地图和路径信息进行自动作业。该界面还可查看当前任务 ID、AGV 当前站点、AGV 总站点。

（10）地图管理界面。地图管理界面，如图 6-24 所示。连接登录成功，在"路线规划"页面点击"地图管理"按钮，进入该功能。该界面显示机器当前存储的地图列表，并标示出了当前使用的地图。点击预览地图，可选择删除地图或使用该张地图。当机器切换到新场地，需选择切换使用新场地的地图。

214

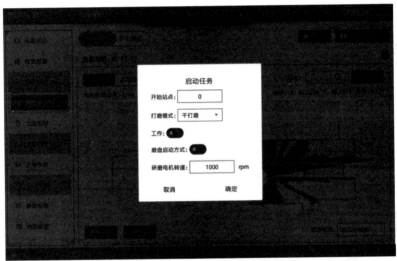

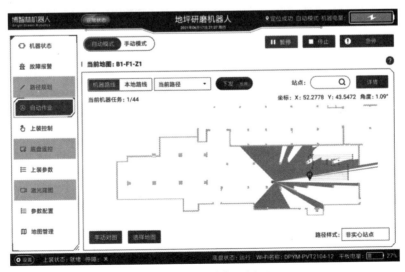

图 6-23 自动作业界面

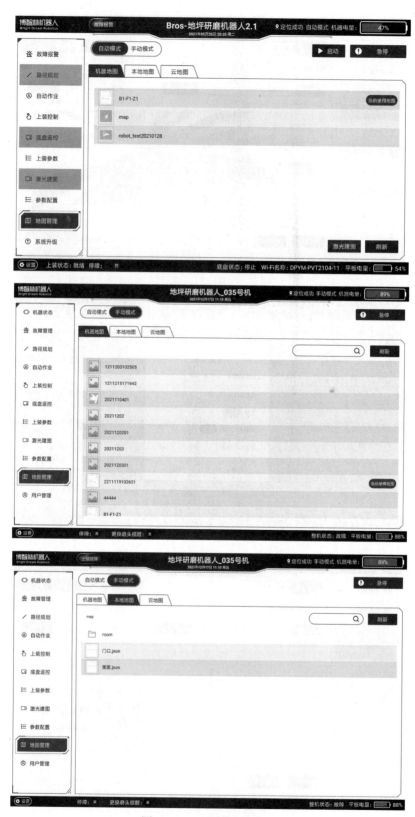

图6-24 地图管理界面

（11）云地图下载界面。云地图下载界面如图 6-25 所示。连接登录成功，在"地图管理"页面点击"云地图"按钮，即可进入该功能页面，此时平板能够连接外网。需要使用 FMS 系统下载新的地图路线任务时需要使用该功能下载，并下发给机器。操作步骤如下：

图 6-25　云地图下载界面

1）下载：选择云地图功能，可筛选选择所需要下载的地图文件，点击"下载"，下载成功后，在已下载列表中可查看已下载的文件。多次下载同一个文件会覆盖保存。

2）下发：在已下载列表中，可删除已下载文件，也可选择下发地图文件给机器进行解析，解析成功后，在地图管理中可查看到新增的地图。

3）可将下载好的地图 Json 文件，放到 BZL/map 目录下，即可使用。

（12）急停界面。急停界面如图 6-26 所示。任意界面下，当发生紧急情况需要急停

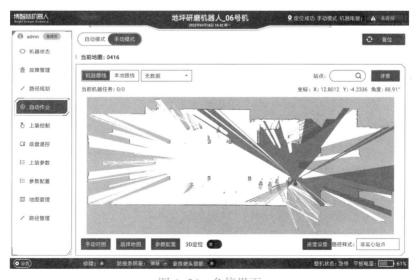

图 6-26　急停界面

装饰工程机器人施工

时，可点击位于右上角的急停按键，则各部件断电（不能移动机器、不能操控各部件），可实现与机器上急停蘑菇头按键一样的急停效果；按下急停后，该位置按键变为"恢复"；点击恢复，则完成重新通电的操作。

（13）停障及防撞条界面。停障及防撞条界面，如图6-27所示。遇到障碍物难以移动机器时，可选择此功能。若机器周边出现难以排除的障碍物，触发避障雷达导致机器不能按照预定路径及方式工作时。可根据情况点击停障开关，当处于关闭状态时，机器上13个避障雷达探头不再起作用。当机器因为撞墙触发防撞条，处于急停状态导致机器不能移动时，可点击防撞条屏蔽开关恢复供电及移动功能，此时应小心控制机器，防止再次撞墙。当机器正常作业时，禁止关闭停障，禁止屏蔽防撞条。

图6-27 停障及防撞条界面

（14）APP设置界面。APP设置界面，如图6-28所示。连接登录成功后点击左下角"设置"按钮，可对APP进行相关设置操作和查看版本信息。如，信息查看：查看版本、用户等基本信息；皮肤切换：选择切换使用皮肤主题，有暗粉、亮分、科技蓝可选；操作：清除缓存：清除缓存的地图文件；同步机器数据：重新获取机器的基本数据信息，例如地图和路径；退出登录。

（15）关机。每次使用完机器应先在APP上点击关机再关闭总电源，方法如下：点击"设置"，选择"远程关机"。等待2min，关闭机器上电源按钮。APP中停障功能默认关闭状态，如图6-29所示，需要打开时请进行以下操作：

1）APP下方的停障开关选择到开启状态（蓝色）。

2）依次选择"参数配置""主控模块""系统监控"，将anticolision_node由0改为1，将开机启动drive_sonar由0改为1。

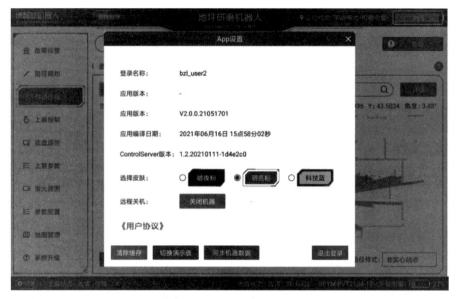

图 6-28　APP 设置界面

图 6-29　APP 中停障功能界面

3）点击"重启所有节点"，重启后测试是否成功打开超声波雷达，确保停障功能无异常。需要关闭停障时请进行以上操作的逆操作，即关闭停障开关，anticolision_node 改为 0，开机启动 drive_sonar 改为 1，重启所有节点。

3. 地坪研磨机器人管理

（1）电缆卷盘分解方法。研磨机与电缆卷盘分解，具体分解步骤如下：

1）取下出气管后操作 Pad，将电缆卷盘前轮放下使其支撑到地面，如图 6-30 所示。

2）分别取下电缆卷盘上的卷盘线缆接头、吸尘器供电接头和主电缆接头，后取下链

图 6-30　电缆卷盘前轮支撑

1—出气管；2—电缆卷盘；3—电缆卷盘前轮；4—研磨机

接在研磨机与电缆卷盘之间的左右两侧的铰链销，如图 6-31 所示。

3）研磨机原位置不动，平移拖出电缆卷盘，如图 6-32 所示。

（2）灰尘袋更换。将灰尘袋套入吸尘筒下筒，用绑带将灰尘袋与吸尘筒下筒绑定，如图 6-33 所示。

（3）磨头／磨片更换。更换磨头／磨片时，必须用安全锁销锁住磨盘提升架，防止磨盘意外掉落。在地坪研磨机器人通电状态下，必须按下机器上的急停按钮方可操作。其具体取出步骤如下：

图 6-31　铰链销、电缆卷盘位置

1—研磨机；2—铰链销；3—电缆卷盘

图 6-32　研磨机与电缆盘分解

1—研磨机；2—电缆卷盘

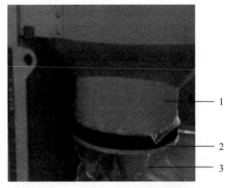

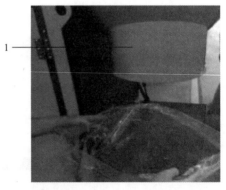

图 6-33　灰尘袋更换

1—吸尘器下筒；2—绑带；3—灰尘袋

1）向"磨盘升"方向旋转磨盘升降按钮，将磨盘抬升到最高位置，如图 6-34 所示。

2）将安全锁销插入研磨机机架与磨盘提升架的安全锁孔内，防止磨盘意外掉落，如图 6-35 所示。

3）安全锁销同时穿过研磨机的安全孔和磨盘提升架的 U 形孔，即为有效锁住磨盘，如图 6-36 所示。

4）用一字螺丝刀插入磨盘边沿的缺口，将磨头撬下，如图 6-37 所示。

图 6-34 磨盘抬升

1—磨盘升降按钮；2—磨盘

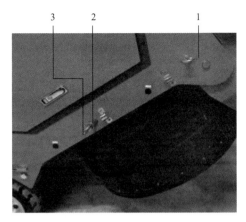

图 6-35 安全锁销

1—研磨机；2—安全锁孔；3—安全锁销

图 6-36 磨盘固定

1—安全锁销；2—U形孔；3—磨盘提升架

图 6-37 磨盘拆卸

1—磨盘边沿的缺口；2—磨头；3—螺丝刀

5）手动旋转磨头固定板，使下一个待拆卸的磨头靠近自己，重复步骤4）和5）依次取下 16 个磨头。

6）安装磨头前，应清洁磨头上的铁屑、灰尘等异物，防止影响磨头与磨头固定板的磁吸效果。且固定安全锁销，防止磨盘意外掉落。之后将磨头的 3 个圆柱孔分别对准磨头固定板的 3 根圆柱，贴上磨头，如图 6-38 所示。手动旋转磨头固定板，使下一个磨头待

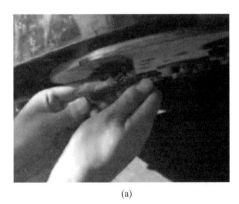

(a)

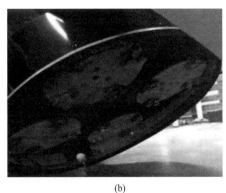

(b)

图 6-38 磨头安装

（a）磨头固定板；（b）磨头

图 6-39　安装盘的安装

安装位置靠近自己，重复上述步骤，直至安装完成 16 个磨头。最后取下安全锁销。

7）安装树脂磨片。安装树脂磨片之前应清洁磨片安装盘上的铁屑、灰尘等异物，防止影响磨片安装盘与磨头固定板的磁吸效果；安装安全锁销，防止磨盘意外掉落。

将磨片安装盘磁吸面的三个圆柱孔分别对准磨头固定板的三根圆柱并贴合，依次完成 16 片磨片安装盘的安装，如图 6-39 所示。将树脂磨片的毛毡面对准磨片安装盘的毛毡面并贴合，如图 6-40 所示。贴合后的树脂磨片与磨片安装盘应同轴；重复上述步骤，依次完成 16 片树脂磨片安装，如图 6-41 所示。

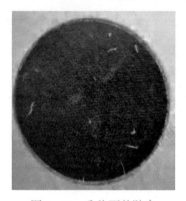

图 6-40　毛毡面并贴合

图 6-41　树脂磨片安装

（4）电缆更换。进行电缆更换作业前，请务必断开电源，防止触电事故发生。具体电缆更换步骤如下：

1）电缆拆卸。采用电动或手拉方式将卷盘中的电缆全部放出或缓慢拉出，防止线缆在卷线盘上打结。人站至电缆卷盘前端，将上封板拆下，并取出电缆连接器外壳拆下旧电缆，如图 6-42 所示。

图 6-42　电缆拆卸

2）新电缆连接。将往复丝杆上的滑块移动至电缆接线侧方向的最极端，如图 6-42 所示。拆掉电缆卷盘模块上封板，然后将待接的电缆一端从往复丝杆上出线口穿过，拉到卷筒接线口附近，按照电缆颜色与对应相序接好电缆：黄 L1 绿 L2 红 L3 蓝 N 黄绿 PE；之后将待接电缆与卷筒出线接头接好并使用电工胶布包裹，防止电芯外露，同时用万用表测量机器人专用电箱输出端与机器人顶部电箱输入端的供电电缆，保证连接正确与可靠，如图 6-43 所示。最后将电缆插头连接供电，启动电缆卷盘，使用收线模式，将电缆卷入筒内，并安装上封板。

图 6-43 新电缆连接

（5）滤芯更换。断开连接在吸尘筒筒盖上的出气管及连接在支架上的电线接头，如图 6-44 所示：松开筒盖上的搭扣并掀开筒盖，断开电线的快接插头。图 6-45 所示：从吸尘筒依次取下筒盖、吸尘器、滤芯等，清理滤芯灰尘。

图 6-44 出气管及支架断开

1—出气管；2—筒盖；3—吸尘筒；4—电线接头；5—支架

4. 修边收口施工

（1）边角打磨。地坪研磨机器人作业的时候，磨盘不能紧贴墙边或柱边进行打磨，否则会触发安全触边，预留离墙或柱 50mm 的安全距离，用人工研磨机或 R400 研磨机进行人工操作研磨机进行边角研磨，如图 6-46 所示。

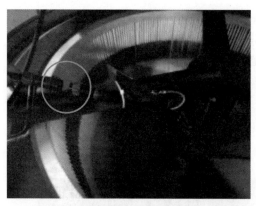

图 6-45　吸尘筒快接插头

图 6-46　边角采用人工打磨

图 6-47　地面修补材料

（2）地面修补。由于混凝土施工和后期养护等一系列的因素，地面可能会存在露筋、坑洞等问题，地坪研磨机器人作业前，需要对地面进行修补，修补材料如图 6-47 所示。保证地坪施工出来的成品地面，平整、美观、好看。

5. 地坪研磨机器人安装、拆卸、转场

（1）地坪研磨机器人功率比较大，需要采用 380V 交流电进行供电作业，在进行研磨的时候，需要将地坪研磨机器人接好供电电缆；撤场时拆卸时，将二级配电箱的电闸拉掉，并拆开链接的线缆接头，如图 6-48 所示。

（2）地坪研磨机器人在同一个工地分区作业转场的时候，可以采用研磨机专用小电箱搭在地坪研磨机器人后面进行近距离转场；跨工区远距离转场的时候，需要将地坪研磨机器人进行拆分成研磨机主体、电缆卷盘、小电箱，一并装车，装上车之后拼接起来，进行运输转场。远距离转场机器人拆分如图 6-49 所示。

工地二级配电箱

研磨机专用电箱

图 6-48　地坪研磨机器人配电设施

研磨机主体　　　　　　　电缆卷盘　　　　　　专用小电箱

图6-49　远距离转场机器人拆分

任务 6.2.4　地坪研磨机器人质量标准

质量标准及验收

（1）允许偏差项目。根据《建筑装饰装修工程质量验收标准》GB 50210—2018、《建筑工程施工质量验收统一标准》GB 50300—2013、《建筑地面工程施工质量验收规范》GB 50209—2010规范，参照整体面层铺设规定，混凝土面层表面、水泥砂浆面层、普通水磨石面层、硬化耐磨面层、自流平面层等整体面层的允许偏差及检验方法应符合表6-6。

整体面层的允许偏差及检验方法　　　　　　　　　　表6-6

项目	允许偏差（mm）			
	水泥混凝土面层	水泥砂浆面层	普通水磨石面层	硬化耐磨面层（水泥铁屑面层）
表面平整度	5	4	3	4
检验方法	用2m靠尺和楔形塞尺检查			

（2）施工质量及验收

1）水泥混凝土面层的施工质量验收标准和检验方法，见表6-7。

水泥混凝土面层工程质量验收标准　　　　　　　　　　表6-7

项目	项次	质量要求	检验方法
主控项目	1	水泥混凝土采用的粗骨料，最大粒径不应大于面层厚度的2/3，细石混凝土面层采用的石子粒径不应大于16mm	观察检查和检查材质合格证明文件及检测报告
	2	面层的强度等级符合设计要求，且水泥混凝土面层强度等级不应小于C20；水泥混凝土垫层兼面层强度等级不应小于C15	检查配合比通知单及检测报告
	3	面层及下一层应结合牢固，无空鼓、裂纹；若空鼓面积时，面积不应大于400m²，且每个自然间不应多于2处	用小锤敲击检查
一般项目	4	面层表面不应有裂纹、脱皮、起砂等缺陷	观察检查
	5	面层表面的坡度应符合设计要求，不得有倒泛水或积水现象	观察和采用泼水或用坡度尺检查
	6	水泥混凝土面层的允许偏差应小于5mm	用2m靠尺和楔形塞尺检查

2）水泥砂浆面层的施工质量验收标准和检验方法，见表6-8。

水泥砂浆面层工程质量验收标准 表6-8

项目	项次	质量要求	检验方法
主控项目	1	水泥采用硅酸盐水泥、普通硅酸盐水泥，其强度等级不应小于32.5，不同品种、不同强度等级的水泥严禁混用；砂应为中粗砂，当采用石屑时，其粒径应为1~5mm，且含泥量应不大于3%	观察检查和检查材质合格证明文件及检测报告
	2	水泥砂浆面层的体积比（强度等级）必须符合设计要求；且体积比应为1：2，强度等级应不小于M15	检查配合比通知单及检测报告
	3	面层及下一层应结合牢固，无空鼓、裂纹；若空鼓面积时，面积不应大于400m²，且每个自然间不应多于2处	用小锤敲击检查
一般项目	4	面层表面不应有裂纹、脱皮、起砂等缺陷	观察检查
	5	面层表面的坡度应符合设计要求，不得有倒泛水和积水现象	观察和采用泼水或用坡度尺检查
	6	水泥砂浆面层的允许偏差应小于4mm	用2m靠尺和楔形塞尺检查

3）水磨石面层的施工质量验收标准和检验方法，见表6-9。

水磨石面层工程质量验收标准 表6-9

项目	项次	质量要求	检验方法
主控项目	1	水磨石面层的石粒，应采用坚硬可磨的白云石、大理石等岩石加工而成，石粒应洁净无杂物，其粒径除特殊要求外应为6~15mm；水泥强度等级不应小于32.5；颜料应采用耐光、耐碱的矿物颜料，不得使用酸性颜料	观察检查和检查材质合格证明文件
	2	水磨石面层拌合料的体积应符合设计要求，且（水泥：石粒）为1：（1.5~2.5）	检查配合比通知单及检测报告
	3	面层与下一层应结合牢固，无空鼓、裂纹；若空鼓面积时，面积不应大于400m²，且每个自然间不应多于2处	用小锤敲击检查
一般项目	4	面层表面应光滑；无明显裂纹、砂眼和磨纹；石粒密实，显露均匀；颜色图案一致，不混色；分隔条牢固、顺直和清晰	观察检查
	5	水磨石面层的允许偏差应小于3mm	用2m靠尺和楔形塞尺检查

4）硬化耐磨面层的施工质量验收标准和检验方法，见表6-10。

硬化耐磨面层（水泥铁屑面层）工程质量验收标准 表6-10

项目	项次	质量要求	检验方法
主控项目	1	水泥强度等级不应小于32.5；铁屑的粒径应为1~5mm；铁屑中不应有其他杂质，使用前应去油去锈，冲洗干净并干燥	观察检查和检查材质合格证明文件
	2	面层和结合层的强度等级必须符合设计要求，且面层抗压强度应≥40MPa；结合层体积比为1：2（相应强度等级不应小于M15）	检查配合比通知单及检测报告
	3	面层与下一层应结合牢固，无空鼓、裂纹；	用小锤敲击检查
一般项目	4	面层表面的坡度应符合设计要求	用坡度尺检查
	5	面层表面不应有裂纹、脱皮、麻面等缺陷	观察检查
	6	水泥铁屑（硬化耐磨面层）面层的允许偏差应小于4mm	用2m靠尺和楔形塞尺检查

任务 6.2.5 地坪研磨机器人安全事项

安全注意事项

（1）通用安全教育

1）地坪研磨机器人应用班组进场前进行总包三级安全教育交底。

2）工地施工现场操作人员、维护人员必须经过正规的机器人操作及安全培训，并考核合格后，才能对地坪研磨机器人进行操作、维护和维修。禁止非专业人员、培训未合格的人员操作、维护地坪研磨机器人，以免对该人员和地坪研磨机器人设备造成严重损害。严禁酒后、疲劳上岗。

3）地坪研磨机器人在工地施工过程中，必须按要求穿戴好安全帽、反光衣、劳保鞋等，及 3M 口罩、耳塞、防割手套（更换打磨片时防止被割伤），并与机器人保持 2m 以上安全距离。

4）地坪研磨机器人执行检修、更换零件等操作时，地坪研磨机器人必须断电或急停状态，禁止启动。

5）地坪研磨机器人运行过程中，禁止设备上放置与作业无关物品，严禁操作者离开现场。

6）使用本产品前，请熟悉以下安全标识，并严格遵守，以免造成人身伤害，如图 6-50 所示。

急停

电击危险标志

机械伤人标志

禁止倚靠标志

必须戴防尘口罩

图 6-50 常见安全标识

（2）专项安全教育

1）安全用电。地坪研磨机器人专用小电箱接入工地二级配电箱，需要专业电工接线，而且二级电箱的开关容量不低于23kW、50A。

2）开机检查。开机前，必须按照要求检查三项电源、配电箱及电源线缆，若发现有漏电、线缆破损、保护装置动作异常等不良现象，禁止开启三项主电源。

3）遥控作业。遥控操作机器人作业的时候，必须观察机器四周所有的事物，切勿撞坏机器和碾压线缆。

4）紧急停止。仅用于在危险情况下立即停止地坪研磨机器人运作。不能将紧急停止，作为正常的程序停止，否则将对地坪研磨机器人的抱闸系统和传动系统造成额外不必要的磨损，降低地坪研磨机器人的使用寿命。

5）工地施工现场，需在对应地方贴挂安全标识，如图6-50所示。

任务 6.2.6　地坪研磨机器人维修保养

1.　地坪研磨机器人日常维护

地坪研磨机器人日常维护主要是小规模检查、维修为主，具体检查维护项与方法见表6-11。

日常检查维护表

表6-11

序号	维护项与方法	时间间隔
1	更换灰尘袋（干法研磨）	75m²/0.5h
2	加水（湿法研磨）	75m²/0.5h
3	超声波雷达和激光雷达的灰尘	1d
4	更换树脂磨片	1200m²/1d
5	更换磨头	4800m²/4d
6	清理机器人表面的灰尘	8400m²/7d
7	检查机器所有线缆连接是否可靠	8400m²/7d
8	检查行走电机抱闸是否正常	7d
9	测试漏电保护开关是否能正常工作	28d
10	更换滤芯	36000m²/30d

注：1. 磨头/磨片属于耗材，磨损完即换，取决于耗材的质量。

2. 集尘袋根据现场需求，如果灰尘需要打包，则灰满即换；如果灰尘可以及时倒掉，则集尘袋可以重复利用，直至灰袋破损。

2.　地坪研磨机器人定期维护

地坪研磨机器人定期维护项与方法见表6-12。其中线路，更换卷线盘上电缆、电推杆、尼龙挡板、毛刷、研磨机构每年需检查维修，维修等级：中修；电池、旋涡风机、电机、橡胶轮一般2～3年需大修。

定期检查维护表 表6-12

序号	维护项与方法	间隔时间
1	线路、更换卷线盘上电缆、电推杆、尼龙挡板、毛刷、研磨机构	1年，维修等级：中修
2	电池、旋涡风机、电机、橡胶轮	2~3年，维修等级：大修

3. 地坪研磨机器人常见故障及处理

地坪研磨机器人常见事故处理办法见表 6-13。

地坪研磨机器人常见事故处理办法 表6-13

序号	故障名称	故障判断与解决办法
1	1. 机器人偏离预设路径 2. 有碰撞周围物体风险	停止机器人作业，或拍下红色急停按钮
2	爬坡及越障故障	1. 机器人的爬坡角度≤10°，检查坡道角度是否符合要求 2. 检查两个驱动轮是否触地，若不触地则需检查电缆卷盘前轮是否已经提离地面 3. 检查是否已抬升磨盘，若未抬升则需将磨盘抬升至最高位置，并装上安全锁销，将磨盘锁定在机架上 4. 检查路面的障碍物高度是否≤30mm，若超过30mm则须移走障碍物或用垫板搭垫成缓冲坡道再爬坡及越障
3	在打磨作业中出现自动停机现象	1. 检查APP是否有故障报警，如有按照APP故障显示与处理说明进行处理 2. 检查卷线盘线缆是否卡住，如有卡住，将线缆拉出使卷线通畅 3. 检查地面是否有坚硬的突起物并将其处理掉
4	程序故障、Bug	停止机器人作业，重启电源
5	机器人在行走过程中，后轮可能会压到线缆或者线缆缠绕	机器人在行走前，先手动收线并人工处理线缆的位置，避免线缆被压到或缠绕
6	前支撑架升降故障	1. 需要将磨盘降到底才允许升降前支撑架 2. 检查是否有异物卡住前支撑架（可能插了安全销），人工处理障碍物 3. 检查前支撑架线缆连接 4. 检查电推杆是否有动作响应，若无则需更换或维修电推杆
7	磨盘升降故障	1. 需要将前支撑架降到底才允许升降磨盘 2. 检查是否有异物卡住前支撑架（可能插了安全销），人工处理障碍物 3. 检查前支撑架线缆连接 4. 检查电推杆是否有动作响应，若无则需更换或维修电推杆
8	卷线盘缺少线缆	检查机器卷线盘内是否有电缆，若无，则进行收线操作，或者停止开往距离取电点更远的地方
9	打磨电机转速过低	1. 打开右电箱，观察驱动研磨电机的变频器上的显示屏是否有显示（变频器是否得电工作）；若没有，需要重新上电，使AC380V电源就绪 2. 可能有物体卡住磨盘，导致电机过载，需人工处理，解除过载
10	打磨电机通信故障	1. 检查变频器通讯线是否松动脱落 2. 重启机器
11	打磨电机驱动故障	1. 检查打磨电机与变频器的线缆连接是否松动脱落 2. 记录变频器上显示的错误代码 3. 重启机器
12	灰尘收集器过载	1. 手动开启"打灰"将吸尘桶内灰尘抖落下来 2. 更换灰袋 3. 检查灰尘托架是否被异物卡住，若是则需清除异物，保证托架上下移动灵活

序号	故障名称	故障判断与解决办法
13	参数错误	检查打磨模式和打磨电机转速是否设置,若没有,按照需求重新设置后重新启动
14	380V电源未就绪	1. 检查配电箱的开关是否在ON,机器人是否处于就绪状态;若没有,重新上电 2. 检查供电电缆是否有破损,若有严重破损,需要更换线缆后重新上电
15	磨盘防撞条触发	检查磨盘上防撞条是否被障碍物压住触发,若可以移开障碍物则移开后解除触发,若障碍物难以移开,则在APP上打开"防撞条屏蔽"后将机器移开解除触发
16	激光雷达故障	1. 擦除激光雷达表面灰尘 2. 检查激光雷达电源线和通信线是否连接正常 3. 重新对图,清理现场与原地图不一致的地方 4. 重启机器
17	伺服电机故障	1. 检查伺服电机线缆连接是否正常 2. 尝试故障复位,若伺服驱动器上的红色指示灯常亮,需重启
18	超声波雷达故障	1. 擦除超声波雷达表面污垢 2. 检查超声波雷达电源线和通信线是否连接正常
19	电池故障	1. 检查电池通信线是否连接正常 2. 重启机器
20	IMU故障	1. 检查IMU安装螺栓是否松动、脱落 2. 检查IMU电源线和通信线是否连接正常
21	运控故障	1. 检查机器的轮子是否打滑 2. 检查伺服电机驱动器是否故障 3. 重启机器
22	水箱缺水	1. 将水箱拆下,观察若缺水,往水箱内加水 2. 若水箱水量充足,检查水箱通信线是否正常

小结

　　地坪研磨机器人采用自动完成地下车库、室内厂房地坪的自动打磨,去除地坪地表面浮浆,将研磨过程产出的沙尘收进后方的集尘袋中,解决了传统作业现场里灰尘弥漫的问题,为地坪表面后续工序施工提供了平整地坪条件的一款建筑机器人设备。修边收口由人工采用地坪研磨机传统施工方式完成。

　　传统地坪研磨施工工艺包括施工前准备工作→地面抓毛清洗→浸泡清理地面→设置模板→钢纤维商品混凝土→小型激光整平机整平施工→混凝土初凝后提浆打磨→金刚砂耐磨材料施工→收光、边角处理→切缝伸缩缝、灌沥青→盖薄膜、浇水养护→混凝土渗透密封固化剂施工→清理场地→验收和质量检查等过程。

　　地坪研磨机器人施工工艺流程包括:场地验收→地坪研磨机器人状态检查→导入地图、路径文件→磨头/磨片更换→启动自动研磨→全面检查、人工补充研磨→完工质量检查。

　　地坪研磨机器人施工质量参照《建筑装饰装修工程质量验收标准》GB 50210—2018、《建筑工程施工质量验收统一标准》GB 50300—2013、《建筑地面工程施工质量验收规范》GB 50209—2010规范,对照整体面层铺设规定,混凝土面层表面、水泥砂浆面层、普通水磨石面层、硬化耐磨面层、自流平面层等整体面层的主控项目质量、一般项目质量要求执行。

巩固练习

一、单项选择题

1. 地坪研磨机器人可广泛用于地下车库和室内厂房的（　　　）。
A. 环氧地坪　　　　B. 固化地坪　　　　C. 金刚砂地坪　　　　D. 以上全是

2. 在手动控制模式下，机器人能够自由上下坡度小于（　　　）的直线斜坡。
A. 15°　　　　B. 12°　　　　C. 10°　　　　D. 20°

3. 在手动控制模式下，机器人需要能够越过高度小于（　　　）的垂直凸起障碍，需要能够越过宽度小于（　　　）的水平间隙。
A. 30mm，50mm　　　　　　　　B. 10mm，20mm
C. 20mm，10mm　　　　　　　　D. 50mm，30mm

4. 关于车道车位净高，按照汽车库设计规范要求，车道车位净高不低于（　　　）。
A. 2.3m　　　　B. 2.2m　　　　C. 2.4m　　　　D. 2.1m

5. 地坪研磨机器人能自动完成地面研磨工作，适合下面地坪（　　　）。
A. 酒店大堂　　　　B. 街区方砖道　　　　C. 地下车库　　　　D. 操场跑道

6.《建筑地面工程施工质量验收规范》GB 50209—2010 整体面层铺设规定，硬化耐磨面层允许偏差（　　　）。
A. 1cm　　　　B. 2cm　　　　C. 3cm　　　　D. 4cm

二、多项选择题

1. 以下关于层高哪个描述是正确的？（　　　）。
A. 首层层高可与标准层层高不同，按实际需要设计
B. 建筑面积 140m² 以下户型，标准层层高为 2.90m
C. 建筑面积 140m² 及以下户型，标准层层高为 2.90m
D. 建筑面积 140m² 户型，标准层层高为 2.95m
E. 建筑面积 140m² 以上户型，标准层层高为 3.15m

2. 地坪研磨机主要用于（　　　）。
A. 混凝土地坪　　　　B. 装饰石材　　　　C. 水磨石地面
D. 环氧地坪的研磨　　　E. 装饰瓷砖

3. 影响研磨抛光效率的三个要素（　　　）。
A. 行走速度：速度越快，效率越高
B. 磨盘转数：转数越高，效率越高

C. 磨盘压力：压力越大，效率越高

D. 磨盘大小：磨盘越大，效率越高

E. 操手压力：压力越大，效率越高

4. 研磨机按磨头数量分类（　　　）。

A. 单头研磨机　　　　B. 双头研磨机　　　　C. 三头研磨机

D. 四头研磨机　　　　E. 四头行星研磨机

5. 地坪研磨机器人主要由三部分组成（　　　）。

A. 机架总成　　　　B. 研磨盘总成　　　　C. 线缆自动卷盘

D. 四头星机　　　　E. 研磨轮盘

6. 研磨盘总成主要组成（　　　）。

A. 电机　　　　B. 防尘罩　　　　C. 吸尘管接头

D. 防护壳　　　　E. 转换板

7. 地坪研磨机器人进场施工前应该做好准备（　　　）。

A. 路径下发　　　　B. 开机点检，空跑测试

C. 地图匹配　　　　D. 摸头/磨片更换

E. 完工质量检查

8. 水泥混凝土面层允许偏差的检验方法（　　　）。

A. 2m 靠尺　　　　B. 楔形塞尺　　　　C. 铝合金刮杠

D. 测量机器人　　　　E. 2m 靠尺和楔形塞尺

9. 地坪研磨机器人应用班组进场前进行总包三级安全教育交底（　　　）。

A. 集团　　　　B. 公司　　　　C. 分公司

D. 项目经理部　　　　E. 施工班组

10. 地坪研磨机器人施工应进行下面专项安全教育（　　　）。

A. 开机检查　　　　B. 遥控作业　　　　C. 安全用电

D. 紧急停止　　　　E. 严禁酒后

三、判断题

1. 机架总成主要由报警灯、导航激光雷达和右电箱等组成。　　　　　　　　（　　　）

2. 地坪研磨机器人打磨中产生的灰尘也由机器人自带的吸尘系统收集，这种说法不对。

（　　　）

3. 地坪研磨机器人设置了可满足不同环境的施工要求，也保障了施工现场人员的身体健康。　　　　　　　　　　　　　　　　　　　　　　　　　　　　　　　　（　　　）

4. 研磨 1000m³ 施工面积，地坪研磨机器人只用 1 人，7h 就能完成，比传统施工效率提高近 3 倍。　　　　　　　　　　　　　　　　　　　　　　　　　　　　　（　　　）

5. 地坪研磨机器人进出通道和工作区域内，坡度≤10°，缝隙宽度≤50mm。（　　　）

6. 地坪研磨机器人使用施工现场配电箱，连接供现场电线缆。　　　　　　（　　　）

7. 地坪研磨机器人作业条件要求，地面平整度≤8mm，局部凸起浮浆块高低差

≤5mm。 （ ）

8. 地坪研磨机器人作业条件要求，施工场地混凝土地面强度需达到 C25 及以上，且不高于 C35，且强度均匀。 （ ）

9. 地坪研磨机器人使用前不再进行地坪研磨机器人空跑测试。 （ ）

10. 达不到地坪研磨机器人进出场地的通道条件的，需要塔吊或者车载吊机吊装地坪研磨机器人入场地。 （ ）

四、简答题

1. 简述下列图标操作要求及具体功能作用。

2. 简述金刚砂地面传统施工工艺流程。

3. 维修基本常识：什么叫部件和通用件？

4. 维修地坪研磨机器人时通常要注意什么？

5. 简述地坪研磨机器人开机前检查要点。

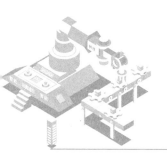

项目 **7** 地坪漆涂敷机器人 >>>

  熟悉涂装地坪施工及涂装材料技术要求，掌握地坪漆涂敷机器人的主要功能、结构与特点及地坪漆涂敷机器人的施工工艺；了解地坪漆涂敷机器人的维护保养和分析常见故障与处理办法。

  （1）能进行地坪漆涂敷机器人施工前置工序条件的检测与判定；

  （2）能规范进行地坪漆涂敷机器人的施工操作；

  （3）掌握墙柱修边收口地坪涂装操作传统功法；

  （4）能正确进行地坪漆涂敷机器人的维护与保养；

  （5）能高效进行地坪漆涂敷机器人常见故障的分析判断与处理。

装饰工程机器人施工

单元 7.1 地坪漆涂敷机器人性能

任务 7.1.1 地坪涂装简介

地坪漆涂
敷机器人

地坪涂装是采用地坪涂敷设备将合成树脂基和聚合物水泥复合地坪装饰材料涂装在水泥砂浆、混凝土等基面上，对地面起装饰、保护作用以及具有特殊功能（防静电、防滑性等）要求。

1. 地坪涂装方法

选择合理的涂装地坪漆的方法，使得地坪漆的涂敷质量、技术经济收到满意的效益。根据地坪漆涂料的使用环境条件、地坪漆涂料的性能、地坪漆涂用途特点、地坪漆涂膜质量要求、地坪漆涂膜层次、地坪漆涂膜厚度、地坪漆涂料干燥方法等涂敷技术进行合理选择。

（1）刷涂和滚涂是地坪漆涂料最原始、最简单的涂敷方法，适合涂装各种形状的物体。滚涂时，地坪表面有较强的附着力，因为地坪漆涂料可以容易地渗透到地坪表面的细孔里。刷涂用到的工具有各种毛刷、刮子、砂纸等。适应性好，价格便宜。其缺点是纯手工操作，劳动强度大，生产效率低，表面平整性较差。

（2）喷涂是一种普遍使用的工业化涂敷方法，其原理是将地坪漆涂料喷涂成细小的雾滴并送到工作表面，具有工业化生产效率高、地坪漆涂层质量均匀的优点。喷涂的缺点是溶剂大量挥发、危害施工人员的身体健康、地坪漆涂料的损耗率高、对环境亦有较大的影响。目前常用的方式有压缩空气喷涂、混气喷涂、高压无气喷涂、旋杯喷涂等。

（3）静电喷涂法利用高压静电场进行喷涂，可连续自动化生产，生产效率高，地坪漆涂层质量均匀，用于大规模的生产；但缺点是不易喷涂到死角，劳动保护性差。

（4）电泳法即电沉积涂漆，是将被涂工件作为一个电极浸在水溶性涂料的漆槽中，通过直流电将涂料沉积在工件表面形成致密涂层。该过程同时包含了电解、电泳、电渗析和电沉积四个物理过程。由于地坪漆涂料树脂在水中离解的粒子所带正负电荷的不同，电泳又可分为阳极电泳和阴极电泳两种。电泳涂装效率高，节省资源，可大批量生产，危害小，地坪漆涂层均匀一致、附着力强，允许加工形状复杂的工件。电泳法的缺点是涂膜较薄、设备复杂、投资高。

2. 环氧树脂地坪漆涂装施工

（1）原材料准备。环氧树脂地坪底漆涂料、环氧树脂地坪中涂涂料、环氧树脂地坪面漆涂料、环氧树脂腻子粉、石英砂、稀释剂。

（2）施工机具。地坪研磨机、搅拌机、称量器、桶、吸尘设备、清洁扫把、地坪漆刮板等。

（3）施工流程。地坪打磨、清扫—环氧地坪底漆—地坪中涂—伸缩缝填补—环氧树脂腻子层—打磨、清扫、环氧树脂地坪面漆。环氧树脂涂装地坪构造如图 7-1 所示。

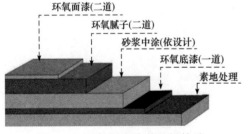

图 7-1 环氧树脂涂装地坪构造

任务 7.1.2　地坪漆涂敷机器人概述及功能

1. 地坪漆涂敷机器人概述

地坪漆涂敷机器人地坪涂装与传统地铺能够涂装施工对标优势如图 7-2 所示。

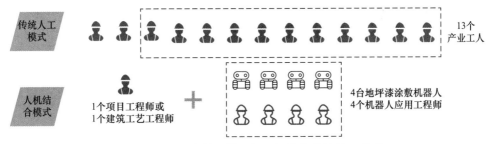

图 7-2　地坪涂敷机器人与地坪涂装传统施工优势

从图 7-2 中看到，等量地坪涂装施工中，传统施工需要产业工人 13 人，换由地坪涂敷机器人施工，则只需要 1 名项目工程师带 4 名应用工程师操控机器人。

其中，产业工人（施工班组）需要有丰富的施工经验并熟悉各种地坪施工工艺，负责全地坪施工工艺流程施工；项目工程师需要有丰富的施工经验并熟悉各种地坪施工工艺，指挥施工及协调相关资源，并负责解决部分边角区域刮涂施工的难点问题；机器人应用工程师则是单台机器人负责人，负责操机施工、给机器人加料、换电池、清洗维护及简单的故障处理工作等。

2. 地坪漆涂敷机器人功能

地坪漆涂敷机器人（图 7-3），能自动规划路径完成环氧树脂地坪漆的施工作业，涵盖底漆、中涂和面漆的涂敷。其主要功能见表 7-1，主要技术参数详见表 7-2～表 7-4。

图 7-3　地坪漆涂敷机器人

地坪漆涂敷机器人主要功能　　　　　　　　　　　　　表7-1

序号	功能点	功能描述
1	墙边检测和刮涂	通过相机和视觉检测算法对墙边进行检测。为了防止堵管、出料不均的问题，采用单料口出料；针对单出料口出料无法覆盖边角的问题，采用特殊的刮涂轨迹实现刮涂
2	大面积刮涂功能	采用八字形刮涂轨迹实现对大面积的刮涂作业
3	自主导航	利用二维激光雷达进行水平面的扫描，通过墙、柱等物体进行自主定位，并控制底盘按照给定路径及姿态移动

序号	功能点	功能描述
4	路径规划	基于自建图路径规划功能，智能规划机器人施工路径，合理划分施工区域，规划施工顺序，以实现施工效率最大化
5	行驶功能	地坪漆涂敷机器人通过电机和驱动器实现麦克纳姆轮转动，实现底盘行驶功能
6	故障报警	通过三色灯及蜂鸣器，实现机器人各类故障提示与报警
7	控制模式	手动控制：通过机身按键或PAD实现手动控制 自动控制：通过APP程序实现自动控制
8	物料自动混合功能	在作业时，将地坪漆的A组分和B组分充分混合才能反应，通过两个电机分别带动两个泵进行旋转将料筒里面的物料经过管路输送到末端动态混合器，在动态混合器内充分搅拌实现AB组分的自动混合
9	精准出料控制功能	通过控制电机转速实现对料量的精准控制
10	停障保护	通过避障雷达、防撞条实现机器人停障保护功能
11	爬坡功能	在手动控制模式下，机器人能够自由上下坡度小于10°的直线斜坡
12	越障功能	在手动控制模式下，机器人能够越过高度小于30mm的垂直凸起障碍，能够越过宽度小于50mm的水平间隙
13	管路压力检测功能	压力传感器对管内压力进行实时检测，当管路发生堵塞时自动停止作业，发出报警，提示人工进行处理
14	地面高低起伏自适应功能	通过安装弹簧实现对地面高低起伏的自适应功能
15	浓度检测功能	机器人装有浓度检测传感器对周围作业环境进行实时检测，当周围环境有害气体浓度较高时，发出示警功能，提醒工作人员
16	缺料呼叫功能	通过液位传感器对料箱内材料进行实时监控，当材料低于设定值时机器自动报警提示施工人员加料

地坪漆涂敷机器人整机性能参数　　　　　　　　　　　　　　　表7-2

序号	性能参数指标	应达到标准/等级	测试标准
1	电池工作电压	DC 48V	GB 4943
2	充电器供电电压	AC 220V	GB 4943
3	充电时间	≥4h（普充）	
4	续航时间	≥4h	
5	机器人重量	≤800kg（空载）	

地坪漆涂敷机器人作业性能参数　　　　　　　　　　　　　　　表7-3

序号	性能参数指标	应达到标准/等级	测试标准
1	最大行驶速度	1m/s	GB/T 30029—2013
2	自动导航精度	±50mm	GB/T 30029—2013
3	停障距离	≥200mm	GB/T 30029—2013
4	工作半径	2300mm	
5	工作效率	≥75m²/h	
6	覆盖率	≥95%	

地坪漆涂敷机器人用户关注性能参数   表7-4

序号	性能参数指标	应达到标准/等级	测试标准
1	末端额定载重	10kg	
2	爬坡能力	≤10°	GB/T 30029—2013
3	越障高度	≤30mm	GB/T 30029—2013
4	防护等级	IP54	
5	外形尺寸	≤长1800mm×宽1400mm×高1800mm	
6	整机寿命	≥6000h	
7	越沟宽度	≤50mm	

3. 地坪漆涂敷机器人结构

整体结构。地坪漆涂敷机器人整机结构如图7-4所示。地坪漆涂敷机器人主要零部件包括金属刮刀、弹簧导轨、夹管阀、动态混合器、硬管路（主漆）、软管路（固化剂）、机械臂、主漆料箱、固化剂料箱、齿轮泵、螺杆泵、视觉相机（图7-5）、管路压力传感器（图7-6）、电机、伺服驱动器、麦克纳姆轮、电池仓、100Ah电池、激光定位雷达

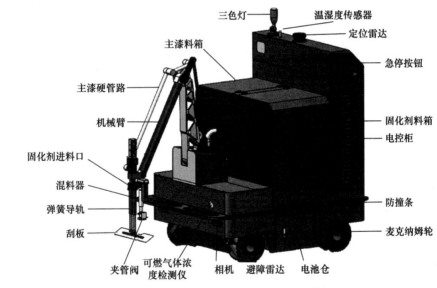

图 7-4　地坪漆涂敷机器人整机结构

图 7-5　视觉相机

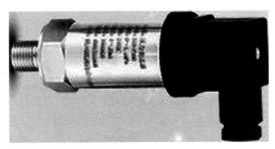

图 7-6　压力变送传感器

（图 7-7）、防撞条、避障雷达（图 7-8）、警报灯、温湿度传感器、可燃气体浓度传感器、stm32 控制器、工控机，继电器、24V 电源等。

图 7-7　激光定位雷达

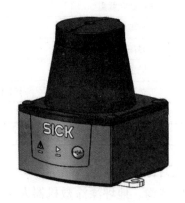

图 7-8　激光避障雷达

任务 7.1.3　地坪漆涂敷机器人特点

1. 传统施工

地坪漆种类繁多，施工工艺差异较大，常见的环氧地坪漆人工施工作业步骤：素底打磨及缺陷修补→涂底漆→中涂（1～2 道，视工艺及地基而定）→中涂打磨及缺陷修补→涂面漆（一般 2 道，视工艺及地基而定），其人工施工工艺说明见表 7-5。

人工施工工艺说明

表7-5

序号	工序	步骤说明	人工工效	存在问题
1	素底打磨及缺陷修补	1. 人工采用打磨机将地面打磨平整，使其表面粗糙度增加，从而保证底漆充分渗透地面 2. 对裂缝等位置开坡处，需用砂浆填充。注：针对部分地面还可采用铣刨、抛丸等方式对地面进行处理	约60～90m²/（人·h） （约500～750m²/（人·d）） 注：不含边角处理和裂缝填补	粉尘危害工人健康
2	涂底漆	1. 人工将树脂、固化剂、稀释剂按比例混合均匀并将涂料均匀倾倒于地面 2. 将涂料均匀抹开	约50m²/（人·h） （约400m²/（人·d））	人工效率低；稀释剂有毒易挥发，影响健康
3	中涂	1. 人工将树脂、固化剂、稀释剂、石英砂（按需选目数）按比例混合，搅拌均匀 2. 将混合均匀的料均匀倾倒于地面 3. 用刮刀将料均匀铺于地面（正反各一次） 4. 刮涂完成静置大于8h后方可进行下一道工序	约45～50m²/（人·h） （约350～400m²/（人·d））	人工效率低；稀释剂有毒易挥发，影响健康
4	中涂打磨及缺陷修补	1. 人工使用打磨机打磨地面，去除中涂刮涂时产生的棱线等缺陷 2. 修补裂缝、破损及漏刮区域	60～90m²/（人·h） （约500～750m²/（人·d））	粉尘危害工人健康，边角处理困难
5	涂面漆	1. 人工将树脂、固化剂按比例混合并搅拌均匀，将涂料均匀倾倒于地面 2. 使用刮刀将涂料均匀刮平于地面，一般需正、反各刮一次 3. 刮涂完成后需静置8h以上方可进行下一道工序 4. 重复上述步骤，进行第二道刮涂	刮涂：50m²/（人·h） （约350～400m²/（人·d）） 滚涂：40m²/（人·h） （约300m²/（人·d））	人工作业效率低；因稀释剂有毒且易挥发，严重影响工人健康

2. 地坪漆涂敷机器人施工

地坪漆涂敷机器人在不需要人工的情况下能自动规划路径行驶并完成地坪漆涂敷。与传统的人工作业比较，减少了人为操作的误差，施工观感和质量得到了大幅提高。

对比传统施工方式，机器人施工有以下优点：①材料使用率更高；②综合施工成本更低；③施工效率更高；④工人劳动强度低，机器可自动完成涂敷作业，有效避免油漆对作业人员造成的危害。传统施工与地坪漆涂敷机器人施工作业参数对照详见表 7-6。

传统施工与地坪漆涂敷喷涂机器人施工参数对照表 　　　　表7-6

序号	项目	传统施工	地坪漆涂敷喷涂机器人施工
1	观感	较差	好
2	表面平整度	较好	好
3	作业效率（m²/h）	详见表16-6	综合施工效率（含打磨、清洗等所有工序）≥75m²/h
4	底漆施工用量	0.32kg/m²	0.21kg/m²
5	作业人员配置（1000m²/人）	13	2
6	综合成本（元/m²）	时价	时价

单元 7.2　地坪漆涂敷机器人施工

任务 7.2.1　地坪漆涂敷机器人施工准备

1. 施工准备

（1）混凝土龄期＞28d，混凝土强度等级≥C20，表面平整、洁净；

（2）抗压强度≥25MPa；

（3）抗裂措施钢筋网片或钢纤维；

（4）防潮层基层下方应铺设有效防潮层；

（5）基面平整度 2m 靠尺检验误差≤±2mm；

（6）表面收光原浆抹面，不得使用干水泥粉光；

（7）表面拉拔强度≥1.5MPa；

（8）面层为环氧树脂涂料时，基层表面含水率＜8%，无积水，无渗漏；

（9）面层为聚氨树脂涂料时，基层表面含水率＜12%，无积水，无渗漏；

（10）环境空气湿度 20%RH～85%RH；雨天、潮湿天不宜施工，或采取对应措施达到施工环境条件；

（11）环境温度 5～35℃；

（12）地表温度高于露点温度 4℃以上；

（13）地面需经过打磨机打磨平整，表面粗糙度可保证底漆充分渗透进地面；

（14）地面需打磨顺平，无明显台阶高差；

（15）地面需清扫干净，避免粉尘杂质渗入漆中；

（16）裂缝等位置需开坡口并用砂浆填补；

（17）墙柱边缘需清理干净，无水泥等遗留残迹；

（18）下水盖，排水沟道等应全部盖上机器可通过；

（19）需施工区域应用贴纸等框住边界，避免施工影响其他区域。

2. 机械、工具准备

（1）机器人运输设备运转正常。

（2）机器人调校状态良好：

1）急停按钮操作性及急停功能是否完好；

2）电控柜箱的外部防护装置的完整性；

3）机器人本体、电控柜箱等外部防护装置的完整性；

4）电控柜内是否存在杂物（配件、工具、杂物、安全帽等）、积灰、浸液等刮刀、动态混合器、夹管阀、是否安装并安装正常。

（3）人工配合的作业工具准备就位。

3. 人员准备

地坪漆涂敷机器人作业班组就位，现场管理及辅助人员就位。施工班组及现场管理及辅助人员见表7-7。

地坪漆涂敷机器人施工人员一览表   表7-7

序号	人员	数量	用途
1	现场施工员	1	机器人施工群
2	电工	1	机器人施工群
3	机器人操作人员	1机/1人	
4	机器人作业保障人员	1	修边收口
5	人机协作工人	1	与修边收口同一人

4. 材料准备

准备好环氧树脂地坪漆施工专用的环氧底漆、环氧中涂、环氧面漆、腻子粉、石英砂和稀释剂。

（1）做好施工用涂料产品的配套。环氧地坪具有苛刻的使用环境和严格的质量要求，使用单一产品绝不能够完成高质量地坪的施工。对于各个施工工序，通常是使用多种产品配套，才能够满足地坪系统的施工需要。

（2）涂料检查。对进场材料应做必要的检查。例如，检查涂料是否与设计要求的颜色（或者参考色卡号）、品牌相一致；是否有出厂合格证；是否有法定检测机构的检测合格报告（复制件）以及涂料是否有结皮、结块和异常等。

（3）涂料试配。环氧耐磨地坪涂料为双组分涂料，两组分混合后的固化速度受气温影响较大，因而在涂料使用前应取少量涂料进行试配，以检查涂料的固化时间、涂膜硬度，便于施工时掌握和对涂料质量的检查。发现异常时应及时与涂料供应商联系或分析原因。

5. 技术准备

制定详细的有针对性和操作性的技术交底方案，做好对施工作业与管理人员技术、质量、消防和安全文明施工及环保（三级）的交底工作。

6. 地坪漆涂敷机器人施工工艺

地坪漆涂敷机器人的施工流程为，扫图路径规划→基面打磨→底漆刮涂施工→中涂漆刮涂施工→中涂漆表面打磨→面漆刮涂施工。

（1）底漆满涂地坪，待稍干后吸油量较大部分应补涂环氧树脂底漆；

（2）待底漆干燥后，用环氧树脂中涂主剂、石英砂、滑石粉按一定比例搅拌均匀后调成环氧砂浆加入主漆料筒，对应固化剂加入固化剂料筒后进行机器涂敷；

（3）环氧砂浆层干燥后进行打磨、清洁；

（4）机器涂敷第一遍涂环氧树脂面漆，待干燥后修补缺陷并去除颗粒，机器涂敷第二遍环氧树脂面漆。

任务 7.2.2　地坪漆涂敷机器人施工要点

1. 开机前检查

（1）检查机身急停按钮和遥控器急停按钮处于松开状态；

（2）检查遥控器显示屏上电池电量不低于 10%；

（3）地坪漆涂敷机器人周围地面无坚硬的突起的障碍物（石子、螺钉等），施工工作面干净、干燥且无杂物；

（4）地坪漆涂敷机器人在自动作业的情况下，非操作人员不得靠近地坪漆涂敷机器人，随动作业的安全距离一般要求在 1.3m 以上；

（5）若场地内存在杂物，地坪漆涂敷机器人在作业的过程中容易与杂物发生碰撞报警，需将作业模式转换成手动模式，解除急停状态，并在 Pad 上进行复位，听到滴答声后手动遥控底盘远离杂物，将杂物清理干净。

2. 路径建图

建图时，需要将激光雷达无法检测到的障碍物，包括消防栓、管道、下水道、停车阻挡器等进行记录其位置，并将其反馈给路径规划工程师；原则上任何激光无法检测到并在施工过程中易导致地坪漆涂敷机器人相撞的障碍物都需要记录。

3. 开机

地坪漆涂敷机器人通电。将地坪漆涂敷机器人本体上的电源开关旋钮打开，等待1min，待听到滴答声后机器人底盘通电启动完毕。

4. 地坪漆涂敷机器人施工操作

地坪漆涂敷机器人的运动控制方式为平板 APP（图 7-9）。通过平板 APP 来进行遥控，进入底盘遥控界面选择手动模式，可通过右下角方向选择按钮进行操作。

（1）将主漆和固化剂分别倒入料桶，主漆在倒入料桶前需搅拌均匀。若涂漆需按照

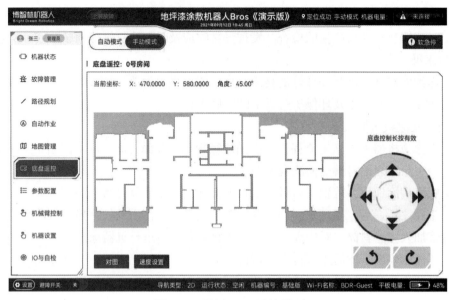

图 7-9　平板 APP 遥控界面

比例将石英砂与中涂漆进行混合，充分搅拌后方可倒入料桶。

（2）安装刮刀和动态混合管路。根据工序不同需选择不同材质、不同角度、不同齿距刮刀。

（3）地坪漆涂敷机器人上电（底盘和 stm32 通电后，需要短时间的启动）；stm32（远程控制单元）在通电后会对地坪漆涂敷机器人关键零部件（机械臂、传感器、驱动器等）进行自检，正常后方可进行作业；在作业之前先预排料，涂料应充满管路，该操作要求在预排料之前出料口有设接料容器，物料不得随意排放。

5. 停机操作

停机操作基本可分为：物料补充停机、物料更换停机、任务完成停机、电池更换停机。

（1）物料补充停机。停机后将提前准备好物料倒入对应的料桶中。

（2）物料更换停机。物料更换前需要将桶内剩余的旧料排光，然后用新料进行冲洗，在排放过程中，要求单组分开排放，切勿混合排放，便于排放的物料进行保存以备后续使用，不可采用松香水清洗，避免对泵产生腐蚀危害。

（3）电池更换停机。需将机械臂断电，待机械臂系统关闭方可将整机断电，确保电池停止放电后再进行电池更换。

（4）任务完成停机。任务完成停机后需要将刮刀和动态混合管拆下来采用专用的清洗剂（松香水 / 天那水）进行清洗，松香水有刺激性气味，清洗过程需佩戴防毒面具。同时检查末端机构是否存在污染（相机、光源、弹簧导轨等），若有污染需及时清洗。

6. APP 界面操作

（1）APP 连接操作。APP 连接操作界面如图 7-10 所示。输入地坪漆涂敷机器人 IP 地址、相应的端口号。点击设置 Wi-Fi 按钮，根据地坪漆涂敷机器人机体张贴的机器编号，选择对应的 Wi-Fi，默认密码为 dh668668，连接地坪漆涂敷机器人的 Wi-Fi，长按

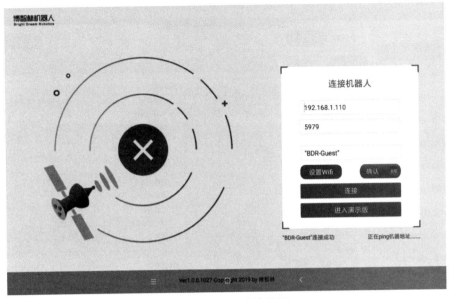

图 7-10　APP 连接界面

"确认"按钮。点击"连接",稍等片刻,即可进入到登录页面。

（2）登录界面操作。登录操作界面如图 7-11 所示。选择需要登录的角色并输入对应的密码,其中操作员仅可查看或操作与作业相关的数据信息；调试员除作业操作以外,还可以查看调试信息。点击"登录",可进入主页面。

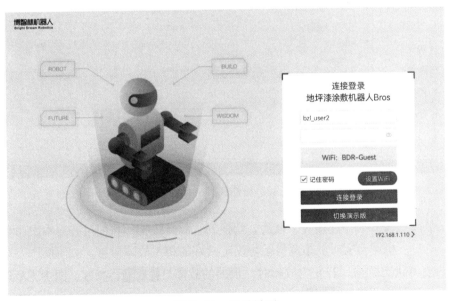

图 7-11　登录界面

（3）机器状态界面。连接登录成功,切换到"机器状态"页面,机器会实时上报并显示页面中相关信息,便于操作人员实时监控机器状态数据,如图 7-12 所示。

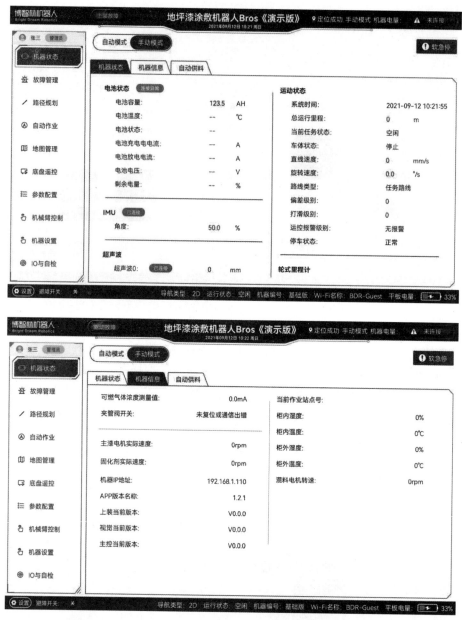

图 7-12　机器状态、信息界面

（4）故障报警界面。连接登录成功，切换到"故障报警"页面可查看本次作业故障信息（图 7-13）。机器会实时上报并显示协议定义好的相关故障信息，方便操作人员实时监控机器的故障状态数据。若发生故障时，顶部的故障灯 故障报警 会亮起。图中无故障，APP左上角显示正常作业状态 正常状态 。

根据故障等级分为：故障类、警告类、提示类、已解除故障类记录，故障类报警出现时机器人将停止作业，点击"故障清除按钮"可以消除故障，若无法消除，需要根据提示进行排查，其他类的故障仅起到提示的作用，不会影响地坪漆涂敷机器人的正常作业。故

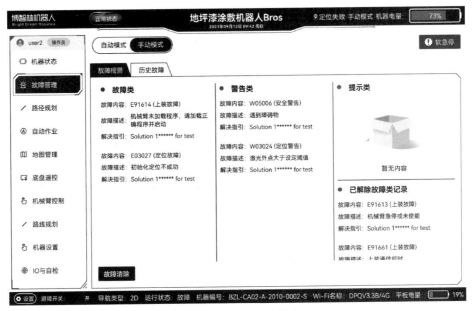

图 7-13　本次作业故障信息界面

障报警页面还查看历史作业故障信息（图 7-14）。快速筛选查看：通过设置时间区间、故障来源等，可筛选查看指定类别的故障。

图 7-14　历史作业故障信息界面

（5）路线选择界面

连接登录成功，切换到"自动作业"界面，可选择路线任务类型（图 7-15）。机器路径（BIM 路线）是机器地图中自有路线任务；本地路线是本地导入平板中路线任务 Json

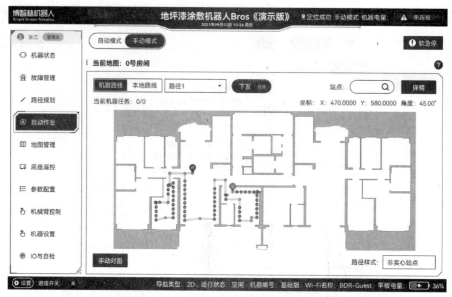

图 7-15　路线选择界面

文件，导入目录地址是"根目录 /BZL/route"。启动自动作业前，需选择并下发对应的路线任务。需查看或修改路线站点信息时，切换到"路线选择"页面下，点击"详情"即可查看。

（6）地图管理界面。连接登录成功，切换到"地图管理"界面（图 7-16），该界面显示机器当前存储的地图列表，并标示出了当前使用的地图；该界面还可以预览地图或删除地图或选择使用地图。当机器切换到新场地时需选择切换使用新场地地图。激光建图可以通过遥控地坪漆涂敷机器人对施工场地进行建图。

地图管理操作：

1）使用场景：机器人切换到新场地，需选择切换使用新场地的地图。

2）前置条件：连接登录成功，在"路线选择"页面下，点击"地图管理"按钮进入该功能页面。如图 7-17 所示。

① 显示机器当前存储的地图列表，并标示出了当前使用的地图；

② 点击预览地图，并选择删除地图或使用该张地图；

③ 激光建图可以通过遥控地坪漆涂敷机器人对施工场地进行建图。

注意：自建图有一些注意事项，需要经过培训。

（7）自动作业界面操作

连接登录成功，切换到自动模式（图 7-18），点击"启动"，根据提示，输入相应的配置信息（如开始站点），方可启动自动作业。在启动前需确保机器中有任务（地图 + 路径，参考地图管理和路线选择），对图成功（参考对图）、相应的参数配置正确（参考机器设置）。"自动作业"界面可查看当前任务 ID、AGV 当前站点、AGV 总站点，切换到"机器状态"界面可查看机器状态，切换到"故障报警"界面可查看报警情况，切换到"机器设置"界面可修改机器运行参数。

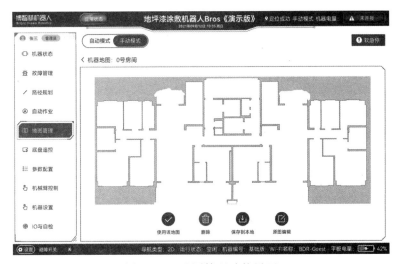

图 7-16　地图管理界面

图 7-17　地图管理功能界面

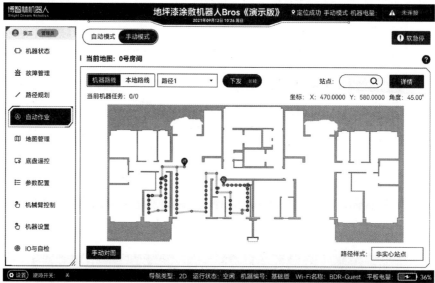

图 7-18　自动作业界面

（8）底盘遥控界面操作。连接登录成功，手动模式下在"底盘遥控"页面（图 7-19），长按页面中的遥控盘，对机器进行前进、后退、左转、右转的遥控操作；点击"速度设置"可设置机器在手动模式下行走的相应速度，如图 7-20 所示。

底盘遥控操作：

1）使用场景：手动模式下，需要移动机器位置或控制机器行走。

2）前置条件：连接登录成功，在"底盘遥控"页面下使用如下：

① 可长按页面中遥控盘，对机器进行前进、后退、左转、右转的遥控操作；

② 手动模式下的速度设置：点击"速度设置"可进入速度设置页面；

③ 该页面下可设置机器在手动模式下行走的底盘直行 X 轴、底盘横移 Y 轴、底盘旋

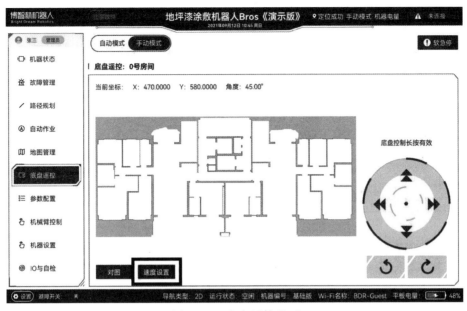

图 7-19　底盘遥控界面

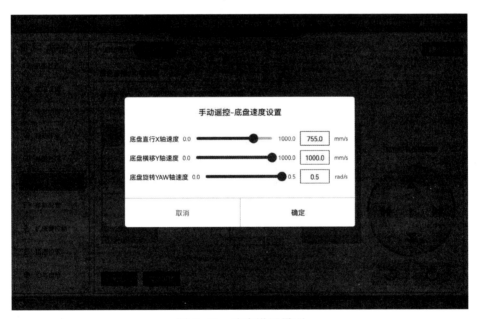

图 7-20　速度设置界面

转 YAW 轴速度。

（9）对图界面。连接登录成功，在"底盘遥控"页面点击"对图"按钮（图 7-19），或在"自动作业"页面点击"手动对图"（参考自动作业），即可进入该功能页面（图 7-21）。拖动对图图标，确定机器在地图中的位置和方向后点击"确定"，即可完成一次对图操作，该操作可多次重复进行。首次连接登录机器时或机器选择切换使用新场地的地图后，需要使用该功能进行对图操作进行定位，成功后才能正常作业。

图 7-21　对图界面

（10）APP界面设置。连接登录成功，点击左下角"设置"按钮（图7-22），可对APP进行相关的设置操作并查看版本信息，如版本、用户等基本信息；皮肤切换等。还可换清除缓存的地图文件，重新获取机器的基本数据信息，如地图和路径或退出登录。

图 7-22　APP 设置界面

（11）IO与自检。连接登录成功，切换到该界面下（图7-23），该界面显示机器实时上报信息，可查看本次作业IO信息。在IO与自检页面下点击IO信息或设备自检信息。

（12）上装遥控界面——手动操作

1）使用场景：使用APP遥控上装的工艺执行模块运动，进行手动工艺作业或工艺测试。

2）前置条件：连接登录成，切换到该界面下。如图7-24所示。

图 7-23　IO 与自检

图 7-24　上装遥控—手动操作界面

3）遥控功能操作：实现边角、大面积、复位。

① 选择工作方式：大面积刮涂、边角刮涂、复位等。

② 点击"保存"按钮，此时设置的数据和模式就可以生效了，再点击"启动"按钮机械臂开始作业。

③ 若需要停止作业，点击"停止"按钮即可。

（13）机器设置。

机器设置界面（图 7-25）在手动模式和自动模式皆可使用。可进行电池低电量百分比、低余料、缺料停机报警、主漆管道停料压力、固化剂管道停料压力等参数设置，保证

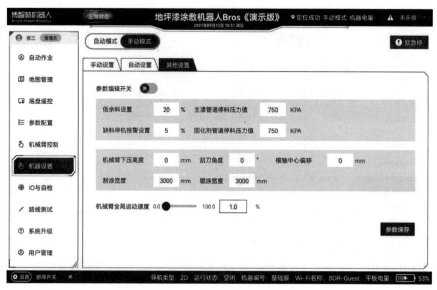

图 7-25　机器设置界面

机器人能够正常自动化作业。主漆管道当前压力值、固化剂管道当前压力值实时显示作业
状态。

1）手动设置。需要将电机控制施工处于开机状态，输入相应主漆转速和转速比参数，
固化剂供料电机转速即可以自动生成。在进行出料前，确保混料电机打开、夹管阀打开，
点击参数保存即可生效。若要停止出料，则将主漆转速和固化剂转速设置为零，关闭夹管
阀和混料电机，点击参数保存即可，界面如图 7-26 所示。

2）自动设置。需关闭电机控制使能（确保电机处于自动模式）、输入主漆电机转速和
转速比，点击参数保存生效。自动模式下也可以实时控制料的流量，界面如图 7-27 所示。

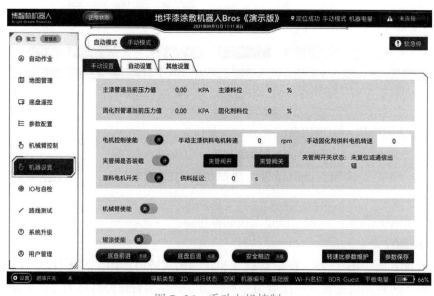

图 7-26　手动电机控制

图 7-27　自动转速设置界面

7. 环氧树脂地坪漆验收标准

（1）环境温度为 25℃时，施工 2～3d 应达到实干，即硬度达到完成固化的 80% 左右；

（2）表面不能出现发粘现象；

（3）气泡：平涂型、砂浆型无气泡，自流平允许 1 个小气泡 /10m²；

（4）流平性好，无镘刀痕，大面积接口处基本平整；

（5）无浮色发花，颜色均匀一致，大面积接口处允许有极不明显的色差；

（6）无粗杂质，但允许有空气中的浮尘掉落在造成的极小缺陷；

（7）地坪表面应平整平滑，光泽度应达到设计要求（高光泽≥90、有光≥70、半光 50～70），平涂型为有光、水性为半光～无光；

（8）桔皮、砂浆防滑面效果应很明显。同时，环氧树脂地坪漆质量验收应满足涂料的国家相关质量要求，见表 7-8；整体面层的允许偏差及检验方法，见表 7-9。

树脂型涂料质量控制与检验　　　　　　　　　　　　　　　　　　　　表7-8

项目	顺次	质量要求	检验方法
主控项目	1	树脂型地坪漆涂装材料的品种、型号和性能应符合设计要求	观察、检查产品合格证明文件及性能检测报告和进场验收记录
	2	树脂型地坪漆涂装材料的颜色、光泽、图案应符合设计要求	观察
	3	树脂型地坪漆涂装材料应涂装均匀、粘结牢固，不得漏涂、透底、起皮、返锈	手摸检查、观察
一般项目	4	树脂型地坪漆面层颜色均匀一致，不应有起泡、起皮、泛砂等现象	观察检查
	5	树脂型地坪漆面层的允许偏差应符合表7-10的规定	按照表7-10中的检验方法检验
	6	流坠、疙瘩、咬色、光泽、皱皮高级涂装不允许、普通涂装允许少量轻微	观察

整体面层的允许偏差及检验方法　　　　　　　　　　　　　　　表7-9

项目	允许偏差（mm）			
	水泥混凝土面层	水泥砂浆面层	自流平面层	涂料面层
表面平整度	5	4	2	2
检验方法	用2m靠尺和楔形塞尺检查			

任务 7.2.3　地坪漆涂敷机器人安全事项

1. 机器人使用安全注意事项

（1）施工现场操作人员、维护人员必须经过正规的机器人操作及安全培训，并考核合格后，才能对机器人进行操作、维护和维修。禁止非专业人员、培训未合格的人员操作维护机器人，以免对该人员和机器人设备造成严重损害。

（2）严禁酒后、疲劳上岗。

（3）进入涂敷施工现场前，现场操作人员、维护人员必须按要求穿戴好劳动保护用品：安全帽、反光衣、劳保鞋、防尘口罩。不穿戴个人防护用品，禁止上工地开展施工作业。

（4）安全用电。涂敷机器人主电源用电需遵守工地安全用电规定，同时，按规定使用项目部设置专用的合规电源柜，并进行相关安全标识、防护与警示。

（5）场地围护。地坪漆涂敷机器人施工作业前，需设置安全距离和安全警戒，确保人机安全；地坪漆涂敷机器人在施工作业时，除工作人员外禁止其他人员在地坪漆涂敷机器人作业范围内停留、穿插作业等。

（6）开机检查。开机前，必须按照要求检查三相电源、配电箱及主电源线缆，若发现有漏电、线缆破损、保护装置动作异常等不良现象，禁止开启主电源；

（7）机器人运行过程。严禁在设备上放置与作业无关物品，禁止在作业现场堆放影响机器人安全运行的物品，严禁操作者离开现场；禁止任何无关人员在机器人作业范围内停留；

（8）任何正在运动中的机器人都是潜在的致命机械！机器人在运动时，可能会执行与期望不符甚至是不合理的运动。当发生碰撞时，会对其工作范围内的人员和设备造成严重伤害或损害。移动机器时应注意避免碾压供电电缆；

（9）紧急停止仅用于在危险情况下立刻停止机器人运作，不能将紧急停止作为正常的程序停止，否则将对机器人抱闸系统和传动系统造成额外磨损，降低机器人的使用寿命。

2. 安全文明施工措施

（1）项目经理（安全负责人）负责全面落实安全施工，杜绝安全事故；建立项目安全管理制度，设立安全生产管理网络，并落实到班组、个人；施工人员进场后应进行三级安全教育，安全培训合格后方可进场施工，并对施工班组进行安全交底；

（2）机器人施工班组在每天安排施工任务前，要进行安全交底；

（3）安全员每天应对机器人现场巡查，对存在问题督促相关人员进行整改。整改合格

后方可施工;

（4）安全文明、合理组织施工，注意施工环境卫生；油性漆施工场所禁止烟火，材料存放处须阴凉、通风、严禁烟火;

（5）主漆和固化剂会发生化学反应释放有毒气体，对人体健康造成巨大的伤害；天那水也是地坪漆涂敷的重要原材料，具有较强的腐蚀性和易燃易爆性，如沾染皮肤，用大量肥皂和水清洗，严重者及时就医;

（6）油漆运送时要特别注意保持罐盖向上的正立位置；严禁油漆倒入下水道或排水管；弃置油漆废物应符合施工垃圾处理环保标准;

（7）严格设备管理，及时将各种绳索、电缆线盘整好，并妥善存放;

（8）设备充电时（充电时需专人看护）远离热源、火花、明火、热表面、禁止吸烟;

（9）如遇火灾，使用二氧化碳、干粉、泡沫、砂土灭火，不得用水灭火;

（10）转场及包装运输时，避障雷达处在关闭状态，操作人员须谨慎操作，及时避让人和物。

3. 文明施工管理措施

（1）施工人员进场后应进行文明施工的教育工作，施工人员在施工时不吵闹，佩带证件上岗，施工现场严禁大小便，一经发现必将严罚，做到工完场清，工完料清。

（2）保持现场清洁，材料码放整齐，机具施工完毕后清洗干净移交给仓库；对施工中产生的杂物用袋子装运整齐，清理出现场。

4. 环境保护措施

为了保护和改善生活环境与生态环境，防止由于建筑施工造成的作业污染和扰民，保障建筑工地附近居民和施工人员的身体健康，特制定如下现场环境保护和环境卫生措施:

（1）防止大气污染：施工垃圾装袋人工运到指定地点，严禁随意凌空抛撒造成扬尘，施工垃圾要及时清运，适当洒水减少扬尘。

（2）防止水污染：油漆涂料，要防止跑、冒、滴、漏，污染水体。当油漆打翻外漏时，用砂或泥土覆盖后扫掉，切勿将油漆倒入下水道或排水管。

（3）防噪声污染：提倡文明施工，尽量减少人为的大声喧哗，增强全体施工人员防噪声扰民的自觉意识。

5. 开机前检查项目以及开机操作

（1）检查供电电池线路及接头、电机动力线缆、编码器线缆、抱闸线缆、各传感器线缆（包括光电开关及行程开关等）状态，存在线路破损、老化，接头松动、积尘等现象时禁止开机。

（2）检查急停按钮可操作性及急停功能是否完好，如有异常禁止开机。

（3）检查地坪漆涂敷机器人本体、电控柜箱、传动机构等外部防护装置的完整性，防护设施不完整时禁止开机。

（4）检查地坪漆涂敷机器人机身及相应的设备功能完整性，若出现破损、裂纹、断裂现象时禁止开机。

（5）检查电控柜内状态，存在杂物、积灰、浸液等异常时禁止开机。

6. 其他操作注意事项

（1）设备运转过程中出现异响、振动、异味或其他异常现象，必须立即停止地坪漆涂敷机器人，及时通知维修人员进行维修，严禁私自拆卸、维修设备。

（2）设备运行过程中，须设置警示区域，与无关人员保持一定的安全距离，而且，严禁对设备进行调整、维修等作业。

（3）如需要手动控制机器人时，应确保地坪漆涂敷机器人动作范围内无任何人员或障碍物，应预先识别地坪漆涂敷机器人运行轨迹并将移动速度由慢到快逐渐调整，进行转向时一定要降低速度到安全范围之内，避免速度突然变快打破地坪漆涂敷机器人稳定状态。

（4）严禁任何人员对地坪漆涂敷机器人进行野蛮操作，严禁强制按压、推拉各执行机构，不允许使用工具敲打、撞击地坪漆涂敷机器人。

（5）操作过程中，不得随意修改机器人各运行参数，严禁无关人员触动控制按钮。

（6）电池充放电时应明确区分充电、放电接头，电池接头应连接牢固，无松动，备用电池应该放入换电池小车，禁止电池接地，充电时必须有人员在场。

（7）维修保养时应关闭设备总电源并挂牌警示，地坪漆涂敷机器人需储存在专用仓库。

（8）当地坪漆涂敷机器人着火时，使用适宜的灭火工具进行扑灭。

（9）图7-28为机器或工地中一些常见安全标识，须按标识指示执行。

禁止攀登

当心触电

当心机械伤人

当心有毒

易燃易爆

佩戴防毒口罩

图7-28 常见安全标识

单元 7.3 地坪漆涂敷机器人维修保养

任务 7.3.1 地坪漆涂敷机器人维护

1. 地坪漆涂敷机器人日常维护

（1）维修保养人员需要经过理论培训和实操培训，并通过考试方可进行实际操控作业。

（2）在作业时需要佩戴安全帽、反光衣、劳保鞋、防毒面具、手套。

（3）地坪涂敷机器人点检项目详见表 7-10。

2. 地坪漆涂敷机器人定期维护

地坪涂敷机器人点检项目见表 7-11。

点检项目表   表7-10

序号	设备点检	检查方式	注意事项
1	刮刀	检查齿刀是否磨损严重	1. 佩戴手套 2. 停止作业及时清洗（天那水）
2	动态混合管	通过Pad控制看是否能正常旋转动作	停止作业及时清洗（天那水）
3	夹管阀	通过Pad控制看是否能正常夹紧动作	佩戴手套 停止作业及时清洗（天那水）
4	硬管路	检查是否存在泄露	对泄露处进行禁锢甚至更换密封圈
5	软管路	检查软管路是否软化或磨损	一旦发现软管路发生软化，及时更换软管路
6	液位传感器	通过Pad查看液位传感器是否正常显示示数、是否合理	示数不能显示检查线路连接 传感器损坏，更换传感器重新标定
7	压力传感器	通过Pad查看压力传感器是否正常显示示数	在出料时示数会加大，正常情况下不会超过12mA，若示数过大且出料口无出料表示堵管，需要进行堵管排查

维修保养表   表7-11

序号	维修等级	时间间隔	保养位置
1	小修	每天	1. 清洗刮刀 2. 清洗动态混合管路 3. 清理弹簧导轨 4. 麦克纳姆轮（清洁度、有无异物、架构）
		每周	1. 更换刮刀 2. 清理管路杂质
		每月	1. 软管路 2. 硬管路
2	中修	每季度	1. 螺杆泵定子磨损程度 2. 电机、减速器元件
3	大修	每1～1.5年	1. 电池 2. 螺杆泵 3. 麦克纳姆轮 4. 橡胶轮更换

装饰工程机器人施工

任务 7.3.2　地坪漆涂敷机器人常见故障及处理

地坪漆涂装常见故障及处理方法，详见表 7-12～表 7-14。

地坪漆涂敷机器人常见故障及处理方法　　　　　　　　　　　表7-12

序号	故障	解决方案
1	在作业的过程中，螺杆泵电机或混合电机都未运行	暂停作业，检查驱动器是否报警，若报警则需要进行重启使得驱动器恢复正常
2	机械臂初始化成功后未始能	1. 点击Pad上的故障复位按钮 2. 重启机器人 3. 在示教器端将机械臂的运行方式转换成自动模式，然后点击使能按钮，在切换成远程控制模式
3	底盘无法正常运行	查看底盘的伺服驱动器是否报警，若存在报警，重启底盘报警就会消失；若重启之后报警仍存在，需要通过驱动器软件进行错误排查
4	机械臂在工作过程中保护性停止	修改下压的数值，将下压的距离减少
5	定位异常停机	根据现场环境重新对图，下发路径重新作业
6	视觉异常	根据Pad显示的错误进行操作 1. 调整车体位置 2. 研发人员工程师到场排查问题 3. 通讯线是否正常
7	通讯故障停机	检查通讯线是否正常，在正常的情况下重新下发路径，重新作业
8	一键开关按钮无反应	1. 电池按钮是否被按下 2. Stm32控制线是否脱落
9	机械臂程序未加载或加载错误	正常情况下，机器人会自动加载程序，当该错误出现时检测示教器是否上电，是否处于远程控制模式，若示教器界面显示初始化中，则重启整机
10	夹管阀电机开关无反应	1. 首先确认夹管阀开关是否被地坪漆材料沾染并固化 2. 插拔电机供电线路
11	夹管阀开关状态不理想（无法夹紧）	调整夹管阀夹片安装位置
12	动态混合器旋转电机无法应	1. 手动旋转动态混合器电机，是否被地坪漆材料沾染并固化 2. 查看电箱驱动器是否报警，若报警需要检查末端线路是否脱落 3. 检查动态混合器是否有电机转动的声音，若有声音，但是动态混合管不旋转，需拆开动态混合管检查联动皮带是否断裂
13	固化剂管路断裂	1. 在断裂处安装临时连接头（临时） 2. 更换新的固化剂管路
14	主漆管路泄漏	1. 用内六角拆开泄露处，调整密封圈重新安装 2. 用内六角拆开泄露处，更换新的管接头（密封圈、密封胶）
15	在作业过程中，出料口无材料泵送出来，主漆管路压力过高	1. 长时间未作业材料固化，检查动态混合管内是否固化，若固化需要进行更换动态混合器。（注意长时间停机，需要用单组合材料将动态混合器内的混合材料排出，排出的材料人工施工使用） 2. 拆卸硬管路与机械臂连接处，查看Pad界面压力参数是否正常，若不正常，则表示前段未堵塞，堵塞处在泵料系统端；拆下主漆料筒的侧板，拆下螺杆泵与料管的连接处，查看Pad界面压力参数，压力值降到正常。此时需要对管路进行清理（在将材料倒入机器人前采用过滤网进行过滤，基本不会出现这个问题）
16	急停触发	将机械臂、机器人的所有急停按钮处于空闲状态，在Pad上点击复位按钮

续表

序号	故障	解决方案
17	驱动器故障报警	1. 打开电控柜查看驱动器是否有红灯亮起 2. 点击故障恢复，或断电重启机器人
18	机械臂异常	1. 点击故障复位按钮 2. 机器人重启 以上方式都无法消除，需要通过驱动器线进行消除（可以联系售后人员进行协助）
19	机械臂作业时关节异常	1. 联系售后人员进行零点标定 2. 返厂维修

地坪漆涂装常见故障及处理方法　　　　　　　　　　　　　　表7-13

序号	故障现象	故障原因	解决办法
1	堵塞	未及时清理混合管，造成该处固化	更换混合管，清理混合器
2	有漏涂现象	1. 刮刀磨损 2. 出料量太小 3. 车体运动速度过快	1. 更换刮刀 2. 调整出料量 3. 减慢刮涂速度
3	涂敷后料不固化	1. 比例调整不合适 2. 螺杆泵磨损 3. 管道有泄漏	1. 重测单位时间出料量，并确定有无计算错误 2. 更换螺杆泵定子及转子 3. 维修管道

地坪漆涂装常见质量问题及处理方法　　　　　　　　　　　　表7-14

序号	问题	形成原因	解决方案	案例
1	起泡：地坪漆干后，涂层表面与漆膜之间，或两层涂料之间出现大小不等的突起圆形泡	1. 基础处理不合要求，含水率过高或有地下水或基层没做防水 2. 基础表面有油污、灰尘、水泡等，这些不洁物周围沾有水分 3. 底漆未干时就施工饰面涂料，基础的接合处及孔眼未填实，有空隙孔眼等	1. 基础含水率应在8%以内 2. 补做防水层或防水砂浆 3. 底或中涂层涂料充分干燥后，再刷面漆 4. 应将基础接合处的空隙和孔眼用腻子填实，并打磨平整后再刷涂面层 5. 参考针孔的对策，如轻微起泡可待涂料干透后用水砂纸打磨平整，再补涂料。对气泡严重的，先破气泡，用砂纸打磨平整并清理干净，然后再按地坪施工工艺涂装	
2	针孔：漆膜表面出现的一种凹陷透底的尖细孔现象	1. 基底处理不到位 2. 底层未完全干透即施工第二遍 3. 一次性施工过厚 4. 固化剂加入过多 5. 环境温度湿度高 6. 基础含水率过高	1. 对基础要打磨平整然后用底涂封闭 2. 多次施工时，重涂时间要间隔充分，待下层充分干燥后再施工第二遍 3. 涂料的黏稠度适中 4. 一次性施工厚度适中 5. 使用指定的固化剂，按指定的比例配比施工 6. 避免在温度和湿度高的时候施工 7. 大面积针孔处理时，先将针孔磨破，再用快干的地坪漆涂料将孔密封	

装饰工程机器人施工

续表

序号	问题	形成原因	解决方案	案例
3	咬底：面漆中的溶剂把底层的漆膜软化、溶胀，导致底层漆膜的附着力变差，而引发的揭底现象	1. 前一道工序未完全干燥就涂装下一道工艺，引起咬底 2. 前一道涂层固化剂用量不够，交联不充分 3. 前后二遍涂料不配套	1. 前一道工序未完全干燥就涂装下一道工艺，引起咬底 2. 前一道涂层固化剂用量不够，交联不充分 3. 前后二遍涂料不配套	
4	发白：是涂膜含有水分或其他液体，涂膜颜色比原来的淡白，涂膜呈现白雾	1. 基础含水率过高，水分挥发积留于漆膜中导致发白 2. 环境湿度过高 3. 涂料施工过厚 4. 固化剂配套错误，与涂料不相容而发白	1. 基础施工前仔细检查，含水率不宜超过8% 2. 涂料一次施工不应过厚 3. 避免湿度高时施工 4. 施工表面保证清洁干净 5. 使用合适的固化剂	
5	失光：涂层成雾状不能获得预期的光泽	1. 被涂物面粗糙多孔吸油量大 2. 施工环境湿度太大 3. 打磨粗糙，有沙眼 4. 被涂物表面附着灰尘 5. 涂料加入固化剂后放置时间过长	1. 被涂物表面处理到位 2. 地坪漆配比要严格按照设计比例执行 3. 保持良好的通风排气 4. 保证环境温度湿度合适 5. 配制完成后的涂料要及时施工	
6	离油：涂膜表面上出现局部收缩，露出底层的花脸状，即鱼眼、缩孔等现象	1. 被涂基面有水分、油渍或油性蜡等 2. 空气压缩机及管道有水分油污 3. 涂料中混入水、油等不洁物 4. 擅自加入消泡剂等化学物品 5. 底漆受到污染	1. 被涂基面避免污染，且需打磨到位 2. 使用油水分离器并定期排水 3. 施工场所、器具避免油污，蜡等 4. 旧涂层在涂装前打磨好后再涂装，不得擅自加入其他化学物品	
7	流挂：在涂装物面凹位处，涂料产生流淌形成涂层厚薄不均，颜色聚集形成色差或下垂	1. 水加入过量，使黏度低于正常施工要求，涂料不能附在物体表面，导致下坠流淌 2. 施工场所温度太低，涂料干燥速度过慢，成膜中流动性又较大	1. 注意涂料配比，合理调配涂料 2. 施工环境温度和湿度适宜	
8	橘皮：涂层表面不光滑，呈现凹凸的状态，如橘子皮样	1. 涂料黏度过高 2. 加入固化剂后，放置时间过长才施工 3. 施工场所温度太高，干燥过快，涂层不能充分流平	1. 注意涂料的配比，合理调配涂料 2. 加入固化剂后调配后尽快用完	

续表

序号	问题	形成原因	解决方案	案例
9	坪漆不干或慢干	1. 固化剂加入量不足或未加 2. 施工温度过低，湿度过大	1. 待水分完全干后再涂装 2. 按比例加入固化剂 3. 在正常室温内施工	
10	涂层开裂/脱落/起皮：由于涂层间附着、结合不良，产生涂层脱落、剥落、起鼓、起皮等病态现象	1. 选用材料不当，造成基础层间附着力不佳 2. 底漆、面漆不配套，造成层间附着力欠佳 3. 基础表面不洁，粘有油污，水分或其他污物 4. 基础处理不当 5. 施工温度过低 6. 底层未干透即施工下道工艺，底层面层收缩率不一致而导致开裂，从而影响层间附着力	1. 选择配套的底漆、面漆 2. 基础表面处理时要将油污、水分或其他污染物清除 3. 基础要经过打磨、修整再刮涂 4. 底涂干透后并经打磨方可涂装，以增加层间的附着力 5. 及时保养维护	

小结

地坪涂装是采用地坪涂敷设备将合成树脂基和聚合物水泥复合地坪装饰材料涂装在水泥砂浆、混凝土等基面上，对地面起装饰、保护作用以及具有特殊功能（防静电、防滑性等）要求。地坪涂装主要由地坪漆涂装器人施工完成，修边收口由人工地坪漆涂装机人工施工补完。

地坪漆（环氧地坪漆）人工施工流程包括素底打磨及缺陷修补→涂底漆→中涂→中涂打磨及缺陷修补→涂面漆。完工质量检查。

地坪漆涂装器人施工流程包括扫图路径规划→基面打磨→底漆刮涂施工→中涂刮涂施工→中涂漆表面打磨→面漆刮涂施工。完工质量检查。

地坪漆涂装机器人施工质量参照《建筑装饰装修工程质量验收标准》GB 50210—2018、《建筑工程施工质量验收统一标准》GB 50300—2013对照地坪漆涂装质量要求执行。

地坪漆参照《地坪涂装材料》GB/T 22374—2018规范，对其有害物质限制要求、物理性能要求（底涂、中涂、面涂）、特殊性能等技术要求执行。

巩固练习

一、单项选择题

1. 地坪漆涂敷机器人施工前应进行地面处理，要求地面平整度偏差值不大于（　　）mm，表面拉拔强度大于或等于（　　）MPa、环境温度（　　）。

A.≤±2mm，≥1.5MPa，5～35℃　　　　B.≥±2mm，≤1.5MPa，5～35℃

C.≤±2mm，≥2MPa，10℃　　　　D.≤±2mm，≥1.5MPa，0～30℃

2. 根据地坪漆涂敷机器人施工准备要求，混凝土龄期（　　）、混凝土强度等级（　　）。

A.>28d，≥C20　　　　B.>7d，≥C20

C.>14d，≥C20　　　　D.>14d，≥C15

3. 环氧地坪多用于工厂有重负荷运行的车间、仓库、通道、（　　）等区域。

A.地下停车场　　　B.首层大型超市　　　C.楼上影视城　　　D.学生阶梯教室

4. 地坪漆涂敷机器人可以取代人工完成相关施工作业（　　）。

A.无需人员操作

B.施工中现场不能有人

C.施工时地坪漆涂敷机器人应用工程师不得离场

D.地坪漆涂敷机器人可以完成全部地坪涂装施工

5. 环氧地坪漆具有防尘、防腐、（　　）、防静电、耐磨、耐冲击、装饰性、易于清洁等优点。

A.防碰撞　　　B.防滑　　　C.防超速　　　D.防污染

6. 国标将地坪涂装材料按照（　　）种方式进行分类。

A.1　　　B.2　　　C.3　　　D.4

7. 地坪涂装材料按（　　）分为底涂（D）、中涂（Z）、面涂（M）。

A.使用要求　　　B.涂层结构　　　C.装饰构造　　　D.施工顺序

8. 常见的涂装地坪按功能特点分为耐重涂装地坪、弹性涂装地坪、防静电涂装地坪、（　　）。

A.防滑涂装地坪　　　B.强力涂装地坪　　　C.专用涂装地坪　　　D.防水涂装地坪

9. 地坪涂装材料有害物质限量要求规定，游离甲醛不超过（　　）（mg/kg）。

A.200　　　B.300　　　C.150　　　D.100

10. 环氧树脂地坪漆涂装施工工艺：地坪打磨、清扫—（　　）—地坪中涂—伸缩缝填补—环氧树脂腻子层—打磨、清扫、环氧树脂地坪面漆。

A.基底腻子　　　B.机器充电　　　C.环氧地坪底漆　　　D.下发地图

二、多项选择题

1. 地坪漆涂敷机器人功能点包括（　　）。

A.墙边检测和刮涂　　B.大面积刮涂功能　　C.自主导航

D.路径规划　　　　　E.行驶功能

2. 地坪漆涂敷机器人功能点包括（　　）。

A.故障报警　　　　　B.控制模式　　　　　C.物料自动混合功能

D.精准出料控制功能　　　　　　　　　　　E.停障保护

3. 地坪漆涂敷机器人功能点包括（　　）。

A.爬坡功能　　　　　B.越障功能　　　　　C.管路压力检测功能

D.地面高低起伏自适应功能　　　　　　　　E.浓度检测功能

4. 地坪漆涂敷机器人整机性能参数包括（　　）。

A.电池工作电压　　　B.充电器供电电压　　C.充电时间

D.续航时间　　　　　E.机器人重量

5. 地坪漆涂敷机器人用户关注性能参数包括（　　）。

A.爬坡能力　　　　　B.末端额定载重　　　C.越障高度

D.整机寿命　　　　　E.产品说明书

6. 地坪漆涂敷机器人整机结构包括（　　）。

A.激光定位雷达　　　B.电池仓　　　　　　C.主漆料箱

D.副漆料箱　　　　　E.固化剂料箱

7. 对比传统施工方式，地坪漆涂敷机器人施工有以下优点（　　）。

A.安全管理更简化　　B.材料使用率更高　　C.综合施工成本更低

D.施工效率更高　　　E.工人劳动强度低

8. 地坪漆涂敷机器人施工要点包括（　　）。

A.开机前检查　　　　B.路径建图　　　　　C.开机

D.地坪漆涂敷机器人施工操作　　　　　　　E.停机操作

9. 地坪漆涂敷机器人使用安全注意事项包括（　　）。

A.严禁酒后、疲劳上岗

B.现场操作人员，穿戴个人防护用品

C.施工现场操作人员、维护人员必须经过正规的地坪漆涂敷机器人操作及安全培训，并考核合格

D.地坪漆涂敷机器人需按规定使用项目部设置专用的合规电源柜

E.设置安全距离和安全警戒，确保人机安全

10. 地坪漆涂敷机器人施工时，安全文明施工措施要求（　　）。

A.项目经理（安全负责人）负责全面落实安全施工，建立项目安全管理制度

B.项目部建立安全总结例会制度

C.项目设立专职安全员，负责施工现场的安全检查

D.油性漆施工场所禁止烟火，材料存放处须阴凉、通风、严禁烟火

E.现场临时配电箱应有专人负责操作

三、判断题

1. 环氧树脂地坪漆施工材料有专用的环氧底漆、环氧中涂、环氧面漆、腻子粉、石英砂和稀释剂。 （　　）

2. 喷涂是一种普遍使用的工业化涂敷方法，其原理是将地坪漆涂料喷涂成细小的雾滴并送到工作表面。 （　　）

3. 静电喷涂法利用高压静电场进行喷涂，可连续自动化生产，生产效率高。 （　　）

4. 环氧树脂地坪漆施工验收标准要求，环境温度为 25℃时，施工后 2～3d 应达到实干，即硬度达到完成固化的 80% 左右。 （　　）

5. 施工现场甲方提出修改原树脂型地坪漆涂装的材料颜色和图案改变，施工方应按甲方意思即可调整施工，避免造成材料浪费。 （　　）

6. 地坪涂装现场，如遇火灾，使用二氧化碳、干粉、泡沫、砂土灭火，不可用水灭火。 （　　）

7. 材料搅拌、腻子打磨、涂料喷涂等专职人员工作时，应戴好手套和口罩。 （　　）

8. 检查急停按钮可操作性及急停功能是否完好，如有异常禁止开机。 （　　）

9. 维修保养时应关闭设备总电源并挂牌警示，机器人需储存在专用仓库。 （　　）

10. 地坪漆涂敷机器人维修保养人员在作业时需要佩戴安全帽、反光衣、劳保鞋、防毒面具、手套。 （　　）

四、简答题

1. 简述地坪漆涂敷机器人施工的工艺流程。

2. 简述地坪漆涂敷机器人施工的作业条件都有哪些?

3. 地坪漆干后，涂层表面与漆膜之间，或两层涂料之间出现大小不等的突起圆形泡，俗称起泡，简述形成原因和解决方案。

项目 8 卷扬式外墙乳胶漆喷涂机器人 >>>

【知识要点】

　　掌握外墙乳胶漆喷涂机器人施工；了解卷扬式外墙乳胶漆喷涂机器人功能、结构与特点；了解卷扬式外墙乳胶漆喷涂机器人常见故障的处理办法及维护保养。

【能力要求】

　　具备检测与判定卷扬式外墙乳胶漆喷涂机器人的施工条件、编制卷扬式外墙乳胶漆喷涂机器人的施工规划、正确对卷扬式外墙乳胶漆喷涂机器人常见故障分析并进行维护与保养的能力。

单元 8.1 外墙乳胶漆涂料及其技术要求

任务 8.1.1 常用外墙乳胶漆的种类

依据《建筑外墙涂料通用技术要求》JG/T 512—2017 可知，常用外墙乳胶漆的种类可以按涂料体系涂层的构成以及按涂料体系干膜的厚度进行分类，具体如下：

1. 按涂料体系涂层的构成分类

（1）两层涂料体系。两层涂料体系按基料的不同分为：合成树脂乳液型涂料体系、溶剂型涂料体系、无机型涂料体系三类。

（2）复层涂料体系。复层体系的中涂通常以合成树脂乳液或无机胶凝材料或无机高分子聚合物为基料，面涂为合成树脂乳液型涂料或溶剂型涂料。

2. 按涂料体系干膜的厚度

（1）薄型涂料体系。涂料体系干膜厚度小于 1.0mm。

（2）厚型涂料体系。涂料体系干膜厚度不小于 1.0mm。

3. 外墙乳胶漆的技术要求

依据《建筑外墙涂料通用技术要求》JG/T 512—2017 可知，常用外墙乳胶漆的技术要求如下：

（1）涂料体系的各组成材料应相容、并配套使用。选用的腻子应与涂料体系相容、性能匹配，并应符合《建筑外墙用腻子》JG/T 157—2009 的规定。

（2）涂料体系应根据基层特性合理选用，并应符合国家现行相关标准的要求。

（3）涂料体系应与施工温度及湿度相适应。

（4）应根据建筑物所接触大气腐蚀环境和涂层设计使用寿命等因素选用不同涂料体系。

（5）外墙涂料中有害物质限量应符合《建筑用墙面涂料中有害物质限量》GB 18582—2020 的要求，宜采用水性外墙涂料。

（6）涂料体系分项性能。

1）低温稳定性：不变质。

2）初期干燥抗裂性：6h 无裂纹。

3）耐水性，应符合表 8-1 的规定。

4）耐碱性，应符合表 8-2 的规定。

5）耐洗刷性，应符合表 8-3 的规定。

耐水性分级（单位：h）　　　　　　　　　　　　　　　　　　　　表8-1

分级	I	II
分级指标	96	168
	无异常	

耐碱性分级（单位：h）　　　　　　　　　　表8-2

分级	I	II	III
分级指标	48	96	168
	无异常		

耐洗刷性分级（单位：次）　　　　　　　　　表8-3

分级	I	II	III
分级指标	≥2000	≥5000	≥10000

第III级应在分级后同时注明具体检测的耐洗刷性数值。

6）耐人工气候老化性，应符合表8-4的规定。

耐人工气候老化性分级（单位：h）　　　　　　　　表8-4

分级	I	II	III	IV	V	VI
分级指标	≥600	≥1000	≥1500	≥2500	≥4000	≥5000
	按GB/T 1766评定等级：白色和浅色粉化不应低于I级，变色不应低于II级；其他色（白色和浅色以外的颜色）商定					

7）耐沾污性，应符合表8-5的规定。

耐沾污性分级　　　　　　　　　　　　　表8-5

分级		I	II	III	III
分级指标	平涂层（%）	<20	≤15	≤10	≤5
	凹凸状或粗糙表面（级）	2	2	1	0

8）耐温变性，应符合表8-6的规定。

耐温变性分级（单位：次）　　　　　　　　　表8-6

分级	I	II	III
分级指标	3	5	10
	无异常		

9）耐冻融性：冻融循环30次，拉伸黏结强度应大于或等于0.10MPa。

10）粘结强度，应符合表8-7的规定。

粘结强度分级（单位：MPa）　　　　　　　　表8-7

分级		I	II
分级指标	标准状态	<20	≤15
	浸水后	2	2

第II级应在分级后同时注明具体检测的粘结强度数值

11）耐冲击性，应符合表8-8的规定。

耐冲击性分级（单位：J） 表8-8

分级	I	II	III
分级指标	≥2000	≥5000	≥10000

12）吸水性（W），应符合表8-9的规定。

吸水性（W）分级（单位：kg/（$m^2 \cdot \sqrt{h}$）） 表8-9

分级	I	II	III
分级指标	$W>0.50$	$0.10 \leqslant W \leqslant 0.50$	$W<0.10$

注：应给出涂层体系的构成及涂层的干膜厚度

13）水蒸气透过率（V），应符合表8-10的规定。

水蒸气透过率（V）分级（单位：g/（$m^2 \cdot d$）） 表8-10

分级	I	II			III
		II-1	II-2	II-3	
分级指标	$V<15$	$15 \leqslant V<20.4$	$20.4 \leqslant V<40.8$	$40.8 \leqslant V<150$	$V \geqslant 150$

注：应给出涂层体系的构成及涂层的干膜厚度

14）柔韧性：直径50mm，无裂纹。

15）拉伸强度：标准状态下拉伸强度应不小于2.0MPa。

16）断裂伸长率，应符合表8-11的规定。

断裂伸长率分级（单位：%） 表8-11

分级		I	II
分级指标	标准状态下	≥150	
	0℃	≥35	—
	-10℃	—	≥35

注：第II级应在分级后同时注明具体检测的粘结强度数值。

17）耐霉菌性，应符合表8-12的规定。

18）抗藻性，应符合表8-13的规定。

（7）涂料体系技术性能和分级。涂料体系技术性能和分级，应符合表8-14的规定。

耐霉菌性分级（单位：%）　　　　　　　　　表8-12

分级		I	II	III
分级指标	样品表面长霉的覆盖面积S	10<S≤30	S≤10或肉眼难见	50倍放大镜无明显长霉

注：应在涂层耐人工气候老化后进行

抗藻性分级（单位：%）　　　　　　　　　表8-13

分级		I	II	III
分级指标	藻生长面积S	10<S≤30	S≤10或肉眼难见	未生长藻

涂料体系技术性能和分级要求　　　　　　　　　表8-14

项目 分级指标	两层涂料体系						复层涂料体系	
	合成树脂乳液型涂料体系		溶剂型涂料体系		无机型涂料体系			
	薄型	厚型	薄型	厚型	薄型	厚型	薄型	厚型
低温稳定性	搅拌混合后无结块，呈均匀状态							
初期干燥抗裂性（6h）	—	无裂纹	—	无裂纹	—	无裂纹	—	无裂纹
耐水性	不应低于I级，但水性氟树脂涂料应为II级		II级		II级		不应低于I级，但水性氟树脂涂料应为II级	
耐碱性	不应低于I级，但水性氟树脂涂料应为III级		不应低于I级，但溶剂型氟树脂涂料应为III级		III级		不应低于I级，但水性氟树脂涂料应为III级	
耐洗刷性	不应低于II级，但水性氟树脂涂料应为III级		不应低于I级，但溶剂型氟树脂涂料应为III级		不应低于I级		平面状涂层涂料不应低于I级，但合成树脂乳液型涂料不应低于II级，水性氟树脂涂料应为III级	
耐人工气候老化性	不应低于I级，但水性氟树脂涂料应为V级		不应低于II级，但溶剂型氟树脂涂料应为VI级		不应低于I级		不应低于I级，但水性氟树脂涂料不应低于V级	
	高层建筑用外墙涂料及各种外保温构造饰面用外墙涂料不宜低于III级							
耐沾污性	不应低于II级，但水性氟树脂涂料应为III级，弹性涂料可不低于I级		不应低于II级，但溶剂型氟树脂涂料应为III级		不应低于II级		不应低于II级，但水性氟树脂涂料不应低于III级	
	高级涂饰工程及高层建筑用外墙涂料不应低于II级							
耐温变性	不应低于I级，但水性氟树脂涂料应为III级		不应低于II级，但溶剂型氟树脂涂料应为III级		不应低于II级		不应低于II级，但水性氟树脂涂料应为III级	
耐冻融性	仅用于外保温系统时，有此项要求							
粘结强度	—	不应低于I级	—	不应低于I级	—	不应低于I级	应为II级	
耐冲击性	仅用于墙体外保温时，二层及以上不应低于II级，首层应为III级	不应低于I级，但用于墙体外保温时，二层及以上不应低于II级，首层应为III级	仅用于墙体外保温时，二层及以上不应低于II级，首层应为III级	不应低于I级。但用于墙体外保温时，二层及以上不应低于II级，首层应为III级	仅用于墙体外保温时，二层及以上不应低于II级，首层应为III级	不应低于I级，但用于墙体外保温时，二层及以上不应低于II级，首层应为III级	不应低于I级。但用于墙体外保温时，二层及以上不应低于II级，首层应为III级	

续表

项目 分级指标	两层涂料体系						复层涂料体系	
	合成树脂乳液型涂料 体系		溶剂型涂料体系		无机型涂料体系			
	薄型	厚型	薄型	厚型	薄型	厚型	薄型	厚型
吸水性	除干燥少雨地区外，在未做外防水的多孔性墙体基材上使用的外墙涂料不应低于II级，在保温层基材上使用的外墙涂料应为III级							
水蒸气透过率	在多孔性基材上使用的外墙涂料不应低于II-1级（弹性涂料可不做此项要求），在发泡类、多孔类保温基材上使用的外墙涂料不宜低于II-2级，在纤维状保温基材上使用的外墙涂料不宜低于II-3级，严寒地区宜提高一个级别							
柔韧性	—		—		直径50mm，无裂纹		—	
拉伸强度	仅用于弹性涂料，标准状态下≥2.0MPa				—		仅用于弹性涂料，标准状态下≥2.0MPa	
断裂伸长率	仅用于弹性涂料，夏热冬暖地区不应低于I级，温和地区、夏热冬冷地区、寒冷地区和严寒地区应为II级				—		仅用于弹性涂料，夏热冬暖地区不应低于I级，温和地区、夏热冬冷地区、寒冷地区和严寒地区应为II级	
耐霉菌性	年降水量在1000mm及以上地区，不宜低于III级 年降水量大于800mm，小于1000mm地区，不宜低于II级 年降水量大于600mm，小于800mm地区，不宜低于I级 最热月相对湿度不大于70%时，可不考虑耐霉菌性要求							
抗藻性	年降水量在1000mm及以上地区，不宜低于III级 年降水量大于800mm，小于1000mm地区，不宜低于II级 年降水量大于600mm，小于800mm地区，不宜低于I级 最热月相对湿度不大于70%时，可不考虑抗藻性要求							

单元 8.2　卷扬式外墙乳胶漆喷涂机器人性能

任务 8.2.1　乳胶漆喷涂机器人概述与功能

1. 乳胶漆喷涂机器人概述

目前建筑外墙的喷涂作业均为传统的人工作业方式。存在作业效率低、用工成本高、人员危险系数高等问题。因此，研发卷扬式外墙乳胶漆喷涂机器人并用机器人作业代替人工作业，既可以节省大量的劳动力，提高施工效率，降低生产成本，提高施工质量，同时也可避免涂料对工人健康的危害。

卷扬式外墙乳胶漆喷涂机器人，用于建筑外墙乳胶漆涂料的喷涂施工，通过放置于楼顶的悬挂总成，利用钢丝绳将喷涂总成部分的喷涂机构置于建筑外墙，实现建筑外墙乳胶漆的全自动喷涂施工。

卷扬式外墙乳胶漆喷涂机器人有如下优势：

（1）减少人在外墙乳胶漆喷涂施工时的高空坠落危险；

（2）减少化学涂料对施工人员的健康危害；

（3）施工质量更加稳定；

（4）提升工作效率，降低施工成本。

主要应用环境为100m高度范围内的高层住宅或商业建筑外墙面。针对使用的涂料为乳胶漆。

2. 乳胶漆喷涂机器人功能

卷扬式外墙乳胶漆喷涂机器人是一款智能高空机器人如图8-1所示，由喷涂总成与悬挂总成组成，通过放置于楼顶的悬挂总成，卷扬式起升机构中的卷筒上缠绕多层钢丝绳，利用钢丝绳将喷涂总成悬挂于建筑外墙表面，结合喷涂总成的喷涂系统与运动机构，实现全自动喷涂施工作业。卷扬式外墙乳胶漆喷涂机器人适用于中高层、小高层、高层住宅或商业建筑等建筑外墙无砂乳胶漆的喷涂施工（含功能型无砂乳胶漆，如具备反射隔热性能、高弹性能的无砂乳胶漆等，卷扬式外墙乳胶漆喷涂机器人均可以施工）。

图8-1　卷扬式外墙乳胶漆喷涂机器人渲染图

卷扬式外墙乳胶漆喷涂机器人主要功能说明见表8-15。

卷扬式外墙乳胶漆喷涂机器人主要功能　　　　　　　　　　　　表8-15

序号	功能分类	功能名称	功能描述	备注
1	安全功能	报警显示	故障时设备自动停机并报警，通过警示灯提示报警，操作面板显示报警信息供操作者参考	
2		风速检测	监控环境风速，风速超过8.3m/s后自动停机并报警，操作者可选择将机器人释放至地面	
3		倾斜检测	异常情况喷涂总成倾角≥5°，自动停机并报警，操作者可将机器人释放至地面调整并处理异常	
4		无动力下降装置	停电或突发情况设备断电，可利用无动力下降装置将机器人降落至地面	
5		悬挂总成停障功能	当人或物体与悬挂总成有触碰式碰撞时，自动停机并报警，操作者可操作面板选择恢复作业	
6		超载保护功能	监控悬挂总成受到的拉力，当拉力超过限定值时，自动停机并报警	
7		防坠落装置	若喷涂总成失速下坠，离心式安全锁自动锁住安全钢丝绳，防止喷涂总成坠落	
8		喷涂总成提升限位	自动作业状态喷涂总成提升至零点或接近悬挂总成位置时，提升上限位装置为喷涂总成提供找零参考，防止继续提升	
9		急停装置	当操作者发现设备异常时，可拍下急停开关，机器人立马停止作业	
10		插销防漏装置	自动检测料桶插销、喷涂总成钢丝绳位置插销是否插到位，若固定不到位或遗失，自动报警体系操作者插销未固定	
11		喷涂姿态稳定	通过旋翼、靠墙轮，使喷涂总成满足不超过8.3m/s时的施工姿态稳定	
12		松绳保护	悬挂总成中，当释放钢丝绳发现钢丝绳处于松弛状态时（一般喷涂总成落地时钢丝绳松弛），自动检测并报警	

续表

序号	功能分类	功能名称	功能描述	备注
13	智能施工	全自动作业	基于GPS自动规划路径,可实现全自动喷涂作业	
14		断点续喷	因天气、设备故障因素暂停作业,再次作业可在上次作业位置继续作业	
15		洞口智能启停	喷涂总成在喷涂窗户、阳台等洞口位置无需喷涂的点位时,喷枪会自动开关,以免浪费涂料	
16		余料检测	涂料量不足时提醒操作者余料不足,需要添加涂料进行施工	
17		涂料流量自动调节	操作者可直接设置涂料喷涂耗量,机器人自动给调节流量以使耗量、质量满足施工要求	
18		下限位检测	自动作业喷涂总成距离地面200mm或调整值时,施工完毕自动停机并报警	
19		喷嘴堵塞检测	自动喷涂作业中喷涂压力变化很小低于设定值时,提醒操作者喷嘴堵塞,自动停机并报警	
20		压力泄露检测	自动喷涂作业中喷涂压力变化很大超过设定值时,提醒操作者喷涂压力泄露,自动停机并报警	

卷扬式外墙乳胶漆喷涂机器人技术参数说明见表8-16。

卷扬式外墙乳胶漆喷涂机器人技术参数　　　　　　表8-16

悬挂总成			
外形尺寸（mm）	4000×2300×2950（长×宽×高）	施工范围（高度）	1.5～100m
重量	1580kg	最大悬挂重量	1000kg
移动方式	双舵轮全向自动移动	导航方式	GPS+RTK
越障高度	0～10mm	越沟宽度	0～20mm
爬坡能力	0～3°	行走速度	4m/min
起吊点跨距	1930mm	钢丝绳与女儿墙的距离	450mm
起升速度	10m/min	—	
供电方式	AC380V（含喷涂总成）	最大工作功率	6kW（1.2倍安全系数,含喷涂总成）
防护等级	IP54（含喷涂总成）	工作温度	5～45°（含喷涂总成）
抗风等级	5级（≤8.3m/s）(含喷涂总成)	—	

喷涂总成			
外形尺寸（mm）	3200×1300×2000（长×宽×高）	喷涂范围（宽度）	0～5000mm
空载重量	670kg	满载重量	900kg
喷涂介质	无砂乳胶漆	自由度	3轴
X轴行程	5000mm	X轴速度	1000mm/s
Z轴行程	500mm	Z轴速度	500mm/s
C轴范围	±65°	C轴速度	6.28rad/s
靠墙轮行程	500mm	靠墙轮跨距	2500～3500mm
涂料	120L	喷涂压力	10～22MPa

任务 8.2.2　乳胶漆喷涂机器人结构

1. 卷扬式外墙乳胶漆喷涂机器人整机结构

卷扬式外墙乳胶漆喷涂机器人整机结构如图 8-2 所示。

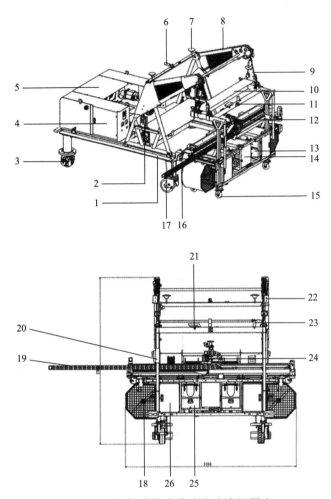

图 8-2　卷扬式外墙乳胶漆喷涂机器人

1—安全触边；2—离心式安全锁；3—行走机构动力轮；4—悬挂总成控制器；5—卷扬式起升机构及其保护模块；6—提示灯；7—GPS导航模块；8—吊臂；9—钢丝绳；10—钢丝绳配重板；11—提示灯；12—喷枪与管道；13—料箱放置区；14—喷涂机；15—喷涂总成轮组；16—靠墙轮；17—行走机构从动轮；18—旋翼及其防护罩；19—拖链；20—喷涂总成按钮盒；21—无线网桥；22—喷涂总成上到位/上限位；23—风速传感器；24—喷枪运动机构；25—涂料桶/料箱；26—喷涂总成控制器

（1）悬挂总成。安装于建筑物屋面，承载喷涂总成重量、工作载荷和运动载荷为可移动装置。

（2）喷涂总成。由喷涂系统、靠墙轮、旋翼等零部件组成，通过 X、Z 轴移动及绕 C 轴旋转运动的实现喷涂动作的组合体。

（3）安全触边。当人或物体与安全触边碰撞时，对碰撞人或物体起防护作用的装置，属安全装置。

（4）离心式安全锁。当喷涂总成的下滑速度达到锁绳速度时，能自动锁住安全钢丝绳，使喷涂总成停止下滑。

（5）行走机构动力轮、行走机构从动轮。卷扬式外墙乳胶漆喷涂机器人配备的自动导引装置，能够沿规划路径行驶。

（6）悬挂总成控制器。能控制和检测机器人机械结构并与喷涂总成、使用者进行通信。

（7）卷扬式起升机构。由电机、减速机、卷筒等零部件组成，依靠卷筒旋转运动实现喷涂总成在垂直方向的运动和定位及位置反馈的装置。

（8）提示灯。通过灯的颜色、蜂鸣器是否鸣响，反馈机器人的运行状态以提醒使用者。

（9）GPS 导航模块。基于 GPS 规划路径，使悬挂总成可实现自动行走定位。

（10）吊臂。承受喷涂总成重量、工作载荷和运动载荷的装置。

（11）钢丝绳。分为工作钢丝绳与安全钢丝绳，用于连接悬挂总成与喷涂总成（钢丝绳配重板），保证喷涂总成在垂直方向的运动与安全。

（12）钢丝绳配重板。悬挂总成与喷涂总成拆分开时，钢丝绳配重板连接钢丝绳，防止钢丝绳相互缠绕、打结，属于安全装置。

（13）喷涂总成控制器。具备逻辑控制功能的系统，能控制和检测机器人机械结构并与悬挂总成、使用者进行通信。

（14）喷枪、管道、料箱、喷涂机。与压缩气泵、控制元件（电磁阀）共同组成喷涂系统，使涂料从料箱输送至喷枪，进行喷涂。

（15）喷枪运动机构。含 X、Z 轴移动轴及 C 轴旋转轴，喷枪搭载在运动轴上，使喷枪能实现左右移动、旋转喷涂，并依靠 Z 轴调整喷枪距墙距离。

（16）拖链。装载线缆、管道，且可随喷枪运动机构移动的装置。

（17）喷涂总成轮组。安装于喷涂总成机架下方，便于喷涂总成在地面移动转移。

（18）靠墙轮。使喷涂总成在上下运行中支撑于建筑物外墙面的滚动部件，增加喷涂总成的作业稳定性。

（19）旋翼及其防护罩。产生推力使喷涂总成贴紧建筑物外墙面的部件，增加喷涂总成的作业稳定性。

（20）喷涂总成按钮盒。操作按钮，作为机器人作业过程中关键步骤（施工安全）确认与把控。

（21）无线网桥。喷涂总成与悬挂总成使用无线网桥配对后，实现喷涂总成、悬挂总成的数据传输。

（22）喷涂总成上到位 / 上限位。限制喷涂总成最高提升高度的安全装置，同时用于确认垂直高度零点位置。

（23）风速传感器。当风速超过 8.3m/s 或设置的定值后，能够报警提醒操作人员停止施工作业。

2. 运行指示灯说明

指示灯共有三种灯色。绿色、黄色、红色。

（1）绿灯。正常运行，蜂鸣器不响。

（2）黄灯。待机状态，蜂鸣器随灯闪烁频率鸣响。

（3）红灯。异常状态即报警（电机过载、电机超速、急停限位等），蜂鸣器常响。

任务 8.2.3　乳胶漆喷涂机器人特点

1. 传统施工

传统外墙涂料的施工一般采用一遍底涂、二遍面涂施工。根据工程质量要求可以适当增加面涂遍数。底漆用于封闭墙面的碱性，提高涂料与墙面的附着力，避免因墙体过于干燥而大量吸收涂料，并保证吸料量。各类型外墙涂料的施工工艺相仿。

（1）平涂。基层处理→刮腻子→砂纸打磨→刷外墙涂料。

（2）弹涂。基层处理→刮腻子→喷弹涂骨料→压花→刷外墙涂料。

（3）真石漆。基层处理→刮腻子→砂纸打磨→刷底漆→喷真石漆。

（4）仿砖效果真石漆。基层处理→刮腻子→打磨砂纸→刷底漆→按分格大小粘贴美纹纸→喷真石漆→揭掉美纹纸。

2. 外墙乳胶漆喷涂机器人施工

卷扬式外墙乳胶漆喷涂机器人的施工流程如下：前置作业条件准备→人员、机器人、工具、材料的进场工作→机器人安装→机器人施工→机器人撤场。卷扬式外墙乳胶漆喷涂机器人优势与劣势对比见表 8-17。

卷扬式外墙乳胶漆喷涂机器人优势与劣势对比　　　　　　　　表8-17

序号	卷扬式外墙乳胶漆喷涂机器人优势与劣势对比		备注
	优势	劣势	
1	全自动施工作业，施工效率高，缩短工期降低施工成本	对屋面结构要求较高，尺寸上需要能满足悬挂总成移动要求 （目前通过与设计院展开合作，设计适用于卷扬式外墙乳胶漆喷涂机器人施工的建筑图纸）	
2	减少施工人员高空坠落风险		
3	减少喷涂对施工人员的危害		
4	施工稳定，施工质量好		

单元 8.3　卷扬式外墙乳胶漆喷涂机器人施工

任务 8.3.1　乳胶漆喷涂机器人施工准备

1. 作业条件

（1）屋面场地准备

1）机器人施工区域需有塔式起重机，且货车能将机器人拉至塔式起重机作业区域内，将机器人吊装至对应的屋面。施工完毕后需要塔式起重机协助撤场；

2）距离女儿墙 5m 区域内屋面坡度不大于 3°，无构筑物、建筑材料、垃圾等；

3）楼顶屋面女儿墙高度不大于1700mm，且厚度不大于200mm；

4）屋面设计载荷满足机器人重量要求（机器人满载重2480kg），双机同时作业时，需确认双机作业最小安全距离并与机器人应用工程师交底；且机器人施工外墙涂料前屋面未施工构造面层（如防水层、保温层等），若已施工构造面层，需按构造面层校核楼面载荷；

5）屋面需满足6kW（1.2倍安全系数），AC380V与220V的供电需求（1套机器人）。

（2）地面场地准备

1）距离墙面5m范围内地面无建筑材料、绿化树、垃圾等，地面平整。在距离施工作业面不小于6m位置范围，设置安全围蔽区域，并做好围挡；

2）一楼平台若存在进风井，待机器人施工完成后再进行结构构造；若无法满足，机器人可使用牵引绳避开进风井，机器人施工后人工补充进风井位置涂料施工；

3）离地1.5m范围内的墙面，机器人无法完成喷涂，故应由应用工程师在操机完成机器人施工作业后，再进行离地1.5m高度范围内的墙面涂料施工；

4）机器人施工区域附近，地面有清洁自来水（水中不能含砂，需增加过滤网过滤）；

5）根据进场机器人数量与尺寸，确认机器人统一存放位置。

（3）墙面场地准备

1）建筑完成封顶，爬架撤场，机器人施工作业面完成腻子层施工，并符合《建筑装饰装修工程质量验收标准》GB 50210—2018要求，可达喷涂底漆标准中的高级抹灰质量要求；

2）机器人施工作业面、机器人施工作业面相邻外墙面门窗做好成品保护（机器人会过喷200～300mm，过喷可能造成相邻外墙面门窗被污染），防止污染门窗；

3）阳台等需要搭建过桥板的异形面，需提前搭建好过桥板；

4）卷扬式外墙乳胶漆喷涂机器人施工基层要求见表8-18。

卷扬式外墙乳胶漆喷涂机器人施工基层要求　　　　　　　　表8-18

序号	检查项目	要求
1	基层及质量	完成腻子基层施工，且无空鼓、开裂、剥离、不起砂、不掉粉
2	墙面平整度、垂直度	腻子基层墙面：偏差不大于4mm
3	阴阳角方正度	偏差不大于4mm

2. 人员准备

外墙乳胶漆喷涂机器人施工人员见表8-19。

卷扬式外墙乳胶漆喷涂机器人施工人员一览表　　　　　　　　表8-19

序号	人员	数量	用途
1	项目经理/现场施工员	1	工程外墙施工统筹管理，资源协调
2	机器人应用工程师/工人	1	操机进行外墙涂料施工

3. 运输工具准备

施工前 3～7d 开始着手准备机器人、工具进场工作。需确认装车点是否有行走式吊装设备，若有，预约高栏货车即可，建议选用顶棚、围边可拆卸的高栏货车，货车宽度大于 2300mm，长度应根据机器人尺寸与数量决定；若无走式吊装设备，需约高栏货车、叉车（或吊车），为机器人、工具装车做准备；叉车用于叉悬挂总成时，叉臂需 2.2m 以上，卷扬式外墙乳胶漆喷涂机器人施工其他辅助工具见表 8-20、表 8-21。

卷扬式外墙乳胶漆喷涂机器人施工辅助工具准备　　　　　　表8-20

序号	工具名称	作用/适用情况	图例
1	料桶	搅拌、盛放涂料容器	
2	手套	搅拌及放料时佩戴	
3	搅拌站	满足机器人施工	配套产品
4	工具与工具包	含扳手、螺丝刀、剪钳等工具用于维修、保养机器人	
5	卷尺	用于机器人路径规划时测量	

施工基层检测工具准备 表8-21

序号	工具名称	作用	图例
1	含水率测试仪	检测基层含水率	
2	空鼓锤	检查基层是否空鼓	
3	2m靠尺	检查墙面平整度、垂直度	
4	楔形塞尺	检查缝隙大小； 配合2m靠尺检查平整度	
5	阴阳角检测尺	检查阴阳角方正度	

4. 材料准备

完成设备进场后，可根据项目经理的安排，提前将涂料进场，用于施工准备；根据材料手册、施工图纸与涂料样板，准备外墙涂料，见表8-22。

外墙乳胶漆喷涂涂料准备 表8-22

序号	材料名称	材料的作用
	外墙乳胶漆，$0.125kg/m^2$，具体按照施工要求的遍数，决定最终耗量	用于机器人施工，起建筑外墙的保护与装饰作用

5. 机器人进场准备

（1）机器人、设备的吊运、装车

1）装车前确认输送机器人的工具，吊车吊装设备，需提前准备好吊装钢丝绳、吊带；在安全人员的监督下，按规范吊装机器人 / 设备，并完成装车；吊装工具如图8-3所示。

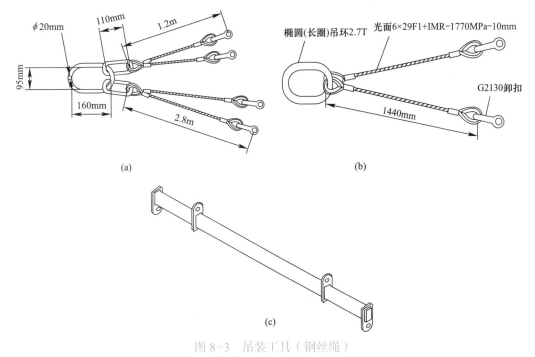

图8-3 吊装工具（钢丝绳）

（a）四腿索具；（b）双肢索具；（c）悬挂总成吊装工具

2）吊装前，喷涂总成需提前将轮刹锁死，悬挂总成需拧紧导轨钳制器；在机器人的专业吊点吊装，必须按在安全人员监督下规范吊装；喷涂总成、悬挂总成吊装如图8-4、图8-5所示。喷涂总成需吊装至运输底座上，防止运输损坏机器人；机器人、辅助设备、工具吊装上车时，应尽量将车内空间利用。

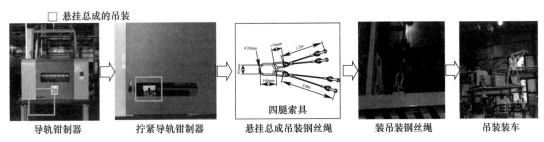

图8-4 悬挂总成吊装装车

3）使用叉车将机器人装车，在安全人员的监督下，按操作规范叉装机器人完成装车；悬挂总成、喷涂总成的叉运如图8-6、图8-7所示。

图 8-5 喷涂总成吊装装车

图 8-6 悬挂总成使用叉车叉装

叉车叉运点　　　　叉车叉运点

图 8-7 喷涂总成使用叉车叉装

（2）机器人、工具装车完毕检查工作。机器人、辅助设备、工具装车完毕后，应检查机器人装车状态，观察是否有机器人装车后重心不稳，未吊装/叉装到位的现象。确认完毕后货车即可将机器人、辅助设备、工具运送至目的工地。机器人、工具卸车与转运进场。

货车出发后提前告知项目管理人员预期货车到达项目时间。项目管理人员需提前确认设备到达项目时是否有塔吊，是否在塔吊作业范围内，确认是否需要预约叉车卸货；设备卸车、转运步骤与转运、装车步骤一致。喷涂总成、悬挂总成进场后状态如图 8-8 所示。

282

图 8-8　机器人进场

（3）机器人安装。卷扬式外墙乳胶漆喷涂机器人悬挂总成、喷涂总成进撤场均为整机，无需安装工作，作业前仅需将钢丝绳、楔型接头（悬挂总成往喷涂总成通电）连接，通电后即可正常作业；卷扬式外墙乳胶漆喷涂机器人安装流程如图 8-9 所示。

悬挂总成吊装上屋面　　　钢丝绳下放/连接楔型接头　　　机器人接线　　　安装完成

图 8-9　卷扬式外墙乳胶漆喷涂机器人安装

任务 8.3.2　乳胶漆喷涂机器人施工工艺

1. 施工流程

机器人施工作业流程为：每日点检→搅拌与加料→路径规划→试喷涂→机器人喷涂作业→楼栋转移继续施工→收尾工作。

（1）每日点检（参见附录一）

每日开机上电前必须对机器人的喷涂总成、悬挂总成、卷管机等进行点检工作，并填写每日点检表。点检表应明确项目所在地、项目名称、时间、点检人员等基本信息。

（2）搅拌与加料。搅拌加料前，再次确认涂料的型号与色号是否有误；乳胶漆开桶后需兑水涂料质量的 20%；每次施工加入的涂料量可先估算（涂料耗量 × 喷涂面积 = 涂料用量）。一般乳胶漆单次喷涂耗量 0.125kg/m^2，在计算的理论值基础上增加一桶涂料施工。

（3）路径规划。卷扬式外墙乳胶漆喷涂机器人采用 GPS+RTK 的导航方式，在屋面移动悬挂总成采点，通过测量两个不同位置点距离及采集 GPS 坐标，得到屋面坐标与 GPS 坐标转换关系用于悬挂总成自动导航。

1）通过输入墙面异形特征相对于作业墙面原点的位置特征参数，得到墙面的几何数据,用于后续作业轨迹规划;确认机器人工艺参数后下发路径规划,即可得到机器人自动作业的路径规划文件,用于机器人自动喷涂作业。

2)除了需要熟练操控机器人以外,完成路径规划还必须熟悉需要规划的墙面 CAD 图纸,包含平面墙、异形面尺寸参数,熟练使用 CAD 测量墙面尺寸参数输入 APP。

(4)试喷涂。试喷前需要确认喷涂压力参数,乳胶漆喷涂机器人喷涂压力 10~22MPa;并检查机器上无工具、杂物等,防止高空坠物;试喷时需观察试喷效果,乳胶漆正常喷涂成扇雾状。

(5)机器人喷涂作业。机器人喷涂施工作业采用 1 机 1 人,N 机 N 人团队协作,开展工作的模式。需要注意:

1)机器人作业时必须关注机器人施工状态,确认机器人是否有异常报警、喷涂是否正常等,异常状态时及时检查并做出调整;

2)设备故障时,及时排查原因,现场不能解决的及时联系技术人员提供技术支持;

3)设备异常时,以不能漏喷为原则进行断点再续;

4)出现大风、下雨情况,应及时将机器人放下至地面,停止施工作业;

5)机器人喷涂施工过程中,灵活配合开展加料、清洗设备、设备故障维修等工作,减少机器人等待时间,轮转作业提升施工效率;

6)同一工作面,有两个或两个以上站点的应按照施工工序,完成底漆施工后再统一施工面漆;

7)同一工作面底漆施工完毕后,楼底离地 1.5m 高度内及时进行人工底漆喷涂补充;面漆按照相同步骤补充楼底 1.5m 高度内的施工;

8)当日施工完毕后,总结涂料用量、施工面积、施工时间、施工效果等,并记录施工效率、涂料耗量、施工效果图片;

9)进行下一道喷涂工序时,墙面需达到表干状态才能进行下一道喷涂作业。

(6)楼栋转移继续施工。卷扬式外墙乳胶漆喷涂机器人楼栋场地变化时需卸下喷涂总成,通过塔式起重机吊装转移机器人继续施工。

2. 机器人撤场工作

机器人施工完毕后,根据项目经理的要求与安排,开展撤场或转换工地工作。

(1)设备回零、维保。机器人撤场前,设备需完成喷涂系统的清洗,与维护保养工作;并将各个运动轴归零,便于装车。

(2)机器人拆除、转运。机器人拆除流程与机器人进场时的安装流程相反,但方法一致。

(3)机器人装车、场地整理。机器人撤场装车流程与机器人进场装车流程一致;机器人装车后,需完成外墙施工区域楼底、屋面场地的卫生整理,清理现场垃圾与废弃涂料桶,使现场干净整洁。

任务 8.3.3　乳胶漆喷涂机器人施工要点

1. 开机前检查

根据每日点检表的内容进行机器人点检,点检表详见附录一《卷扬式外墙乳胶漆喷涂机器人日点检表》。

2. 机器人手动操作

（1）APP 的登录。以此为例说明网络连接，悬架总成的 Wi-Fi 名称命名规则为"V4.0 悬挂总成 #****"，其中 **** 为机器出厂编号。如图 8-10 所示。

图 8-10 Wi-Fi 名称命名规则

1）点击操作平板桌面的"卷扬式外墙喷涂机器人 2.0"APP，进入登录界面，如图 8-11、图 8-12 所示。

图 8-11 APP 的登录界面

2）点击"切换正式版"，输入相应账号、密码，然后点击"连接登录"，点击"确认"即可完成登录。显示当前 APP 的登录用户和权限，点击可设置当前用户的用户名或重置登录密码。如图 8-13 所示。

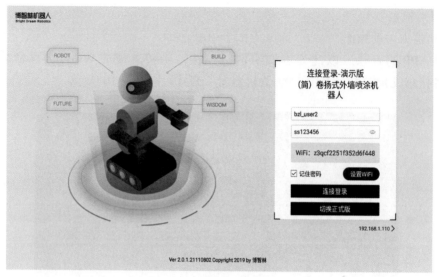

图 8-12 机器人登录界面

（2）机器状态监控

1）点击"机器状态"即可进入机器状态监控界面，如图 8-14 所示。该界面悬挂总成的控制区域，进行手动控制、自动作业、状态监控、参数设置等操作。

2）IO 输入输出监控。

点击"IO 状态"即可进入 IO 状态监控界面，如图 8-15 所示。该界面用户可监控到输入、输出的开关量信号；

3）伺服状态监控。

点击"伺服状态"即可进入伺服状态监控画面。如图 8-16 所示。该界面下，可以显示悬挂总成当前的伺服电机的使能、在线、抱闸、位置、速度、负载率、报警代码等状态。

4）底盘状态界面

点击"底盘状态"菜单即可进入底盘状态界面。该界面下，可以实时显示舵轮里程计状态、运动状态。如图 8-17 所示。

（3）故障报警界面。点击"设备诊断"即可进入故障报警监控界面。该界面下，可以显示机器人当前的报警信息，故障日志列表中可以显示和查询过往的报警记录。如图 8-18 所示。

（4）上装作业操作

1）点击"上装作业"，再点击"喷涂设置"即可进入喷涂相关手动操作界面，如图 8-19 所示。该界面用户可进行喷涂压力、旋翼启停、喷涂机启停、喷枪阀启停等操作。

2）点击"上装作业"，再点击"X1 轴水平移动"即可进入 X1 轴相关手动操作界面，如图 8-20 所示。该界面可显示 X1 轴当前位置和速度以及用户可进行 X1 轴相关移动操作；如果零点丢失，只需手动移动机构对准零点刻度标线，再点击"原点设置"即可，如图 8-21 所示。

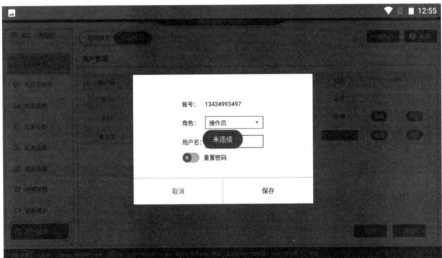

图 8-13　机器人连接登录确认界面

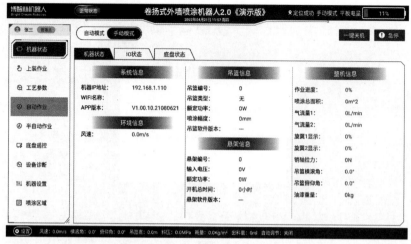

图 8-14　机器人状态界面

图 8-15　IO 状态界面

图 8-16　伺服状态界面

图 8-17　底盘状态界面

图 8-18　故障报警界面

图 8-19　喷涂设置界面

图 8-20　X1 轴水平移动操作界面

图 8-21　X1 原点设置

3）点击"上装作业"，再点击"X2 轴水平移动"即可进入 X2 轴相关手动操作界面，如图 8-22 所示。该界面可显示 X2 轴当前位置和速度以及用户可进行 X2 轴相关移动操作；如果零点丢失，只需手动移动机构对准零点刻度标线，再点击"原点设置"即可，如图 8-23 所示。

图 8-22　X2 轴水平移动操作界面

4）点击"上装作业"，再点击"靠墙轮"即可进入靠墙轮相关手动操作界面，如图 8-24 所示。该界面可显示靠墙轮当前位置和速度以及用户可进行靠墙轮的相关移动操作。

5）点击"上装作业"，再点击"卷扬机"即可进入卷扬机相关手动操作界面，如图 8-25 所示。该界面可显示卷扬机当前位置和速度以及用户可进行卷扬机相关移动操作。

图 8-23 X2 原点设置

图 8-24 靠墙轮手动操作界面

图 8-25 卷扬机手动操作界面

6）点击"上装作业"，点击"Z轴－喷嘴伸缩"即可进入 Z 轴－喷嘴伸缩相关手动操作界面。该界面会显示 Z 轴－喷嘴伸缩的当前位置和速度，以及用户可进行 Z 轴－喷嘴伸缩的相关移动操作，如图 8-26 所示。如果零点丢失，只需手动移动机构对准零点刻度标线，再点击"原点设置"即可，如图 8-27 所示。

图 8-26　Z 轴－喷嘴伸缩界面

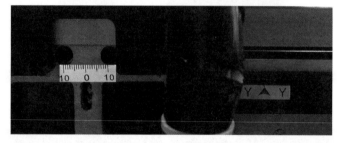

图 8-27　原点设置

7）点击"上装作业"，再点击"C轴－左右旋转"即可进入 C 轴－左右旋转相关手动操作界面，如图 8-28 所示。该界面可显示 C 轴－左右旋转当前位置和速度以及用户可进行 C 轴－左右旋转相关移动操作；如果零点丢失，只需手动移动机构目视到达原点位置，再点击"原点设置"即可。

（5）底盘遥控操作

1）点击"底盘遥控"，即可进入底盘手动操作界面，如图 8-29 所示。该界面可显示机器人当前坐标。通过右方的底盘遥控按钮，可对底盘进行前、后、左、右、顺时针、逆时针等方向移动。

2）点击左下方的"速度设置"，即可进入底盘速度控制界面。该界面可以对底盘直行 X 轴速度、底盘横移 Y 轴速度、底盘旋转 YAW 轴速度进行修改，参数修改后点击"确认"即可，如图 8-30 所示。

图 8-28　C 轴－左右旋转操作界面

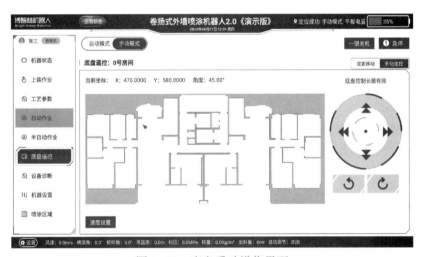

图 8-29　底盘手动操作界面

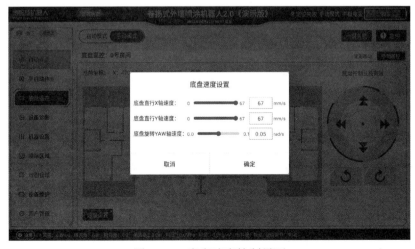

图 8-30　底盘速度控制界面

（6）机器设置

1）点击"机器设置"，再点击"机器参数"即可进入机器参数修改界面。该界面点击"报警参数"可以对机器人当前的报警阈值进行修改，如图 8-31 所示。管理员以上权限方可修改报警阈值。

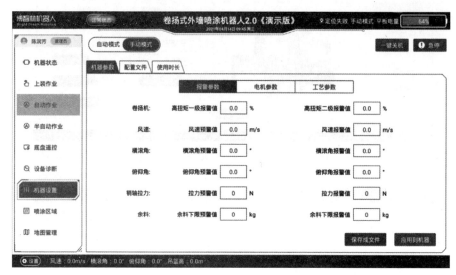

图 8-31　报警参数修改界面

2）点击"机器设置"，再点击"机器参数"即可进入机器参数修改界面。该界面点击"电机参数"可以对机器人电机的相关参数进行修改，如图 8-32 所示。

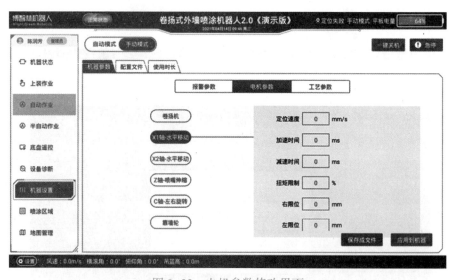

图 8-32　电机参数修改界面

3）点击"机器设置"，再点击"机器参数"即可进入机器参数修改界面。该界面点击"工艺参数"可以对机器人的相关工艺参数进行修改，如图 8-33 所示。

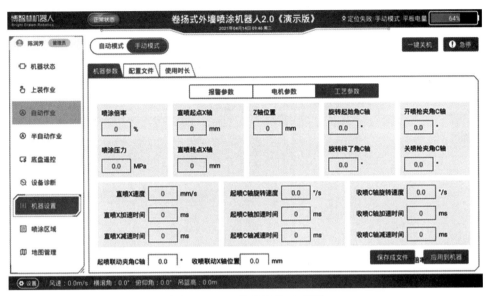

图 8-33 工艺参数修改界面

4）完成以上参数修改后，点击右下方的"应用到机器"，把数据下发到机器人控制程序，如图 8-34 所示。

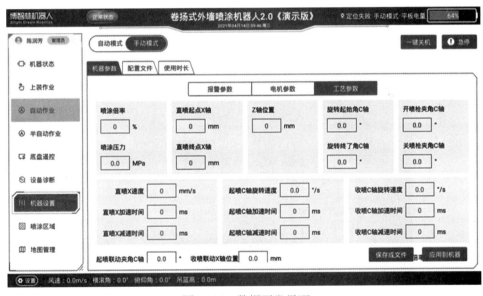

图 8-34 数据下发界面

（7）喷涂区域规划。对于施工作业墙面，原点坐标为面向作业面的左上角，向右延伸为 X 轴的正方向，向下延伸为 Y 轴的正方向，如图 8-35 所示。在此作业面上所添加的异形结构，标志点都在该轮廓的左上角上。

对于所要施工作业面俯视图，悬挂总成运动原点位于作业面右上角，沿女儿墙向左延伸为 X 轴的正方向，沿女儿墙向下延伸为 Y 轴的正方向，如图 8-36 所示。

图 8-35　原点坐标设置

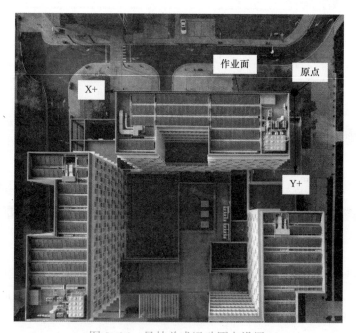

图 8-36　悬挂总成运动原点设置

1）点击"喷涂区域"，再点击"区域规划"即可进入机器人喷涂区域规划界面，如图 8-37 所示。再点击"新建区域"进入规划页面，该界面点击"基本属性"可以对喷涂区域的基本参数进行输入。

图 8-37 区域规划界面

2）在路径规划界面，点击"基本属性"可以对喷涂区域的基本参数进行输入，如图 8-38 所示。基本属性包括：墙高度、墙宽度、女儿墙高、女儿墙厚、左侧 A 属性、右侧 B 属性、AGV 可达范围等。

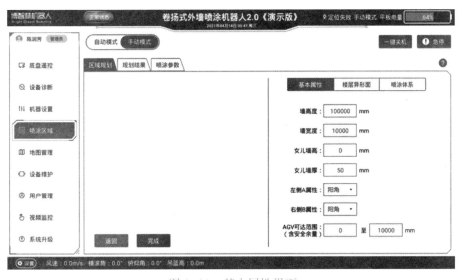

图 8-38 基本属性界面

3）在路径规划界面下，点击"楼层异形面"，再点击"添加"可进入喷涂区域的异形面添加参数输入界面，如图 8-39 所示。该界面可对水管、窗户、禁喷面等进行添加。输

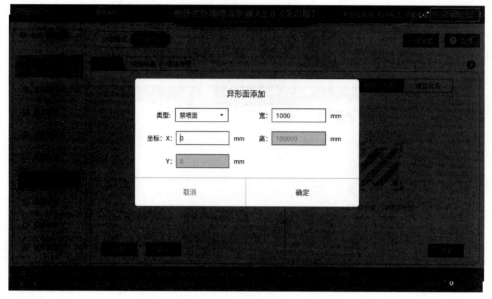

图 8-39 楼层异形面界面

入相关异形面参数后,点击"确认"即可完成异形面添加。

窗户阵列(图 8-40):如涉及窗洞口添加,需先选择窗户类型,在根据最上端窗户标志点输入相应数据,拖动屏幕到显示下方数据为止;勾选"阵列",输入纵向间距(标志点间距)、数量,按确认即可完成阵列操作。

4)在路径规划界面点击"喷涂体系",即可根据具体施工要求选择漆种、喷涂总成、型号、遍数等数据,如图 8-41 所示。

5)在路径规划界面,完成喷涂区域相关参数输入后点击"完成"即可进入机器人位置数据采集界面,如图 8-42 所示。此时"左侧点"指在屋面面向作业面左侧的点,"右侧点"指在屋面面向作业面右侧的点。两个测量点的点间距需不小于 4m;悬挂总成两个采集点的相关数据输入完成后,输入路径保存名字,再按确认即可。

6)点击"喷涂区域",再点击"喷涂参数"即可进入机器人喷涂区域规划基本参数界面。然后点击"计算类型"进入规划优先考虑因素选择界面,其中有"优先效率"和"优先质量"可供用户选择,如图 8-43 所示。

A.优先效率:路径规划自动生成时,机器人会以悬挂总成移动次数最少来计算路径。此种类型下的计算结果,会忽视竖向搭接对喷涂效果的影响。

B.优先质量:路径规划自动生成时,机器人会以喷涂竖向搭接效果最佳来计算路径。此种类型下的计算结果,会有可能增加机器人喷涂列数。

7)点击"喷涂区域",再点击"喷涂参数"即可进入机器人喷涂区域规划基本参数界面。然后点击"悬挂总成参数"进入悬挂总成基本参数输入界面,如图 8-44 所示。此界面主要包括:离墙距离、地面裁剪高和 GPS 采集方式。其中离墙距离是指悬挂总成安全触边外沿与作业面距离(出厂默认值 250);地面裁剪高是指离地面无需喷涂高度;GPS采集方式分为采集杆采集和机器采集。

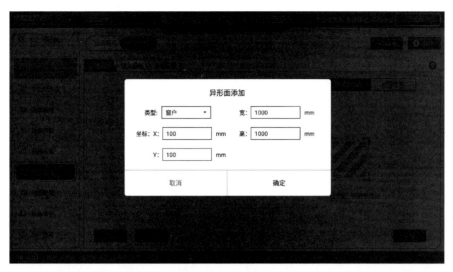

图 8-40 窗户阵列界面

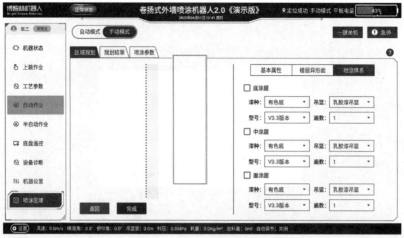

图 8-41　喷涂体系界面

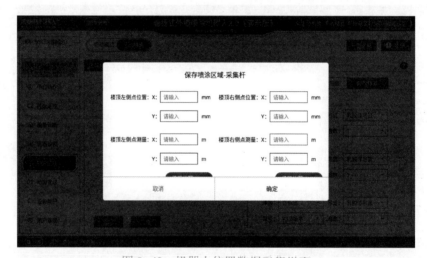

图 8-42　机器人位置数据采集界面

图 8-43　计算类型界面

图 8-44　悬挂总成参数设置界面

8）点击"喷涂区域"，再点击"喷涂参数"即可进入机器人喷涂区域规划基本参数界面，如图 8-45 所示。点击"喷涂总成参数"进入喷涂总成基本参数输入界面，其中 X 轴喷枪总行程：喷枪中心从最左端移动到最右端的总行程；X 轴最大喷膜值：喷枪从最左端移动到最右端的最大喷涂区域；Y 轴最大喷膜值：指喷枪的上下最大喷辐；喷枪原点高度：喷嘴中心位置高度与女儿墙平齐的高度；靠墙轮单边安全宽度：靠墙轮距离墙边或窗边的最小安全距离；最小断喷距离：喷枪启动断喷程序的最小间距；喷枪最小移动距离：机器人路径规划中，限定喷枪每次最小的移动距离；双喷涂总成最小规划距离：机器人路径规划中，限定两悬挂总成中心点最小距离。

图 8-45　喷涂吊篮参数设置界面

9）点击"喷涂区域"，再点击"喷涂参数"即可进入机器人喷涂区域规划基本参数界面，如图 8-46 所示。点击"工艺参数"进入工艺基本参数输入界面。其中列搭接距离：

喷涂时，列与列之间的竖向搭接距离；列错开搭接距离：不同涂层之间，竖向搭接点错开
距离；行搭接距离：喷涂时，行与行之间的横向搭接距离；平面上下过喷距离：喷涂时，
平面墙上、下过喷的距离；平面左右过喷距离：喷涂时，平面墙左、右过喷的距离；窗户
上下过喷距离：喷涂时，窗洞位置上、下过喷的距离；窗户左右过喷距离：喷涂时，窗
洞位置左、右过喷的距离；过喷距离的定义：超出所需要喷涂位置的距离。以上参数修改
后，需点击"应用到机器"后才被应用。

图 8-46 喷涂工艺参数设置界面

3. 机器人半自动作业操作

根据实际施工情况，如果用户需要半自动作业，可以使用半自动功能。

（1）点击"半自动模式"，再选择"选择地图"，如图 8-47 所示。

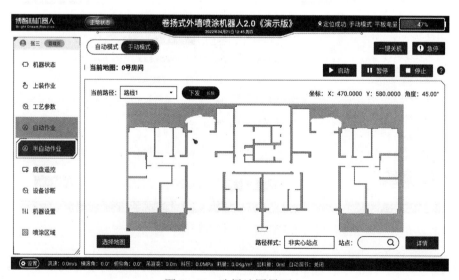

图 8-47 选择地图界面

（2）点击所需的地图，应用到机器人，如图8-48所示。

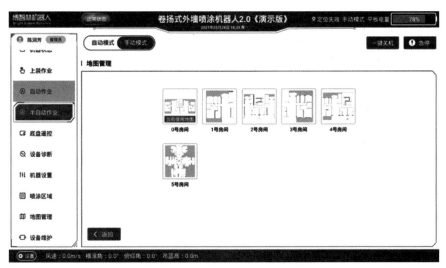

图8-48　地图设置界面

（3）点击"半自动模式"，再选择路径，并长按"下发"，如图8-49所示。

图8-49　地图下发界面

（4）点击"启动"，再根据实际情况点击"确认"，如图8-50所示。如未完成卷扬机原点设置，需重新设置。

（5）输入"开始站点""开始行"和"结束行"后，点击"确认"即可进行半自动作业自动喷涂，如图8-51所示。

（6）进入半自动喷涂程序后，喷涂总成上的按钮盒上的"移动允许"带灯按钮会闪烁，此时跟操作人员确认无误后点动触发"移动允许"按钮，如图8-52所示（此时机器人保持在当前站点），运行程序会自动跳到下一步。

图 8-50　原点设置启动界面

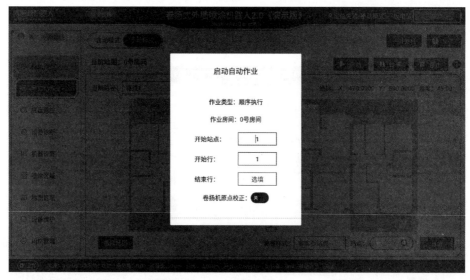

图 8-51　启动参数界面

（7）机器人移动到位后，喷涂总成上的按钮盒上的"提升允许"带灯按钮会闪烁，如图 8-53 所示。此时跟操作人员确认无误后点动触发"提升允许"按钮，机器人会自动提升喷涂总成。

机器人把喷涂总成提升到位后，会自上而下进行自动喷涂作业。待当前站点列喷涂完成后，机器人完成当前半自动化喷涂程序。

4. 机器人自动作业操作

（1）点击"自动模式"，再点击"上装作业"即可进入机器人试喷涂操作界面，如图 8-54 所示。然后长按"试喷一行"即可实现试喷一行操作。

（2）点击"自动模式"，再点击"选择地图"，如图 8-55 所示。

图 8-52　移动允许示意图

图 8-53　提升允许示意图

图 8-54　机器人试喷涂操作界面

图 8-55　选择地图界面

（3）选择所需地图，应用到机器人，如图8-56所示。

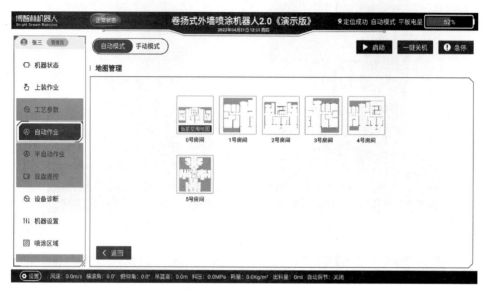

图8-56　地图设置界面

（4）点击"自动模式"，再点击"自动作业"即可进入机器人自动喷涂操作界面，如图8-57所示。选择所规划的路径，长按"下发"。

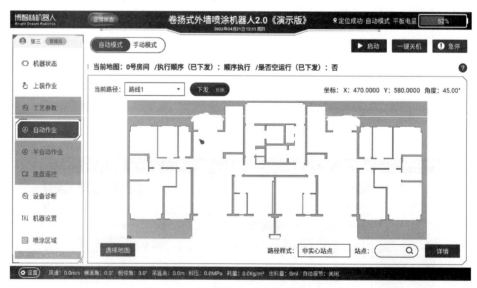

图8-57　机器人自动喷涂操作界面

（5）点击"启动"，再根据实际情况点击"确定"（如未完成卷扬机原点设置，需重新设置），如图8-58所示。

（6）输入"开始站点""开始行"和"结束行"后，点击"确认"即可进行自动作业喷涂程序，如图8-59所示。

图 8-58 原点设置启动界面

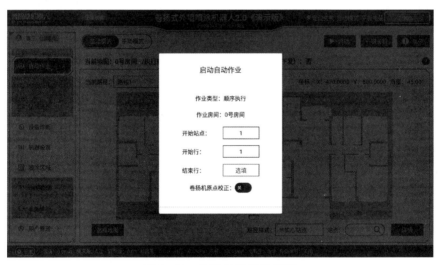

图 8-59 启动参数设置界面

（7）进入自动喷涂程序后，喷涂总成上的按钮盒上的"移动允许"带灯按钮会闪烁；操作人员确认无误后点动触发"移动允许"按钮，机器人会自动行走到待喷涂站点，同时人工协助喷涂总成进行移动操作。

（8）机器人移动到位后，喷涂总成上的按钮盒上的"提升允许"带灯按钮会闪烁，此时跟操作人员确认无误后点动触发"提升允许"按钮，机器人会自动提升喷涂总成。

（9）机器人把喷涂总成提升到位后，会自上而下进行自动喷涂作业。待当前站点列喷涂完成后，重新回到第7~8步操作，进行下一列自动喷涂。直至当前喷涂涂层完成作业后，机器人完成当前自动化喷涂程序。

5. 机器人断点再续操作

机器人自动喷涂过程中出现故障时，喷涂任务会停止。此时需要操作人员在半自动模式下，启动断点再续操作，如图 8-60 所示。即可实现机器人自动回到故障位置的自动喷涂。

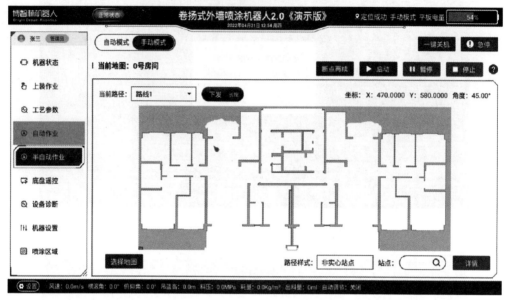

图 8-60　断点再续操作界面

6. 乳胶漆喷涂机器人质量标准

外墙乳胶漆喷涂机器人施工质量要求，参照标准《建筑装饰装修工程质量验收标准》GB 50210—2018 中表 12.2.5～表 12.2.7 执行。具体指标详见表 8-23～表 8-25。

薄涂料的涂饰质量和检验方法　　表8-23

项次	项目	普通涂饰	高级涂饰	检验方法
1	颜色	均匀一致	均匀一致	观察
2	光泽、光滑	光泽基本均匀、光滑无挡手感	光泽均匀一致、光滑	
3	泛碱、咬色	允许少量轻微	不允许	
4	流坠、疙瘩	允许少量轻微	不允许	
5	砂眼、刷纹	允许少量轻微砂眼、刷纹通顺	无砂眼、无刷纹	

厚涂料的涂饰质量和检验方法　　表8-24

项次	项目	普通涂饰	高级涂饰	检验方法
1	颜色	均匀一致	均匀一致	观察
2	光泽	光泽基本均匀、光滑无挡手感	光泽均匀一致	
3	泛碱、咬色	允许少量轻微	不允许	
4	点状分布	—	疏密均匀	

复层涂料的涂饰质量和检验方法　　　　　　　　　　　　　　　　表8-25

项次	项目	质量要求	检验方法
1	颜色	均匀一致	观察
2	光泽	光泽基本均匀	
3	泛碱、咬色	不允许	
4	喷点疏密程度	均匀，不允许连片	

任务 8.3.4　乳胶漆喷涂机器人安全事项

1. 安全操作前提

（1）操作者上岗前必须经过培训，经考核合格后方可上岗，严禁酒后、疲劳上岗；

（2）操作前应熟读机器人操作手册，并认真遵守。操作设备前必须按要求穿戴好劳动保护用品：安全帽、反光衣、劳保鞋；

（3）操作前应熟读工程项目《施工组织设计方案》，完成方案交底、安全技术交底、三级安全教育、符合进入工地要求并认真遵守；

（4）机器人作业前必须完成安全点检，确认机器人状态正常方可作业；

（5）设备吊装时，必须确认满足吊装条件后方可作业；吊装提升时不要停留在机器人下方；

（6）机器人作业前必须确保机器人上无杂物，防止高空坠物，禁止无关人员在机器人作业范围内停留；

（7）机器人施工作业时，距离作业墙面6m范围内做好地面警戒，不得停留有人。

2. 操作注意事项

（1）严禁任何人对机器人进行野蛮操作，严禁强制按压、推拉各执行机构，不允许使用工具敲打、撞击机器人；

（2）设备运转过程中出现异响、振动、异味或其他异常现象，必须立即停止机器人作业，并及时通知专业维修人员进行处理，严禁私自拆卸维修设备；

（3）设备运行时，严禁进入机器人施工围蔽区域；严禁用手触摸钢丝绳及卷筒等转动部位，以防夹伤；严禁将身体各部位靠近喷枪运动装置的传动部位，以及进入运动装置的运动区域内；

（4）设备运行时，不得随意修改各运动参数或对设备进行调整、维修等作业；严禁无关人员触动控制按钮；

（5）设备运行时，如通过观察发现喷涂总成出现明显倾斜，或操作界面显示倾角读数大于4°时，应立即停止作业，进行及时调平处理；

（6）如需手动操控机器人时，应确保机器人动作范围内无任何人员或障碍物；禁止操作机器人爬坡角度大于3°，如遇风力不小于4级风，或雨天时，须立即停止作业，然后设法把喷涂总成下降到地面，并做好防风防雨措施；

（7）维修保养时，应关闭设备总电源并挂牌警示；

（8）当机器人发生火灾时，宜使用二氧化碳灭火器进行扑救；

（9）机器人运行过程中，严禁操作者离开现场。

3. 施工过程安全

（1）设备使用380V市电供电，注意用电安全。

（2）机器人施工区域，需设置合理的安全围蔽区域；现场存在交叉作业时，应立即停止喷涂作业，联系总包方，进行协调，以防高空坠物等安全隐患。

（3）前往楼顶时务必注意现场楼层电梯井，禁止靠近电梯井，并提示其他人员，防止高空坠落。

（4）切勿靠将头手伸出女儿墙进行观望。

（5）表8-26为机器或工地中一些常见安全标识，需按标识指示执行。

安全标识   表8-26

安全标识	图例
急停按钮：在显示屏右上方配置急停按钮装置，在遇到紧急或突发事故时按下，马上停止设备运行。急停按钮可通过旋转复位	旋转
当心触电标志：操作或对本产品进行维护维修的过程中，有触电的风险，请勿胡乱触碰设备元件。在需对本产品进行维护维修时，请断电并上锁挂牌后进行下一步操作	当心触电标志
当心机械伤人标志：在标志挂放处应小心使用机械设备，以免造成人身伤害	当心机械伤人标志
禁止倚靠标志：本产品运行时会发生移动，请勿依靠在产品的任何部位，以免造成人身伤害	禁止倚靠标志

续表

安全标识	图例
禁止攀爬标志：在机器人通电状态或断电状态下，均禁止攀爬机器人	 禁止攀爬标志
注意安全标志：在机器人作业时，周围人员务必保持高度警惕并保持安全距离，避免发生意外时造成人身伤害	 注意安全标志
必须戴防尘口罩标志：在机器人作业时，操作人员及附近人员需佩戴专业防尘口罩，避免雾化涂料对人体造成伤害	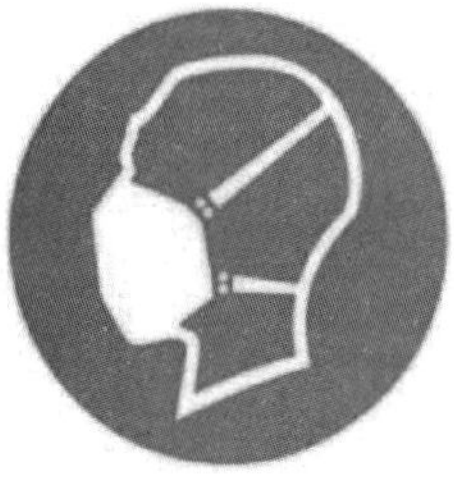 必须戴防尘口罩标志

单元 8.4 卷扬式外墙乳胶漆喷涂机器人维修保养

任务 8.4.1 乳胶漆喷涂机器人日常维护

卷扬式外墙乳胶漆喷涂机器人施工前后均应进行常规项的检查与维护。

1. 施工前后常规检查维护

具体检查内容详见附录一

2. 喷涂系统清洗

（1）料箱与管路清洗。因涂料具备一定黏度，凝固后会堵塞料管，故在设备长时间停用、喷涂作业完成后用户需清理供料系统，具体方法是打开料箱接头，将料筒内残留涂料排净，关闭球阀；向料箱内注入清水；通过操作平板，手动控制喷嘴至清洗位置；启动喷涂泵，清理泵体以及管路内涂料（注意使用废料桶准备接收管路内废液）；直至喷出液体变清澈，此时将料管、料箱内残液排尽；关闭喷嘴，供料系统清理完成。

（2）管道检查。在机器人进行运输转场、第一次使用及完成作业后，需对机器人的料管、气管进行磨损、折弯、接头松动等情况进行确认，以确保后续使用过程中不会因上述问题造成管道破裂，压力不稳等危险及异常。具体检查项目包括：定期检查、更换吸料管路接头，防止漏液造成泄压影响喷涂效果；定期检查各管路，出现管路破损、阀门损坏时需进行更换。

（3）喷枪喷嘴检查。机器人使用前需对喷枪喷嘴进行检查，确认是否存在堵塞、松动等现象；因喷嘴长期受压导致其老化磨损速度快，此时喷嘴需强制更换；建议每 $10000m^2$ 更换一次喷嘴，其他情况用户可根据实际需求进行处理。

作业完成后须充分冲洗喷枪喷嘴，禁止用尖锐物、粗糙物对喷嘴进行清洗，以免造成喷嘴损坏，影响使用。

（4）喷涂机检查。在机器人使用前，需确认喷涂机接线、管道是否牢靠；逐步加压以确认压力表数值及喷涂机是否正常，正常工作时喷涂压力处于 13～16MPa。作业完成并清洗后，开启喷涂机添加 3～5 滴配套用 TSL 油；严禁喷涂机无料情况下进行吸料喷涂作业。

3. 拖链与靠墙轮保养

喷涂作业过程中，会有涂料飘洒到拖链、靠墙轮等运动机构。喷涂完毕后需及时进行清理，如图 8-61 所示；用毛刷或钝口类塑料工具清理皮带齿面上粘附的油漆，以防止长时间喷涂飘散下来的涂料附着在皮带上，导致下次喷涂作业时出现皮带脱轨的情况。

图 8-61　拖链清理

靠墙轮（图 8-62）保养。靠墙轮需每隔半个月拧紧电动推杆紧固螺栓；定期清理靠墙伸缩部位，防止杂物进入机构内部造成隐患；定期检查靠墙连接线缆，观察线缆防护是否存在破损、断裂等异常；作业前手动触发靠墙轮伸缩运动，观察运动过程中有无异响、卡滞等异常。

图 8-62　靠墙轮的保养

4. 运动导轨保养

双轴心导轨（图 8-63）的维保：横移 2 轴模组的双轴心导轨，建议每 2 个月保养一

图 8-63　喷头运动导轨保养

次，保养时依次拆掉密封盖板。然后依次清理导轨上的污迹，为了避免导轨容易沾到灰尘，导致增加机构的磨损，不建议用户对导轨添加润滑脂。

在日常的使用过程中，需要做好定期检查和适当维护，主要有以下几点：

（1）定期检查导轨滑块的状态，包括其安装状态，固定螺钉确保导轨滑块运行平稳；

（2）应保证机构外部防护的有效性，其直接影响运动装置使用寿命。

5. 钢丝绳的保养

（1）禁止为钢丝绳润滑，尤其是经过安全锁、滑轮和进出卷筒的区段；

（2）钢丝绳缺乏维护会导致使用寿命缩短，不能对钢丝绳进行润滑时，钢丝绳的检验周期应适当缩短；

（3）如钢丝绳某一部位断丝过于突出，滑轮时经过，断丝会压在其他部位之上，造成局部劣化。为了避免这种局部劣化，可将伸出的断丝除掉，其方法为：夹紧断丝伸出端反复弯折，直至折断。在维护过程中去除断丝时，宜记录其位置，并提供给钢丝绳检验人员。去除断丝的作业也宜以"一根断丝"为单位来计算，并根据断丝作为报废基准，评估钢丝绳的状态时需予考虑。

钢丝绳报废原则：参照《起重机钢丝绳保养、维护、检验和报废》GB/T 5972—2016执行，本项目结合《起重机钢丝绳保养、维护、检验和报废》GB/T 5972—2016 和外墙乳胶漆喷涂机器人 8mm 电芯钢丝绳编制，仅适合外墙乳胶漆喷涂机器人钢丝绳的检验和报废标准。

（4）钢丝绳的检查。在特定的日期（周检或月检等等）对预期的钢丝绳工作区段进行外观检查。目的是发现一般的劣化现象或机械损伤。此项检查还应包括钢丝绳与外墙乳胶漆喷涂机器人悬挂总成及喷涂总成的连接部位。对钢丝绳在卷筒和滑轮上的正确位置也宜检查确认，确保钢丝绳没有脱离正常的工作位置。

所有观察到的状态变化都应报告，并由主管人员根据规定对钢丝绳进行进一步检查。无论何时，只要索具安装发生变动，如当外墙乳胶漆喷涂机器人悬挂总成转移作业现场及重新安装索具后，都应按本条的规定对钢丝绳进行外观检查。

应对钢丝绳进行定期检查，从中获得信息用来帮助做出如下判定：

1）是否能够继续安全使用到最近的下一次定期检查；

2）是否需要立即更换或者在规定的时间段内更换；

采用适当的评价方法，如计算、观察，测量等，对劣化的严重程度做出评估，用各自特定报废基准百分比表示（如20%、40%、60%、80%、100%），或者用文字表述（如轻度、中度、重度、严重、报废）。

在钢丝绳试运行和投入使用前，对其可能出现的任何损伤都应做出评估，并记录观察结果。比较常见的劣化模式以及评价方法详见表8-27。有些模式的各项内容都能轻易量化，即计算或测量；也有些只能做出主观评价，即观察。

常见的劣化模式以及评价方法表　　　　　　　　　　　　　　　　　　表8-27

劣化模式	评价方法
可见断丝数量（包括随机分布、局部聚集、股沟断丝、绳端固定装置及其附近）	计算
钢丝绳直径减少（源自外部磨损/擦伤、内部磨损和绳芯劣化）	测量
绳股断裂	观察
腐蚀（外部、内部及摩擦）	观察
变形	观察和测量（仅限于波浪形）
机械损伤	观察
热弧伤（包括电弧）	观察

检查周期：钢丝绳应每个工作日目检一次，每月至少按产品使用手册有关规定检查两次。一个月以上未使用，在每次使用前做一次全面检查，其检查报告评估钢丝绳的状况。

每根钢丝绳，都应沿整个长度进行检查。应特别注意下列关键区域和部位：卷筒上钢丝绳固定点；钢丝绳绳端固定装置上及附近区段；经过一个或多个钢丝绳区段；经过一个或多个滑轮的区段；经过安全载荷指示器滑轮的区段；经过缠绕装置上的区段；缠绕在卷筒上的区段，特别是多层缠绕时的交叉重叠区域；因外部原因导致磨损的区段；暴露在热源下的部位。

绳端固定装置及其附近区域的检查：应检查靠近绳端固定装置的钢丝绳，特别是进入绳端固定装置的部位，由于这个位置受到振动和其他冲击的影响以及腐蚀等环境状态的作用，容易出现断丝。还应检查绳端固定装置是否存在过度的变形和磨损。

此外，固定钢丝绳楔形接头也应进行外观检查，看其材料是否有裂纹，钢丝绳和楔形接头之间是否存在可能滑移的迹象。可拆分的绳端固定装置，如楔形接头，应检查钢丝绳进入绳端固定装置的入口附近有无断丝迹象，确认绳端固定装置处于正确的装配状态。

检查记录（见附录三）：每次定期检查之后，应提交钢丝绳检查记录，并注明至下一次检查不能超过的最大时间间隔。宜保存钢丝绳的定期检查记录。

（5）事故后的检查。如果发生了可能导致钢丝绳及其绳端固定装置损伤的事故，应在重新开始工作前按照定期检查的规定或按照主管人员的要求，检查钢丝绳及其绳端固定装置。

在采用四钢丝绳系统的起升机构中，即使只有一根钢丝绳报废，也要将四根一起更换，新钢丝绳与旧的钢丝绳伸长率不同。

（6）报废标准。当钢丝绳出现表 8-28 所示情况，则钢丝绳存在缺陷；当出现表 8-29～表 8-32 所列情况，可认为达到报废标准。

钢丝绳缺陷　　　　　　　　　　　　　　　　表8-28

序号	缺陷	典型事例	序号	缺陷	典型事例
1	钢丝绳突出		6	扭结（正向）	
2	钢芯突出（单层钢丝绳）	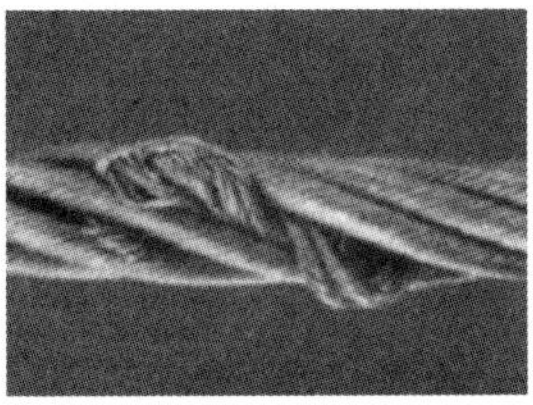	7	扭结（反向）	
3	钢丝绳直径减少（绳股凹陷）		8	波浪形	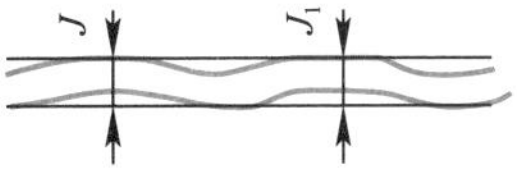 图5波浪形
4	绳股突出或扭曲		9	内部腐蚀	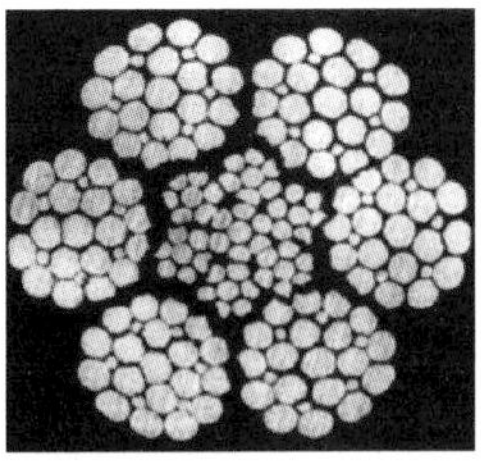
5	局部扁平		10	笼状畸形	

序号	缺陷	典型事例	序号	缺陷	典型事例
11	外部磨损		15	绳芯扭曲引起钢丝绳直径局部增大	
12	外部腐蚀		16	扭结	
13	股顶断丝		17	局部扁平	
14	股沟断丝				

可见断丝报废标准 　　　　　　　　　　　表8-29

序号	可见断丝的种类	报废基准
1	断丝随机地分布在单层缠绕的钢丝绳，经过一个或多个钢制滑轮的区段和进出卷筒的区段，或者多层缠绕的钢丝绳位于交叉重叠区域的区段	单层和平行捻密实钢丝绳见表8-31
2	在不进出卷筒的钢丝绳区段出现的局部聚集状态的断丝	如果局部聚集集中在一个或者两个相邻的绳股，即使6d长度范围内的断丝数低于表8-31规定值，可能也是要报废的钢丝绳
3	股沟断丝	在钢丝绳捻距（大约为6d的长度）内出现两个或更多的断丝
4	绳端固定装置处的断丝	两个或更多的断丝

达到报废程度最少可见断丝数   表8-30

钢丝绳型号	可见外部断丝数量			
	在钢制滑轮上工作/单层缠绕在卷筒上的钢丝绳区段（钢丝断裂随机分布）		多层缠绕在卷筒上的钢丝绳区段	
	工作级别M6		所有工作级别	
	右捻		右捻	
	6de长度范围内	30de长度范围内	6de长度范围内	30de长度范围内
8×19S	4	6	6	12

注：de——钢丝绳公称直径=8mm，6de=48mm，30de=180mm

在卷筒上单层缠绕，或经过钢制滑轮的钢丝绳区段，直径等值减小的报废基准值详见表8-31。表中数值不适用于交叉重要区域或其他由于多层缠绕导致类似变形的区段。

直径等值减小的报废标准   表8-31

钢丝绳类型	直径减小的等值小量Q（用公称直径的百分比表示）	严重程度分级	
		程度	%
钢芯单层股+右捻钢丝绳	Q<3.5%	—	0
	3.5%≤Q<4.5%	轻度	20
	4.5%≤Q<5.5%	中度	40
	5.5%≤Q<6.5%	重度	60
	6.5%≤Q<7.5%	严重	80
	Q≥7.5%	报废	100

用公称直径百分比表示的直径等值减小，用下列公式计算：$Q=[(参考直径－实测直径)/公称直径]×100\%$；如：直径8mm的8X19S-3X19X0.2-8.0钢丝绳，参考直径为8.1mm，检测式直径是7.9mm，直径减小百分比为：$Q=[(参考直径－实测直径)/公称直径]×100\%=[(8.1-7.9)/8]×100\%=2.5\%$。

在评估前，应将钢丝绳的拟检测区段擦净或刷净，但不宜使用溶剂清洗。

腐蚀报废基准和严重程度等级   表8-32

腐蚀类别	状态	严重程度等级
外部腐蚀	表面存在氧化痕迹，但能够擦净 钢丝表面手感粗糙 钢丝表面重度凹痕以及钢丝松弛	浅表——0% 重度——60% 报废——100%
内部腐蚀	内部腐蚀的明显可见迹象——腐蚀碎屑从绳股之间的股沟溢出	报废——100%
摩擦腐蚀	摩擦腐蚀过程为：干燥钢丝和绳股之间的持续摩擦产生钢制微粒的移动，然后是氧化，并产生形态为干粉（类似红铁粉）状的内部腐蚀碎屑	对此类迹象特征宜作进一步探查，若仍对其严重性存在怀疑，宜将钢丝绳报废——100%

任务 8.4.2　乳胶漆喷涂机器人定期维护

1. 定期维护机构

（1）定期检查并清理进料口如图 8-64 所示过滤网、过滤器如图 8-65 所示等部位，出现破损、变形等异常应立即更换，否则将堵塞泵体及喷枪；

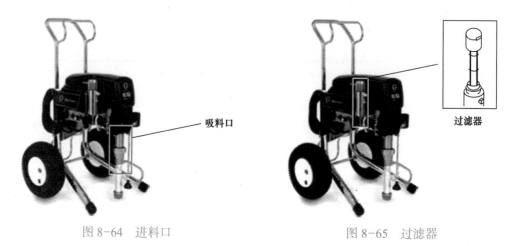

图 8-64　进料口　　　　　　　　　　　　　图 8-65　过滤器

（2）定期检查喷涂机密封圈，需根据实际需求定期更换。操作步骤如下：

1）拧松喷涂机固定座螺栓，将喷涂机拉出，以便相关机构保养，如图 8-66 所示。之后使用管钳把喷涂机吸料口拧开，将相关机构清洗干净，装回到喷涂机即可；拧松喷涂机固定座螺栓时，需要注意喷涂机底下固定板和侧边连接座。

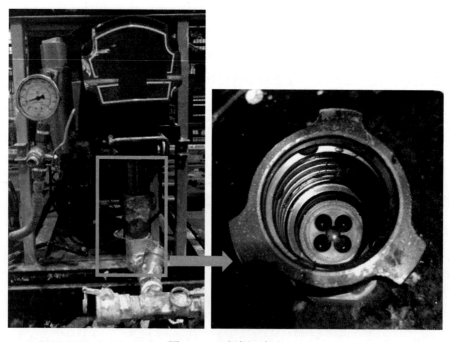

图 8-66　喷涂机清洗

2）使用管钳将图 8-67 所示位置拧开，取出滤网清洗干净，装回喷涂机重新拧紧固定螺栓即可。

图 8-67　滤网清洗

卷扬式外墙乳胶漆喷涂机器人其他机构定期维护内容见附录二。

2. 易损件更换

卷扬式外墙乳胶漆喷涂机器人易损件应定期更换，清单见表 8-33。

卷扬式外墙乳胶漆喷涂机器人易损件更换清单　　　　　　　　　表8-33

序号	名称	规格	建议更换周期	数量
1	喷枪	WA-200-4.0	8～10次施工作业（持续使用480～600h）	1
2	滚轮	QAF43-D100-d20-L50-T10	1～2个月	2
3	钢丝绳	8X19S-3X19X0.2-8.0	以报废标准为准，无更换周期	4
4	同步带	J-ECP31-S8M-250-1248	1～2个月	1
5	同步带	ECX02-S8M-250-766	半年，以实际使用情况为准	1
6	同步带	ECX02-S8M-250-755	半年，以实际使用情况为准	1
7	20滑块轴承	KNH-20-ZC	—	20
8	20滑块螺栓	KNH-20-LS	—	1
9	插销	ZAA15-d6-L30	—	50
10	插销	ZAA15-d6-L40	—	50
11	插销	ZAA15-d6-L15	—	50

任务 8.4.3　卷扬式外墙乳胶漆喷涂机器人常见故障及处理

1. 乳胶漆喷涂机器人故障信息

卷扬式外墙乳胶漆喷涂机器人常见故障信息有以下种类：

（1）泵速率低 / 泵不工作 / 低电压报警；

（2）X/C/Z1/Z2 轴伺服报警；

（3）机器正常工作，涂料未喷出；

（4）机器人无法喷涂边角位置或窗户位置；

（5）喷涂总成稳定性较差 / 喷涂后涂膜歪歪扭扭，喷涂质量差；

（6）急停报警；

（7）防撞条报警；

（8）悬挂总成上限位报警；

（9）安全锁报警；

（10）余绳检测异常；

（11）松绳检测异常；

（12）超载检测；

（13）PAD 通信异常；

（14）TX2 通信异常；

（15）PLC 通信异常；

（16）倾角仪通信错误；

（17）旋翼通信错误；

（18）伺服故障；

（19）倾角仪报警；

（20）倾角仪报警；

（21）压力泄露报警；

（22）喷嘴堵塞报警；

（23）GPS 信号弱。

2. 乳胶漆喷涂机器人故障分析

当卷扬式外墙乳胶漆喷涂机器人出现以上任务 8.5.1 中的故障信息时，要停止施工作业，针对性地进行故障分析，从电源、导轨、喷嘴、急停按钮、屏蔽钥匙按钮、钢丝绳、APP、PAD、TX2、PLC、倾角仪、旋翼、伺服放大器、GPS 模块等方面认真进行排查。

3. 乳胶漆喷涂机器人排除方法

卷扬式外墙乳胶漆喷涂机器人故障排除方法，见表 8-34。

卷扬式外墙乳胶漆喷涂机器人故障排除方法 表8-34

序号	故障信息	故障排除方法
1	泵速率低/泵不工作/低电压报警	1. 提供机器人专用电源，建议工地开放稳定的永久电源 2. 适当的减少旋翼的工作倍率
2	X/C/Z1/Z2轴伺服报警	1. 检查X/C/Z1/Z2轴是否移动顺畅，清理导轨并涂布润滑脂 2. 检查原点位置是否发生变化，导致出现卡死报警的现象；重置原点位置 3. 检查是否为管道卡死，导致报警，重新更改管道的固定方式，防止卡死
3	机器正常工作，涂料未喷出	1. 检查喷嘴是否堵死，洗刷喷嘴 2. 检查机器是否能够正常上压
4	机器人无法喷涂边角位置或窗户位置	1. 需要更改靠墙轮横向伸缩距离 2. 山墙面阳角喷涂时应该缩短靠墙轮距离 3. 窗户位置喷涂时应该增长靠墙轮距离
5	喷涂总成稳定性较差/喷涂后涂膜歪歪扭扭，喷涂质量差	可参考X/C/Z1/Z2轴伺服报警解决方案
6	急停报警	1. 检查急停按钮是否被按下 2. 检查急停按钮线路是否异常
7	防撞条报警	1. 切换到手动模式 2. 屏蔽钥匙按钮1旋到屏蔽档 3. APP操作解除报警 4. 屏蔽钥匙按钮1旋回正常挡位
8	悬挂总成上限位报警	1. 切换到手动模式 2. 屏蔽钥匙按钮2旋到屏蔽档 3. APP操作解除报警 4. 屏蔽钥匙按钮2旋回正常挡位
9	安全锁报警	1. APP手动提升喷涂总成一小段距离（2mm左右） 2. 手动解锁安全锁 3. APP操作解除报警
10	余绳检测异常	APP手动提升钢丝绳，确保卷筒上钢丝绳不少于3圈即可
11	松绳检测异常	1. 检查钢丝绳是否有松动 2. 松绳检测结构是否异常 3. 检查传感器线缆是否异常
12	超载检测	1. 检查卷扬机报警阈值是否设置有误 2. 检查喷涂总成提升是否异常
13	PAD通信异常	1. 检查PAD无线连接功能是否开启 2. 重启APP 3. 重新安装APP 4. 更换PAD
14	TX2通信异常	1. 检查TX2连接网线是否异常 2. 重启设备 3. 更换TX2
15	PLC通信异常	1. 检查PLC连接网线是否异常 2. 检查无线网桥是否连接异常 3. 重启设备 4. 更换PLC

续表

序号	故障信息	故障排除方法
16	倾角仪通信错误	1. 检查传感器线缆是否异常 2. 更换传感器
17	旋翼通信错误	1. 检查传感器线缆是否异常 2. 更换旋翼模块
18	伺服故障	可参考相应品牌伺服放大器故障手册排除
19	倾角仪报警	1. 检查报警阈值设置是否合理 2. 检查喷涂总成提升是否异常
20	风速报警	1. 确认当前风速是否超过设备允许工作条件 2. 检查报警阈值设置是否合理
21	压力泄露报警	1. 检查喷涂管理是否异常 2. 检查喷枪是否异常 3. 检查料箱余料是否不足
22	喷嘴堵塞报警	检查喷嘴是否异常
23	GPS信号弱	1. 检查GPS模块线缆是否异常 2. 重启设备 3. 更换GPS模块

小结

卷扬式外墙乳胶漆喷涂机器人，用于建筑外墙乳胶漆涂料的喷涂施工，通过放置于楼顶的悬挂总成，利用钢丝绳将喷涂总成部分的喷涂机构置于建筑外墙，实现建筑外墙乳胶漆的全自动喷涂施工，主要功能有安全功能、智能施工。

卷扬式外墙乳胶漆喷涂机器人适用于中高层、小高层、高层住宅或商业建筑等建筑外墙无砂乳胶漆的喷涂施工。

卷扬式外墙乳胶漆喷涂机器人施工工艺流程为：每日点检→搅拌与加料→路径规划→试喷涂→机器人喷涂作业→楼栋转移继续施工→收尾工作。

卷扬式外墙乳胶漆喷涂机器人施工质量要求，参照标准《建筑装饰装修工程质量验收标准》GB 50210—2018 中表 12.2.5～表 12.2.7 执行。

巩固练习

一、单项选择题

1. 卷扬式外墙乳胶漆喷涂机器人的所需的最大供电电源是（ ）。

A. AC380V   B. AC220V   C. DC24V   D. DC12V

2. 卷扬式外墙乳胶漆喷涂机器人喷涂施工温度要求（ ）。

A. 0～40℃   B. 5～40℃   C. 0～45℃   D. 5～45℃

3. 卷扬式外墙乳胶漆喷涂机器人最大可喷涂高度为（ ）。

A. 90m　　　　　　B. 100m　　　　　　C. 120m　　　　　　D. 150m

4. 卷扬式外墙乳胶漆喷涂机器人最大爬坡度数为（　　　）。

A. 1°　　　　　　　B. 2°　　　　　　　C. 3°　　　　　　　D. 4°

5. 下列不属于卷扬式外墙乳胶漆喷涂机器人安全装置的是（　　　）。

A. 喷涂总成上到位 / 上限位　　　　　　B. 钢丝绳配重板

C. 悬架安全触边　　　　　　　　　　　D. 拖链

6. 卷扬式外墙乳胶漆喷涂机器人作业时，楼顶女儿墙高度要求（　　　）。

A. 大于等于 1.8m　　　　　　　　　　B. 小于等于 1.8m

C. 小于等于 1.7m　　　　　　　　　　D. 大于等于 1.7m

7. 关于卷扬式外墙乳胶漆喷涂机器人运输，以下说法正确的是（　　　）。

A. 施工前 1 天开始着手准备机器人、工具进场工作

B. 在质检员的监督下，按规范吊装机器人设备并完成装车

C. 吊装机器人前，无需对喷涂总成轮刹锁死

D 塔吊起吊机器人时，作业区域下方禁止站人，应远离塔吊作业区域

8. 卷扬式外墙乳胶漆喷涂机器人喷涂作业时，若风力大于等于 4 级风，以下做法正确的是（　　　）。

A. 应立即停止喷涂作业，吊篮下放至地面

B. 继续喷涂，时时检测喷涂状态，吊篮倾斜时再停止作业

C. 停止作业，吊篮静置在空中

D. 吊篮提升至女儿墙位置，等待风停，继续喷涂

9. GPS 导航模块的作用是（　　　）。

A. 基于 GPS 规划路径，使悬挂总成可实现自动行走定位

B. 反馈机器人的运行状态

C. 实现喷涂总成、悬挂总成的数据传输

D. 实现喷涂总成在垂直方向的运动和定位及位置反馈

10. 卷扬式外墙乳胶漆喷涂机器人正常喷涂作业时，指示灯显示为（　　　）。

A. 红色　　　　　　B. 绿色　　　　　　C. 橙色　　　　　　D. 黄色

二、多项选择题

1. 卷扬式外墙乳胶漆喷涂机器人如不进行合理的养护，可能会出现以下哪些问题（　　　）。

A. X 轴卡住　　　　　B. 拖链脱轨　　　　　C. 喷嘴堵塞　　　　　D. 喷涂质量受影响

2. 卷扬式外墙乳胶漆喷涂机器人喷涂作业前场地验收包括（　　　）。

A. 墙面验收，符合乳胶漆涂装要求

B. 一楼平台需无杂物，并设置安全围蔽区域

C. 屋面离女儿墙 5m 范围内无影响悬架自动运行的结构

D. 楼顶隔热及防水等相关施工可与机器人喷涂作业同时进行

3.卷扬式外墙乳胶漆喷涂机器人运行指示灯有以下（　　　）灯色。

A.红色　　　　　　　　B.绿色　　　　　　　　C.橙色　　　　　　　　D.黄色

4.卷扬式外墙乳胶漆喷涂机器人的主要功能包括（　　　）。

A.全自动作业　　　　　　　　　　　　B.余料检测

C.洞口智能启停　　　　　　　　　　　D.喷涂质量自动检测功能

5.卷扬式外墙乳胶漆喷涂机器人可替代传统人工喷涂的工序（　　　）。

A.墙面养护　　　　B.底漆喷涂　　　　C.面漆喷涂　　　　D.腻子施工

6.卷扬式外墙乳胶漆喷涂机器人喷涂作业开始前，试喷时的目的是（　　　）。

A.确认喷涂压力参数

B.确认乳胶漆喷涂机器人喷涂压力

C.检查机器上无工具、杂物等

D.观察喷涂效果，乳胶漆正常喷涂一般成扇雾状

7.卷扬式外墙乳胶漆喷涂机器人包括（　　　）参数设置。

A.报警参数　　　　　　　　　　B.电机参数

C.设备尺寸和重量参数　　　　　　D.工艺参数

8.若设备运行过程中，安全锁锁住，正确的做法有（　　　）。

A.使劲拉拽，重置原点位置

B.APP手动提升喷涂总成一小段距离（2mm左右）

C.手动解锁安全锁

D.APP操作解除报警

9.卷扬式外墙乳胶漆喷涂机器人安全功能包括（　　　）。

A.风速检测　　　　B.余料检测　　　　C.倾斜检测　　　　D.防坠落装置

10.卷扬式外墙乳胶漆喷涂机器人喷涂系统清洗，包括（　　　）清洗。

A.料箱　　　　　　B.管路　　　　　　C.喷枪喷嘴　　　　D.喷涂机

三、判断题

1.喷涂完毕需喷清水进行管道清洗。　　　　　　　　　　　　　　（　　　）

2.设备运行时，人员须远离喷涂墙面。　　　　　　　　　　　　　（　　　）

3.悬架尾部应正确安装好配重块，无配重块禁止操作设备。　　　　（　　　）

4.设备作业时，可踩在悬架上对吊篮喷涂状态进行观察。　　　　　（　　　）

5.卷扬式外墙喷涂机器人机具有断点续喷功能。　　　　　　　　　（　　　）

四、简答题

1.简述卷扬式外墙乳胶漆喷涂机器人主要功能。

2.简述卷扬式外墙乳胶漆喷涂机器人施工工艺流程。

3.简述卷扬式外墙乳胶漆喷涂机器人施工操作要点。

4.简述卷扬式外墙乳胶漆喷涂机器人施工质量标准。

附录一： 卷扬式外墙乳胶漆喷涂机器人日点检表

博智林机器人 卷扬式外墙喷涂机器人——喷涂总成日点检表
Bright Dream Robotics

日期： 设备编号： 点检人：

检查项目	检查点	标准	日期	合格√ 不合格×	维修人	备注
电气与安全检查	紧急停止开关	动作正确，相应灵敏	每日			
	起吊销轴感应器		每日			
	料筒插销感应器		每日			
	下限位开关		每日			
	倾角传感器		每日			
	风速传感器	无油漆等异物粘附，动作正确	每日			
	吊篮机架	机身上无工具、物品等	每日			
	旋翼	螺钉紧固无松动，运转正常	每日			
运动轴	X1轴运动	无异响	每日			
	X2轴运动	无异响	每日			
喷涂系统	电磁阀	动作正确，相应灵敏	每日			
	电气比例阀	动作正确，相应灵敏	每日			
	气流量阀	动作正确，相应灵敏	每日			
	涂料流量传感器	动作正确，相应灵敏	每日			
	喷涂机	压力是否标定正常	每日			
	喷涂管道	密封无泄漏	每日			
	气动管道	密封无泄漏	每日			
	喷枪、喷嘴	无泄漏，紧固无松动	每日			
紧固检查	起吊销轴	安装到位无串动，有防坠链	每日			
	配重块轴导轨与滑块	运动顺畅无刮痕	每日			
	料筒盖插销	完好有防坠链	每日			
	料筒顶盖搭扣	扣合正确，螺钉紧固无松动	每日			

博智林机器人 Bright Dream Robotics	卷扬式外墙喷涂机器人——喷涂总成日点检表					

日期：　　　　　　　设备编号：　　　　　　　点检人：

检查项目	检查点	标准	日期		维修人	备注
			频率	合格√ 不合格×		
电气与安全检查	松绳保护开关	动作正确，相应灵敏	每日			
	离心式安全锁动作开关		每日			
	起升到位开关		每日			
	起升极限位开关		每日			
	安全触边		每日			
	紧急停止开关		每日			
	销轴过载检测		每日			
	电柜风扇	转动正常	每日			
导航模块	导航模块	正常运行	每日			
卷筒	收放钢丝绳	卷筒运转流畅	每日			
	钢丝绳排绳	正常运行	每日			
异响	卷筒、滑轮组、航轮、万向轮等运动部位	无异响	每日			
紧固检查	配重块与楔形接头连接	螺钉紧固无松动	每日			
	配重板防撞胶	完好无缺失	每日			
	钢丝绳与楔形接头防松夹	紧固无松动	每日			

检查 项目	检查点	标准	日期	合格√ 不合格×	维修人	备注
			频率			
电气与安全 检查	强电柜风扇	转动正常	每周			
	控制电柜风扇	转动正常	每周			
	料筒、料筒盖	内壁干净无杂质粘附，出料口接头清理（能正常拔插，无涂料泄漏）	每周			
	X1、X2、Z轴拖链	拖链连接完好，无脱落	每周			
	靠墙轮	无明显破损，无坠落风险，清理到位	每周			
	靠墙轮伸缩杆	插销正常，有定距限位与拔出极限限位	每周			
	旋翼	表面无明显油漆堆积	每周			
	料筒档杆旋转销轴	插销完好	每周			
回零	X1、X2、C、Z、Z1、Z2轴零点	位置准确	每周			

博智林机器人 Bright Dream Robotics　卷扬式外墙喷涂机器人——喷涂总成周点检表

日期：　　设备编号：　　点检人：

附录二： 卷扬式外墙乳胶漆喷涂机器人保养表

博智林机器人 Bright Dream Robotics	卷扬式外墙喷涂机器人吊篮保养表					
日期：	**设备编号：**		**保养人：**			
机器所在地：		**管理编号：**				
名称	检查点	保养周期	是	否		备注
气动系统	电磁阀表面清理	每月	○	○		
	喷涂机进料口过滤网、过滤器外形检查	每月	○	○		
	喷涂机进料口过滤网、过滤器清洗	每月	○	○		
	喷涂机密封圈清理	每月	○	○		
	喷涂机压力表表面清理	每月	○	○		
运动轴	运动轴护罩表面清理	每月	○	○		
	双轴心导轨、滑块保持运动顺畅	每月	○	○		
	各轴电机表面清理	每月	○	○		
靠墙轮机构	靠墙轮表面清理	每月	○	○		
	靠墙轮电缸推杆防护罩表面清理	每月	○	○		
	靠墙轮电机表面清理	每月	○	○		
楔形索节	清理表面异物，确保不影响钢丝绳调整	每月	○	○		
	销轴除锈，表面清理	每月	○	○		
	销轴固定卡槽清理，除锈	每月	○	○		
	空压机表面清理	每季	○	○		
拖链	整理管路	每季	○	○		
	拖链表面清理	每季	○	○		
	拖链承接道杂物清理	每季	○	○		
运动轴	同步带表面清理	每季	○	○		
	双轴心导轨异物清理	每季	○	○		
旋翼	旋翼异物清理	每季	○	○		
吊篮机架	除锈、防锈工作	每季	○	○		
	机架表面清理	每季	○	○		
运动轴	X1、X2轴轴心导轨钢棒光亮、滚轮完好	每年	○	○		
	X1、X2、Y轴同步带无明显磨损	每年	○	○		
减速机	减速机润滑油无明显浑浊、黏度变大等异常	每年	○	○		

博智林机器人
Bright Dream Robotics

卷扬式外墙喷涂机器人吊篮保养表

日期：　　　　　设备编号：　　　　　　　保养人：

机器所在地：　　　　　　管理编号：

名称	检查点	保养周期	是	否		备注
舵轮组	安全防护罩除锈、防锈	每月	○	○		
	舵轮表面异物清理	每月	○	○		
钢丝绳	清理钢丝绳杂物	每月	○	○		
卷扬丝杆和滑块	导轨异物清理	每月	○	○		
	导轨与滑块除锈	每月	○	○		
	导轨与滑块润滑脂的添加	每月	○	○		
卷扬减速机	目视检查润滑油液位，适量加油	每季	○	○		
卷筒	卷筒齿轮链条机构加润滑油	每季	○	○		
压绳机构尼龙筒	调整机构，使其能紧压钢丝绳（不能与筒壁有过大摩擦音）	每季	○	○		
悬架机架	除锈、防锈工作	每季	○	○		
	机架表面清理	每季	○	○		
滑轮组	滑轮除锈、防锈工作	每季	○	○		
电柜	电柜除尘、异物清除	每季	○	○		
	风扇及散热片除尘	每季	○	○		
安全锁	安全锁过期更换确认	每年	○	○		

附录三： 卷扬式外墙乳胶漆喷涂机器人检查记录表

起重机概况：＿＿＿＿＿＿									钢丝绳用途：＿＿＿＿＿＿		

钢丝绳详细资料：＿＿＿＿＿＿＿＿＿＿＿＿＿＿

商标名称（若已知）：＿＿＿＿＿＿＿＿＿＿＿＿＿

公称直径：＿＿＿＿mm

结构：＿＿＿＿＿＿＿＿＿＿＿＿＿＿

绳芯[a]： IWRC独立钢丝绳/FC纤维（天然或合成织物）/WSC钢丝股

钢丝表面[a]：　　无镀层　镀锌

捻向和捻制类型[a]：右向；sZ交互捻　zZ同向捻　Z右捻　　左向；zS交互捻　sS同向捻　S左捻

允许可见外部断丝数量：＿＿（在6 d 长度范围内）＿＿（在30 d 长度范围内）

参考直径：＿＿＿mm

允许的绳径减小量（从参考直径算起）：＿＿＿mm

安装日期（年/月/日）：＿＿＿＿＿									报废日期（年/月/日）：＿＿＿＿＿		

可见外部断丝数				直径		腐蚀	损伤和畸形			在钢丝绳上的位置	总体评价（发生位置的综合严重程度[b]）
长度范围		严重程度[b]		实测直径mm	相对参考直径的实际减小量mm	严重程度[b]	严重程度[b]	严重程度[b]	类型		
6 d	30 d	6 d	30 d								

其他观察结果/说明：

使用时间（周期/小时/天/月/及其他）：＿＿＿＿＿＿＿＿＿＿

检查日期：　　　年　　月　　日

主管人员姓名（印刷体）：＿＿＿＿＿

主管人员签字：＿＿＿＿＿

　a： 打勾标记选中项目

　b： 严重程度的表示：轻度、中度、重度、严重、报废

项目 **9**　卷扬式外墙多彩漆喷涂机器人　>>>

【知识要点】

　　掌握外墙多彩漆喷涂机器人施工；了解卷扬式外墙多彩漆喷涂机器人功能、结构与特点；了解卷扬式外墙多彩漆喷涂机器人常见故障的处理办法及维护保养。

【能力要求】

　　具备检测与判定卷扬式外墙多彩漆喷涂机器人的施工条件、编制卷扬式外墙多彩漆喷涂机器人的施工规划、正确对卷扬式外墙多彩漆喷涂机器人常见故障分析并进行维护与保养的能力。

单元 9.1　外墙多彩漆涂料及其技术要求

1. 常用外墙多彩漆的种类

多彩漆是两种或两种以上的水性色粒子悬浮在水性介层中，通过一次喷涂产生多种色彩的用于建筑物外墙的单组分涂料，它是采用丙烯酸硅树脂乳液和氟碳树脂乳涂为基料，结合优质无机颜料和高性能助剂，突破涂料化工学理，经特殊工艺加工而成的水性外墙多彩涂料。

目前常用的外墙多彩漆主要分为三种：

（1）水包水多彩涂料：仿制平面花岗岩石材。

（2）复层荔枝面多彩涂料：仿制荔枝面花岗岩石材（真石漆打底做造型，水包水多彩涂料喷涂花纹效果）。

（3）水包砂多彩涂料：仿制荔枝面花岗岩石材（是水包水和真石漆的二合一升级换代产品）。

2. 外墙多彩漆的技术要求

常用外墙多彩漆主要技术指标：附着力大 100%、耐洗刷达 2000 次以上、耐水性达 96h 以上、耐候性达 1000h 以上。由于材料重量轻，仿真效果好，寿命期超长和造价低，特别适用于外保温墙面。

单元 9.2　卷扬式外墙多彩漆喷涂机器人性能

任务 9.2.1　多彩漆喷涂机器人概述与功能

1. 多彩漆喷涂机器人概述

在经济全球化的 21 世纪，随着我国建筑行业的发展及迅速普及，原传统密集型劳动作业方式已经不再适应发展的需求，建筑机械设备一体化、智能化、自动化必将成为时代主流。

目前建筑外墙喷涂作业均为传统的人工作业方式，存在作业效率低、用工成本高、人员危险系数高等问题。因此，研发卷扬式外墙多彩漆喷涂机器人并用机器人作业代替人工作业，既可以节省大量的劳动力，提高施工效率，降低生产成本，提高施工质量，同时也可避免涂料对工人健康的危害。卷扬式外墙多彩漆喷涂机器人的应用也将填补市场该类产品的空白。

卷扬式外墙多彩漆喷涂机器人，用于建筑外墙多彩漆涂料的喷涂施工，通过放置于楼顶的悬挂总成，利用钢丝绳将喷涂总成部分的喷涂机构置于建筑外墙，实现建筑外墙多彩漆的全自动喷涂施工。

卷扬式外墙多彩漆喷涂机器人有如下优势：

（1）减少人在外墙多彩漆喷涂施工时的高空坠落危险；

（2）减少化学涂料对施工人员的健康危害；

（3）施工质量更加稳定；

（4）提升工作效率，降低施工成本。

主要应用环境为100m高度范围内的高层住宅或商业建筑外墙面。针对使用的涂料为多彩漆。

2. 多彩漆喷涂机器人功能

卷扬式外墙多彩漆喷涂机器人是一款智能高空机器人（图9-1），由喷涂总成与悬挂总成组成。通过放置于楼顶的悬挂总成，卷扬式起升机构中的卷筒上缠绕多层钢丝绳，利用钢丝绳将喷涂总成悬挂于建筑外墙表面，结合喷涂总成的喷涂系统与运动机构，实现全自动喷涂施工作业。卷扬式外墙多彩漆喷涂机器人适用于中高层、小高层、高层住宅或商业建筑等建筑外墙无砂多彩漆的喷涂施工（含功能型无砂多彩漆，如具备反射隔热性能、高弹性能的无砂多彩漆等，机器人均可以施工）。

图9-1 卷扬式外墙多彩漆喷涂机器人

卷扬式外墙多彩漆喷涂机器人主要功能说明详见表9-1。

卷扬式外墙多彩漆喷涂机器人主要功能 表9-1

序号	功能分类	功能名称	功能描述	备注
1	安全功能	报警显示	故障时设备自动停机并报警，通过警示灯提示报警，操作面板显示报警信息供操作者参考	
2		风速检测	监控环境风速，风速超过8.3m/s后自动停机并报警，操作者可选择将机器人释放至地面	
3		倾斜检测	异常情况喷涂总成倾角不小于5°，自动停机并报警，操作者可将机器人释放至地面调整并处理异常	
4		无动力下降装置	停电或突发情况设备断电，可利用无动力下降装置将机器人降落至地面	
5		悬挂总成停障功能	当人或物体与悬挂总成有触碰式碰撞时，自动停机并报警，操作者可操作面板选择恢复作业	
6		超载保护功能	监控悬挂总成受到的拉力，当拉力超过限定值时，自动停机并报警	
7		防坠落装置	若喷涂总成失速下坠，离心式安全锁自动锁住安全钢丝绳，防止喷涂总成坠落	
8		喷涂总成提升限位	自动作业状态喷涂总成提升至零点或接近悬挂总成位置时，提升上限位装置为喷涂总成提供找零参考，防止继续提升	
9		急停装置	当操作者发现设备异常时，可拍下急停开关，机器人立马停止作业	

序号	功能分类	功能名称	功能描述	备注
10	安全功能	插销防漏装置	自动检测料筒插销、喷涂总成钢丝绳位置插销是否插到位，若固定不到位或遗失，自动报警体系操作者插销未固定	
11		喷涂姿态稳定	通过旋翼、靠墙轮，使喷涂总成满足不超过8.3m/s时的施工姿态稳定	
12		松绳保护	悬挂总成中，当释放钢丝绳发现钢丝绳处于松弛状态时（一般喷涂总成落地时钢丝绳松弛），自动检测并报警	
13	智能施工	全自动作业	基于GPS自动规划路径，可实现全自动喷涂作业	
14		断点续喷	因天气、设备故障因素暂停作业，再次作业可在上次作业位置继续作业	
15		洞口智能启停	喷涂总成在喷涂窗户、阳台等洞口位置无需喷涂的点位时，喷枪会自动开关，以免浪费涂料	
16		余料检测	涂料量不足时提醒操作者余料不足，需要添加涂料进行施工	
17		涂料流量自动调节	操作者可直接设置涂料喷涂耗量，机器人自动给调节流量以使耗量、质量满足施工要求	
18		下限位检测	自动作业喷涂总成距离地面200mm或调整值时，施工完毕自动停机并报警	
19		喷嘴堵塞检测	自动喷涂作业中喷涂压力变化很小低于设定值时，提醒操作者喷嘴堵塞，自动停机并报警	
20		压力泄露检测	自动喷涂作业中喷涂压力变化很大超过设定值时，提醒操作者喷涂压力泄露，自动停机并报警	

卷扬式外墙多彩漆喷涂机器人技术参数说明见表 9-2。

卷扬式外墙多彩漆喷涂机器人技术参数　　表9-2

悬挂总成			
外形尺寸（mm）	4000×2300×2950（长×宽×高）	施工范围（高度）	1.5～100m
重量	1580kg	最大悬挂重量	1000kg
移动方式	双舵轮全向自动移动	导航方式	GPS+RTK
越障高度	0～10mm	越沟宽度	0～20mm
爬坡能力	0～3°	行走速度	4m/min
起吊点跨距	1930mm	钢丝绳与女儿墙的距离	450mm
起升速度	10m/min	—	—
供电方式	AC380V（含喷涂总成）	最大工作功率	6kW（1.2倍安全系数，含喷涂总成）
防护等级	IP54（含喷涂总成）	工作温度	5～45℃（含喷涂总成）
抗风等级	5级（≤8.3m/s）（含喷涂总成）	—	—

喷涂总成			
外形尺寸 （mm）	3200×1300×2000 （长×宽×高）	喷涂范围 （宽度）	0～5000mm
空载重量	670kg	满载重量	900kg
喷涂介质	多彩漆	自由度	3轴
X轴行程	5000mm	X轴速度	1000mm/s
Z轴行程	500mm	Z轴速度	500mm/s
C轴范围	±65°	C轴速度	6.28rad/s
靠墙轮行程	500mm	靠墙轮跨距	2500～3500mm
涂料	180L	喷涂压力	0.1～0.35MPa

任务 9.2.2　多彩漆喷涂机器人结构

1. 卷扬式外墙多彩漆喷涂机器人整机结构

卷扬式外墙多彩漆喷涂机器人整机结构如图 9-2 所示。

（1）悬挂总成。安装于建筑物屋面，承载喷涂总成重量、工作载荷和运动载荷可移动装置。

（2）喷涂总成。由喷涂系统、靠墙轮、旋翼等零部件组成，通过 X、Z 轴移动及绕 C 轴旋转运动的实现喷涂动作的组合体。

（3）安全触边。当人或物体与安全触边碰撞时，能够对碰撞人或物体起防护作用的装置，属安全装置。

（4）离心式安全锁。当喷涂总成的下滑速度达到锁绳速度时，能自动锁住安全钢丝绳，使喷涂总成停止下滑。

（5）行走机构动力轮、行走机构从动轮。卷扬式外墙多彩漆喷涂机器人配备的自动导引装置，能够沿规划路径行驶。

（6）悬挂总成控制器。能控制和检测机器人机械结构并与喷涂总成、使用者进行通信。

（7）卷扬式起升机构。由电机、减速机、卷筒等零部件组成，依靠卷筒旋转运动实现喷涂总成在垂直方向的运动和定位及位置反馈的装置。

（8）提示灯。通过灯的颜色、蜂鸣器是否鸣响，反馈机器人的运行状态以提醒使用者。

（9）GPS 导航模块。基于 GPS 规划路径，使悬挂总成可实现自动行走定位。

（10）吊臂。承受喷涂总成重量、工作载荷和运动载荷的装置。

（11）钢丝绳。分工作钢丝绳与安全钢丝绳，用于连接悬挂总成与喷涂总成（钢丝绳配重板），保证喷涂总成在垂直方向的运动与安全。

（12）钢丝绳配重板。悬挂总成与喷涂总成拆分开时，钢丝绳配重板连接钢丝绳，防止钢丝绳相互缠绕、打结，属于安全装置。

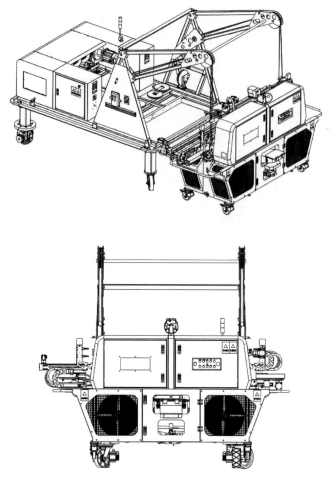

图 9-2　卷扬式外墙多彩漆喷涂机器人

（13）喷涂总成控制器。具备逻辑控制功能的系统，能控制和检测机器人机械结构并与悬挂总成、使用者进行通信。

（14）喷枪、管道、料箱、喷涂机。与压缩气泵、控制元件（电磁阀）共同组成喷涂系统，使涂料从料箱输送至喷枪，进行喷涂。

（15）喷枪运动机构。含 X、Z 轴移动轴及 C 轴旋转轴，喷枪搭载在运动轴上，使喷枪能实现左右移动、旋转喷涂，并依靠 Z 轴调整喷枪距墙距离。

（16）拖链。装载线缆、管道，且可随喷枪运动机构移动的装置。

（17）喷涂总成轮组。安装于喷涂总成机架下方，便于喷涂总成在地面移动转移。

（18）靠墙轮。使喷涂总成在上下运行中支撑于建筑物外墙面的滚动部件，增加喷涂总成的作业稳定性。

（19）旋翼及其防护罩。产生推力使喷涂总成贴紧建筑物外墙面的部件，增加喷涂总成的作业稳定性。

（20）喷涂总成按钮盒。操作按钮，作为机器人作业过程中关键步骤（施工安全）确认与把控。

（21）无线网桥。喷涂总成与悬挂总成使用无线网桥配对后，实现喷涂总成、悬挂总成的数据传输。

（22）喷涂总成上到位/上限位。限制喷涂总成最高提升高度的安全装置，同时用于确认垂直高度零点位置。

（23）风速传感器。当风速超过 8.3m/s 或设置的定值后，能够报警提醒操作人员停止施工作业。

2. 运行指示灯说明

指示灯共有三种灯色。绿色、黄色、红色。

（1）绿灯。正常运行，蜂鸣器不响。

（2）黄灯。待机状态，蜂鸣器随灯闪烁频率鸣响。

（3）红灯。异常状态即报警（电机过载、电机超速、急停限位等），蜂鸣器常响。

任务 9.2.3 多彩漆喷涂机器人特点

1. 传统施工

传统外墙涂料的施工一般采用一遍底涂、二遍面涂施工。根据工程质量要求可以适当增加面涂遍数。底漆用于封闭墙面的碱性，提高涂料与墙面的附着力，避免因墙体过于干燥而大量吸收涂料，并保证吸料量。各类型外墙涂料的施工工艺相仿。

（1）平涂。基层处理→刮腻子→砂纸打磨→刷外墙涂料；

（2）弹涂。基层处理→刮腻子→喷弹涂骨料→压花→刷外墙涂料；

（3）真石漆。基层处理→刮腻子→砂纸打磨→刷底漆→喷真石漆；

（4）仿砖效果真石漆：基层处理→刮腻子→打磨砂纸→刷底漆→按分格大小粘贴美纹纸→喷真石漆→揭掉美纹纸。

2. 外墙多彩漆喷涂机器人施工

卷扬式外墙多彩漆喷涂机器人的施工流程如下：前置作业条件准备→人员、机器人、工具、材料的进场工作→机器人安装→机器人施工→机器人撤场。卷扬式外墙多彩漆喷涂机器人优势与劣势对比见表 9-3。

卷扬式外墙多彩漆喷涂机器人优势与劣势对比 　　　　　　　表9-3

序号	优势	劣势	备注
1	全自动施工作业，施工效率高，缩短工期降低施工成本	对屋面结构要求较高，尺寸上需要能满足悬挂总成移动要求（目前通过与设计院展开合作，设计适用于卷扬式外墙多彩漆喷涂机器人施工的建筑图纸）	
2	减少施工人员高空坠落风险		
3	减少喷涂对施工人员的危害		
4	施工稳定，施工质量好		

单元 9.3　卷扬式外墙多彩漆喷涂机器人施工

任务 9.3.1　多彩漆喷涂机器人施工准备

1. 作业条件

（1）屋面场地准备

1）机器人施工区域需有塔式起重机，且货车能将机器人拉至塔式起重机作业区域内，将机器人吊装至对应的屋面。施工完毕后需要塔式起重机协助撤场；

2）距离女儿墙5m区域内屋面坡度不大于3°，无构筑物、建筑材料、垃圾等；

3）楼顶屋面女儿墙高度不大于1700mm且厚度不大于200mm；

4）屋面设计载荷满足机器人重量要求（机器人满载重2480kg），双机同时作业时，需确认双机作业的最小安全距离并与机器人应用工程师交底；且机器人施工外墙涂料前屋面未施工构造面层（如防水层、保温层等），若已施工构造面层，需按构造面层校核楼面载荷；

5）屋面需满足6kW（1.2倍安全系数），AC380V与220V的供电需求（1套机器人）。

（2）地面场地准备

1）距离墙面5m范围内的地面无建筑材料、绿化树、垃圾等，地面平整。并在距离施工作业面不小于6m的位置范围，设置安全围蔽区域，并做好围挡；

2）一楼平台若存在进风井，请待机器人施工完成后再进行结构构造；若无法满足，机器人可使用牵引绳避开进风井，机器人施工后人工补充进风井位置涂料施工；

3）离地1.5m范围内的墙面，机器人无法完成喷涂，故应由应用工程师在操机完成机器人施工作业后，再进行离地1.5m高度范围内的墙面涂料施工。

4）机器人施工区域附近，地面有清洁自来水（水中不能含砂，需要增加过滤网过滤）；

5）根据进场机器人的数量与尺寸，确认机器人的统一存放位置。

（3）墙面场地准备

1）建筑完成封顶，爬架撤场，机器人施工作业面完成腻子层施工，并符合《建筑装饰装修工程质量验收标准》GB 50210—2018要求，可达到喷涂底漆的标准中的高级抹灰质量要求；

2）机器人施工作业面、机器人施工作业面相邻外墙面门窗做好成品保护（机器人会过喷200～300mm，过喷可能造成相邻外墙面门窗被污染），防止污染门窗；

3）阳台等需要搭建过桥板的异形面，需提前搭建好过桥板；

4）卷扬式外墙多彩漆喷涂机器人施工基层要求见表9-4。

2. 人员准备

外墙多彩漆喷涂机器人施工人员见表9-5。

卷扬式外墙多彩漆喷涂机器人施工基层要求   表9-4

序号	检查项目	要求
1	基层及质量	完成腻子基层施工，且无空鼓、开裂、剥离、不起砂、不掉粉
2	墙面平整度、垂直度	腻子基层墙面：偏差不大于4mm
3	阴阳角方正度	偏差不大于4mm

卷扬式外墙多彩漆喷涂机器人施工人员一览表   表9-5

序号	人员	数量	用途
1	项目经理/现场施工员	1	工程外墙施工统筹管理，资源协调
2	机器人应用工程师/工人	1	操机进行外墙涂料施工

3. 运输工具准备

施工前3～7d开始着手准备机器人、工具进场工作。需确认装车点是否有行走式吊装设备，若有，预约高栏货车即可，建议选用顶棚、围边可拆卸的高栏货车，货车宽度大于2300mm，长度应根据机器人尺寸与数量决定；若无走式吊装设备，需约高栏货车、叉车（或吊车），为机器人、工具装车做准备；叉车用于叉悬挂总成时，叉臂需2.2m以上，卷扬式外墙多彩漆喷涂机器人施工辅助工具、施工基层检测工具准备详见表9-6、表9-7。

卷扬式外墙多彩漆喷涂机器人施工辅助工具准备   表9-6

序号	工具名称	作用/适用情况	图例
1	料桶	搅拌、盛放涂料容器	
2	手套	搅拌及放料时佩戴	
3	搅拌站	满足机器人施工	
4	工具与工具包	含扳手、螺丝刀、剪钳等工具用于维修、保养机器人	

续表

序号	工具名称	作用/适用情况	图例
5	卷尺	用于机器人路径规划时测量	

施工基层检测工具准备 表9-7

序号	工具名称	作用	图例
1	含水率测试仪	检测基层含水率	
2	空鼓锤	检查基层是否空鼓	
3	2m靠尺	检查墙面平整度、垂直度	
4	楔形塞尺	检查缝隙大小； 配合2m靠尺检查平整度	
5	阴阳角检测尺	检查阴阳角方正度	

4. 材料准备

（1）多彩漆涂料准备。施工现场应准备外墙多彩漆喷涂用的底中合一涂料、面漆、罩面漆，详见表9-8。

外墙多彩漆喷涂涂料准备　　　　　　　　　　表9-8

序号	材料名称	材料的作用
1	底中合一涂料（0.25kg/m²），面漆（0.5～1.5kg/m²）罩面漆（0.13kg/m²）	墙面喷涂，根据面积确定涂料量，注意适当预留涂料，以防涂料不够用

（2）材料存放和堆放。涂料存放不能选择露天的场所，堆放场地地面干燥不潮湿（必要时可垫高），堆放不超过三层。宜在通风、干燥、温度在5～35℃的环境下储存。

5. 机器人进场准备

（1）机器人、设备的吊运、装车

1）装车前提前确认输送机器人的工具，吊车吊装设备，需提前准备好吊装钢丝绳、吊带；在安全人员的监督下，按规范吊装机器人/设备并完成装车；吊装工具如图9-3所示。

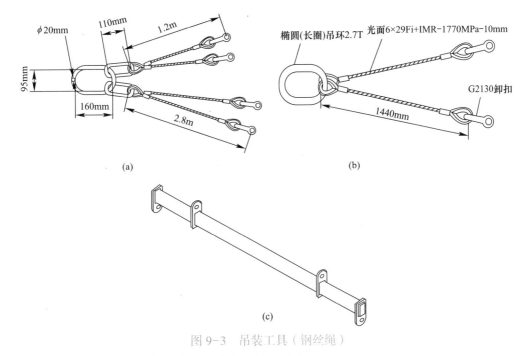

图9-3　吊装工具（钢丝绳）

（a）四腿索具；（b）双肢索具；（c）悬挂总成吊装工具

2）吊装前，喷涂总成需提前将轮刹锁死，悬挂总成需拧紧导轨钳制器；在机器人的专业吊点吊装，必须按在安全人员监督下规范吊装；喷涂总成、悬挂总成吊装如图9-4和图9-5所示。喷涂总成需吊装至运输底座上，防止运输损坏机器人；机器人、辅助设备、工具吊装上车时，应尽量将车内空间利用。

□ 悬挂总成的吊装

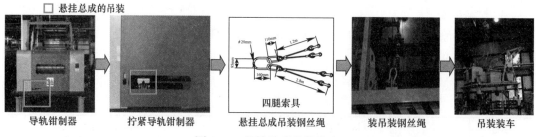

导轨钳制器　　　拧紧导轨钳制器　　　悬挂总成吊装钢丝绳　　装吊装钢丝绳　　吊装装车

图 9-4　悬挂总成吊装装车

□ 喷涂总成的吊装

喷涂总成吊装钢丝绳　　　　　换吊装钢丝绳　　　　　吊装装车

图 9-5　喷涂总成吊装装车

3）使用叉车将机器人装车，在安全人员的监督下，按操作规范叉装机器人完成装车；悬挂总成、喷涂总成的叉运如图 9-6、图 9-7 所示。

图 9-6　悬挂总成使用叉车叉装

图 9-7　喷涂总成使用叉车叉装

（2）机器人、工具装车完毕检查工作。机器人、辅助设备、工具装车完毕后，应检查机器人装车状态，观察是否有机器人装车后重心不稳，未吊装/叉装到位的现象。确认完毕后货车即可将机器人、辅助设备、工具运送至目的工地。机器人、工具卸车与转运进场。

货车出发后提前告知项目管理人员预期货车到达项目时间。项目管理人员需提前确认设备到达项目时，项目是否有塔式起重机、是否在塔式起重机作业范围内，确认是否需要预约叉车卸货方式；设备卸车、转运步骤与转运、装车步骤一致。喷涂总成、悬挂总成进场后状态如图 9-8 所示。

图 9-8　机器人进场

（3）机器人安装。卷扬式外墙多彩漆喷涂机器人悬挂总成、喷涂总成进撤场均为整机，无需安装工作，作业前仅需将钢丝绳、楔型接头（悬挂总成往喷涂总成通电）连接，通电后即可正常作业；卷扬式外墙多彩漆喷涂机器人安装流程如图 9-9 所示。

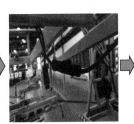

悬挂总成吊装上屋面　　　钢丝绳下放/连接楔型接头　　　机器人接线　　　安装完成

图 9-9　卷扬式外墙多彩漆喷涂机器人安装流程

任务 9.3.2　多彩漆喷涂机器人施工工艺

1. 施工流程

机器人施工作业流程为：每日点检→搅拌与加料→路径规划→试喷涂→机器人喷涂作业→楼栋转移继续施工→机器人撤场收尾工作。

（1）每日点检（参见附录一）。每日开机上电前必须对机器人的喷涂总成、悬挂总成、卷管机等进行点检工作，并填写每日点检表。点检表应明确项目所在地、项目名称、时间、点检人员等基本信息。

（2）搅拌与加料。搅拌加料前，再次确认涂料的型号与色号是否有误；多彩漆开桶后需兑水涂料质量的20%；每次施工加入的涂料量可先估算（涂料耗量 × 喷涂面积 = 涂料用量）。一般多彩漆单次喷涂耗量 $0.125kg/m^2$，在计算的理论值基础上增加一桶涂料施工。

（3）路径规划

1）卷扬式外墙多彩漆喷涂机器人采用 GPS+RTK 的导航方式，在屋面移动悬挂总成采点，通过测量两个不同位置点距离及采集 GPS 坐标，得到屋面坐标与 GPS 坐标转换关系用于悬挂总成自动导航；

2）通过输入墙面异形特征相对于作业墙面原点的位置特征参数，得到墙面的几何数据，用于后续作业轨迹规划；确认机器人工艺参数后下发路径规划，即可得到机器人自动作业的路径规划文件，用于机器人自动喷涂作业；

3）除了需要熟练操控机器人以外，完成路径规划还必须熟悉需要规划的墙面 CAD 图纸，包含平面墙、异形面尺寸参数，熟练使用 CAD 测量墙面尺寸参数输入 APP。

（4）试喷涂。试喷前需要确认喷涂压力参数，多彩漆喷涂机器人喷涂压力 0.1～0.35MPa；并检查机器上无工具、杂物等，防止高空坠物；试喷时需观察试喷效果，多彩漆正常喷涂成扇雾状。

（5）机器人喷涂作业。机器人喷涂施工作业采用 1 机 1 人，N 机 N 人团队协作，开展工作的模式。需要注意：

1）机器人作业时必须关注机器人施工状态，确认机器人是否有异常报警、喷涂是否正常等，异常状态时及时检查并做出调整；

2）设备故障时，及时排查原因，现场不能解决的及时联系技术人员提供技术支持；

3）设备异常时，以不能漏喷为原则进行断点再续；

4）出现大风、下雨情况，应及时将机器人放下至地面，停止施工作业；

5）机器人喷涂施工过程中，灵活配合开展加料、清洗设备、设备故障维修等工作，减少机器人等待时间，轮转作业提升施工效率；

6）同一工作面，有两个或两个以上站点的应按照施工工序，完成底漆施工后再统一施工面漆；

7）同一工作面底漆施工完毕后，楼底离地 1.5m 高度内及时进行人工底漆喷涂补充；面漆按照相同步骤补充楼底 1.5m 高度内的施工；

8）当日施工完毕后，总结涂料用量、施工面积、施工时间、施工效果等，并记录施工效率、涂料耗量、施工效果图片；

9）进行下一道喷涂工序时，墙面需达到表干状态才能进行下一道喷涂作业。

（6）楼栋转移继续施工。卷扬式外墙多彩漆喷涂机器人楼栋场地变化时需卸下喷涂总成，通过塔式起重机吊装转移机器人继续施工。

2. 机器人撤场工作

机器人施工完毕后，根据项目经理的要求与安排，开展撤场或转换工地工作：

卷扬式外
墙喷涂机
器人

（1）设备回零、维保

机器人撤场前，设备需完成喷涂系统的清洗，与维护保养工作；并将各
个运动轴归零，便于装车。

（2）机器人拆除、转运

机器人拆除流程与机器人进场时的安装流程相反，但方法一致。

（3）机器人装车、场地整理

机器人撤场装车流程与机器人进场装车流程一致；机器人装车后，需完成外墙施工区
域楼底、屋面场地的卫生整理，清理现场垃圾与废弃涂料桶，使现场干净整洁。

任务 9.3.3　多彩漆喷涂机器人施工要点

1. 开机前检查

根据每日点检表的内容进行机器人点检，点检
表详见附录一《卷扬式外墙多彩漆喷涂机器人日点
检表》。

2. 机器人手动操作

（1）APP 的登录界面。点击操作平板桌面的"卷
扬式外墙喷涂机器人 2.0" APP，进入登录界面，如
图 9-10 与图 9-11 所示。

图 9-10　卷扬式外墙喷涂机器人界面

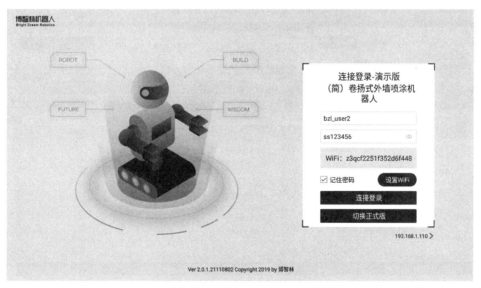

图 9-11　机器人登录界面

（2）连接登录界面

点击"切换正式版"，输入相应账号、密码，然后点击"连接登录"，点击"确认"即
可完成登录。如图 9-12 所示。

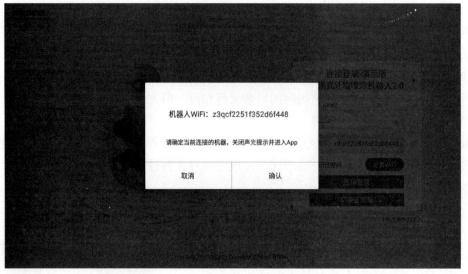

图 9-12　机器人连接登录确认界面

（3）机器状态监控

1）点击"机器状态"，再点击"机器状态"即可进入机器状态监控界面，如图 9-13 所示。该界面用户可监控到系统信息、环境信息、喷涂总成信息、悬挂总成信息和整机信息。

图 9-13　机器状态监控界面

2）点击"机器状态"，再点击"IO 状态"即可进入 IO 状态监控界面，如图 9-14 所示。该界面用户可监控到输入、输出的开关量信号。

3）点击"机器状态"，再点击"底盘状态"即可进入底盘状态监控界面，如图 9-15 所示。该界面用户可监控到舵轮运动状态。

图 9-14 IO 状态界面

图 9-15 底盘状态界面

（4）上装作业操作

1）点击"上装作业"，再点击"喷涂设置"即可进入喷涂相关手动操作界面，如图 9-16 所示。该界面用户可进行喷涂压力、旋翼启停、喷涂机启停、喷枪阀启停等操作。

2）点击"上装作业"，再点击"X1 轴水平移动"即可进入 X1 轴相关手动操作界面，如图 9-17 所示。该界面可显示 X1 轴当前位置和速度以及用户可进行 X1 轴相关移动操作；如果零点丢失，只需手动移动机构对准零点刻度标线，再点击"原点设置"即可，如图 9-18 所示。

3）点击"上装作业"，再点击"X2 轴水平移动"即可进入 X2 轴相关手动操作界面，如图 9-19 所示。该界面可显示 X2 轴当前位置和速度以及用户可进行 X2 轴相关移动操

图 9-16　喷涂设置界面

图 9-17　X1轴水平移动操作界面

图 9-18　原点设置

图 9-19　X2 轴水平移动操作界面

作；如果零点丢失，只需手动移动机构对准零点刻度标线，再点击"原点设置"即可，如图 9-20 所示。

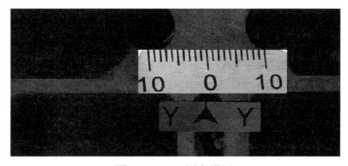

图 9-20　X₂ 原点设置

4）点击"上装作业"，再点击"靠墙轮"即可进入靠墙轮相关手动操作界面，如图 9-21 所示。该界面可显示靠墙轮当前位置和速度以及用户可进行靠墙轮的相关移动操作。

5）点击"上装作业"，再点击"卷扬机"即可进入卷扬机相关手动操作界面，如图 9-22 所示。该界面可显示卷扬机当前位置和速度以及用户可进行卷扬机相关移动操作。

6）点击"上装作业"，再点击"C 轴 - 左右旋转"即可进入 C 轴 - 左右旋转相关手动操作界面，如图 9-23 所示。该界面可显示 C 轴 - 左右旋转当前位置和速度以及用户可进行 C 轴 - 左右旋转相关移动操作；如果零点丢失，只需手动移动机构目视到达原点位置，再点击"原点设置"即可。

（5）底盘遥控操作

1）点击"底盘遥控"，即可进入底盘手动操作界面，该界面可显示机器人当前坐标。通过右方的底盘遥控按钮，可对底盘进行前、后、左、右、顺时针、逆时针等方向移动，如图 9-24 所示。

图 9-21　靠墙轮手动操作界面

图 9-22　卷扬机手动操作界面

图 9-23　C 轴－左右旋转操作界面

图 9-24　底盘手动操作界面

2）点击左下方的"速度设置"，即可进入底盘速度控制界面。该界面可以对底盘直行 X 轴速度、底盘横移 Y 轴速度、底盘旋转 YAW 轴速度进行修改，参数修改后点击"确认"即可，如图 9-25 所示。

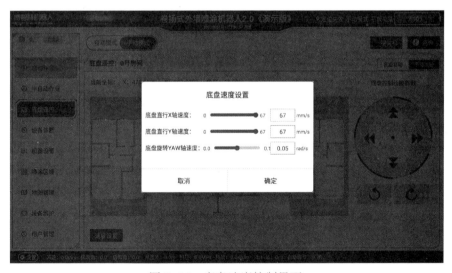

图 9-25　底盘速度控制界面

（6）设备诊断

1）点击"设备诊断"，再点击"故障报警"即可进入故障报警监控界面，如图 9-26 所示。该界面可以显示机器人当前的报警信息，以及过往的报警记录。

2）点击"屏蔽蜂鸣器"，可在故障还在触发的情况下，对蜂鸣器进行屏蔽；点击"故障清除"，可对故障进行复位，如图 9-27 所示；如故障无法清除，说明导致故障的原因没有解决，请重新进行故障排除。

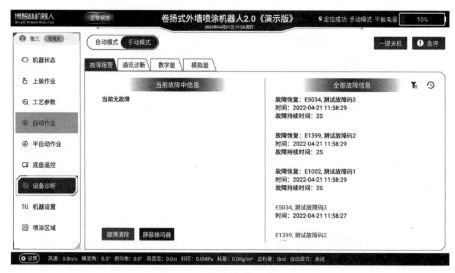

图 9-26　故障报警监控界面

图 9-27　故障清除界面

3）点击"设备诊断"，再点击"通讯诊断"即可进入通信诊断监控界面，如图9-28所示。该界面可以显示机器人各关键电气元件的通信状态信息。

4）点击"设备诊断"，点击"数字量"即可进入数字量传感器监控界面，如图9-29所示。该界面可以显示机器人数字量传感器的状态信息。

5）点击"设备诊断"，再点击"模拟量"即可进入模拟量传感器监控界面，如图9-30所示。该界面可以显示机器人模拟量传感器的状态信息。

（7）机器设置

1）点击"机器设置"，再点击"机器参数"即可进入机器参数修改界面。该界面点击"报警参数"可以对机器人当前的报警阈值进行修改，如图9-31所示；管理员以上权限方可修改报警阈值。

图 9-28　通讯诊断监控界面

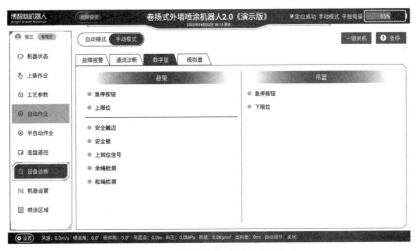

图 9-29　数字量传感器监控界面

图 9-30　模拟量传感器监控界面

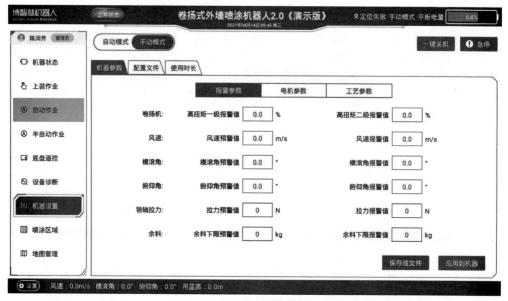

图 9-31　报警参数修改界面

2）点击"机器设置"，再点击"机器参数"即可进入机器参数修改界面。该界面点击"电机参数"可以对机器人电机的相关参数进行修改，如图 9-32 所示。

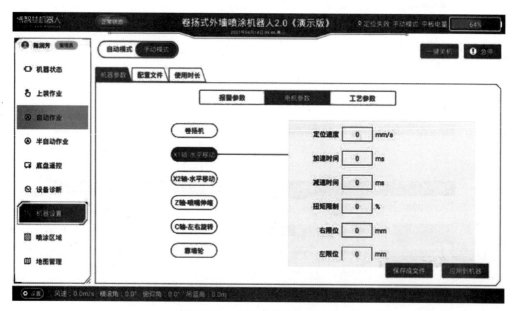

图 9-32　电机参数修改界面

3）点击"机器设置"，再点击"机器参数"即可进入机器参数修改界面。该界面点击"工艺参数"可以对机器人的相关工艺参数进行修改，如图 9-33 所示。

4）完成以上参数修改后，点击右下方的"应用到机器"，把数据下发到机器人控制程序，如图 9-34 所示。

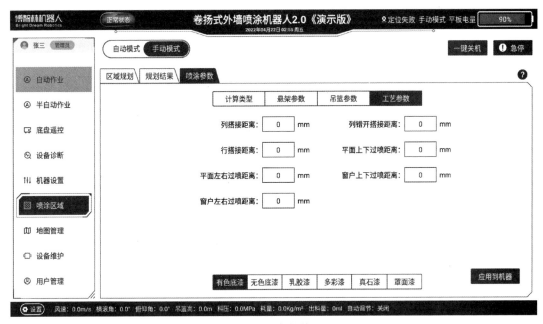

图 9-33 工艺参数修改界面

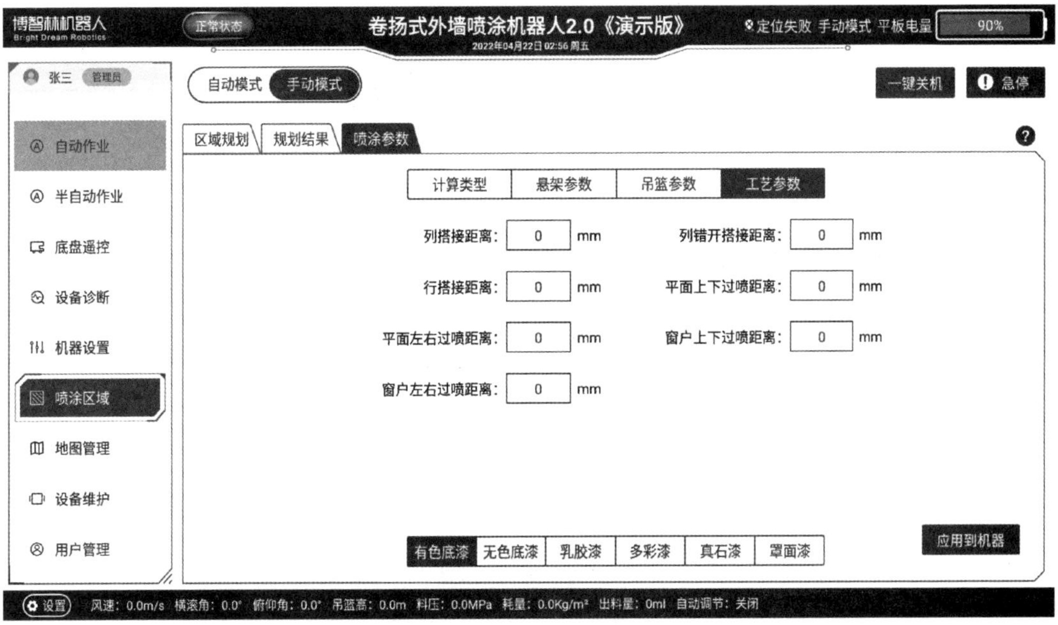

图 9-34 数据下发界面

（8）喷涂区域规划。对于施工作业墙面，原点坐标为面向作业面的左上角，向右延伸为 X 轴的正方向，向下延伸为 Y 轴的正方向，如图 9-35 所示。在此作业面上所添加的异形结构，标志点都在该轮廓的左上角。

对于所要施工作业面俯视图，悬挂总成运动原点位于作业面右上角，沿女儿墙向左延伸为 X 轴的正方向，沿女儿墙向下延伸为 Y 轴的正方向，如图 9-36 所示。

图 9-35 原点坐标设置

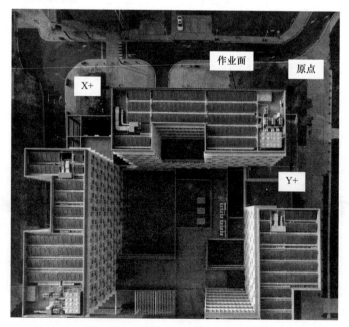

图 9-36 悬挂总成运动原点设置

1）点击"喷涂区域"，再点击"区域规划"即可进入机器人喷涂区域规划界面，如图 9-37 所示。再点击"新建区域"进入规划页面，该界面点击"基本属性"可以对喷涂区域的基本参数进行输入。

图 9-37 区域规划界面

2）在路径规划界面，点击"基本属性"可以对喷涂区域的基本参数进行输入，如图 9-38 所示。基本属性包括：墙高度、墙宽度、女儿墙高、女儿墙厚、左侧 A 属性、右侧 B 属性、AGV 可达范围等。

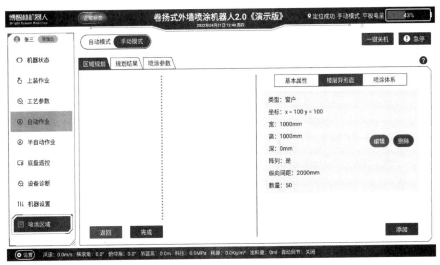

图 9-38 基本属性界面

3）在路径规划界面下，点击"楼层异形面"，再点击"添加"可进入喷涂区域的异形面添加参数输入界面，如图 9-39 所示。该界面可对水管、窗户、禁喷面等进行添加。输入相关异形面参数后，点击"确认"即可完成异形面添加。

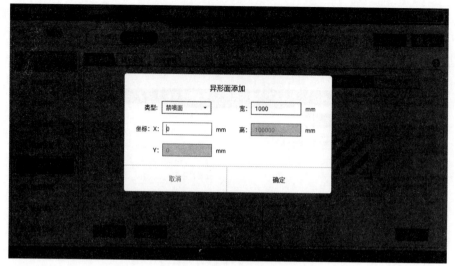

图 9-39　楼层异形面界面

窗户阵列（图9-40）：如涉及窗洞口添加，需先选择窗户类型，在根据最上端窗户标志点输入相应数据，拖动屏幕到显示下方数据为止；勾选"阵列"，输入纵向间距（标志点间距）、数量，按确认即可完成阵列操作。

4）在路径规划界面点击"喷涂体系"，即可根据具体施工要求选择漆种、喷涂总成、型号、遍数等数据，如图9-41所示。

5）在路径规划界面，完成喷涂区域相关参数输入后点击"完成"即可进入机器人位置数据采集界面，如图9-42所示。此时"左侧点"指在屋面面向作业面左侧的点，"右侧点"指在屋面面向作业面右侧的点。两个测量点的点间距需不小于4m；悬挂总成两个采集点的相关数据输入完成后，输入路径保存名字，再按确认即可。

6）点击"喷涂区域"，再点击"喷涂参数"即可进入机器人喷涂区域规划基本参数界面。然后点击"计算类型"进入规划优先考虑因素选择界面，其中有"优先效率"和"优先质量"可供用户选择，如图9-43所示。

优先效率：路径规划自动生成时，机器人会以悬挂总成移动次数最少来计算路径。此种类型下的计算结果，会忽视竖向搭接对喷涂效果的影响。

优先质量：路径规划自动生成时，机器人会以喷涂竖向搭接效果最佳来计算路径。此种类型下的计算结果，会有可能增加机器人喷涂列数。

7）点击"喷涂区域"，再点击"喷涂参数"即可进入机器人喷涂区域规划基本参数界面。然后点击"悬挂总成参数"进入悬挂总成基本参数输入界面，如图9-44所示。此界面主要包括：离墙距离、地面裁剪高和GPS采集方式。其中离墙距离是指悬挂总成安全触边外沿与作业面距离（出厂默认值250）；地面裁剪高是指离地面无需喷涂高度；GPS采集方式分为采集杆采集和机器采集。

8）点击"喷涂区域"，再点击"喷涂参数"即可进入机器人喷涂区域规划基本参数界面，如图9-45所示。然后点击"喷涂总成参数"进入喷涂总成基本参数输入界面，其中

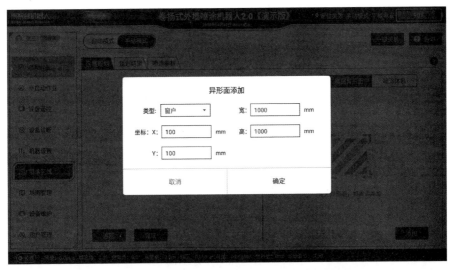

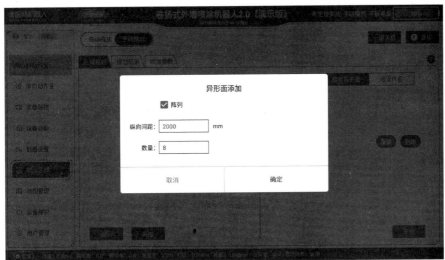

图 9-40 窗户阵列界面

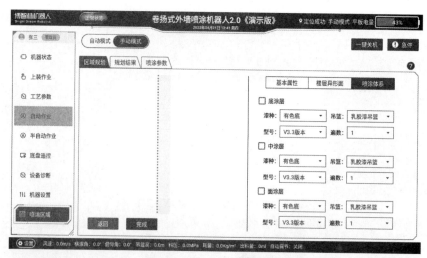

图 9-41 喷涂体系界面

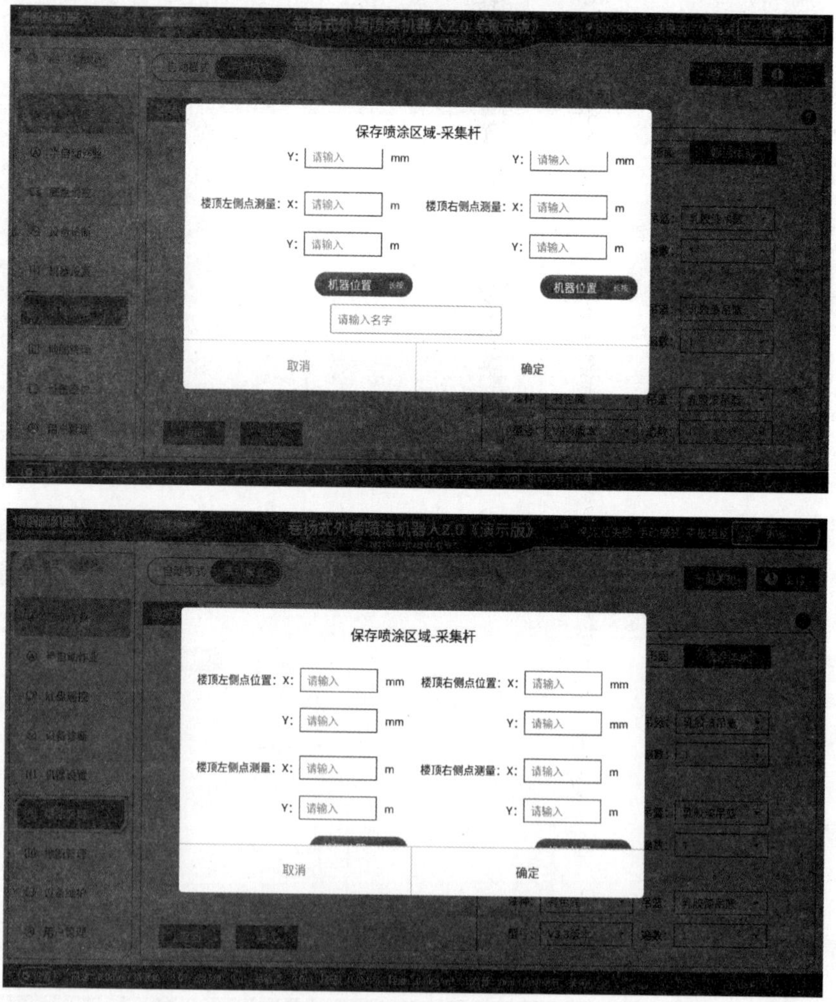

图 9-42 机器人位置数据采集界面

图 9-43 计算类型界面

图 9-44 悬挂总成参数

图 9-45 喷涂参数设置界面

X轴喷枪总行程：喷枪中心从最左端移动到最右端的总行程；X轴最大喷膜值：喷枪从最左端移动到最右端的最大喷涂区域；Y轴最大喷膜值：指喷枪的上下最大喷辐；喷枪原点高度：喷嘴中心位置高度与女儿墙平齐的高度；靠墙轮单边安全宽度：靠墙轮距离墙边或窗边的最小安全距离；最小断喷距离：喷枪启动断喷程序的最小间距；喷枪最小移动距离：机器人路径规划中，限定喷枪每次最小的移动距离；双喷涂总成最小规划距离：机器人路径规划中，限定两悬挂总成中心点最小距离。

9）点击"喷涂区域"，再点击"喷涂参数"即可进入机器人喷涂区域规划基本参数界面，如图9-46所示。然后点击"工艺参数"进入工艺基本参数输入界面。其中列搭接距离：喷涂时，列与列之间的竖向搭接距离；列错开搭接距离：不同涂层之间，竖向搭接点错开距离；行搭接距离：喷涂时，行与行之间的横向搭接距离；平面上、下过喷距离：喷涂时，平面墙上、下过喷的距离；平面左右过喷距离：喷涂时，平面墙左、右过喷的距离；窗户上、下过喷距离：喷涂时，窗洞位置上、下过喷的距离；窗户左右过喷距离：喷涂时，窗洞位置左、右过喷的距离；过喷距离的定义：超出所需要喷涂位置的距离。以上参数修改后，需点击"应用到机器"后才被应用。

图9-46 喷涂参数设置界面

3. 机器人半自动作业操作

根据实际施工情况，如果用户需要半自动作业，可以使用半自动功能。

（1）点击"半自动模式"，再选择"选择地图"，如图9-47所示。

（2）点击所需的地图，应用到机器人，如图9-48所示。

（3）点击"半自动模式"，再选择路径，并长按"下发"，如图9-49所示。

（4）点击"启动"，再根据实际情况点击"确定"，如图9-50所示。如未完成卷扬机原点设置，需重新设置。

（5）输入"开始站点""开始行"和"结束行"后，点击"确定"即可进行半自动作业自动喷涂，如图9-51所示。

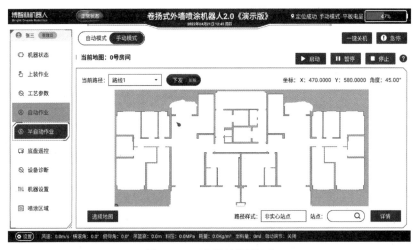

图 9-47　选择地图界面

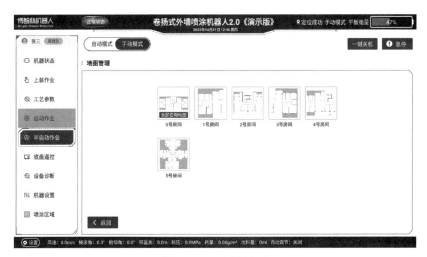

图 9-48　地图界面

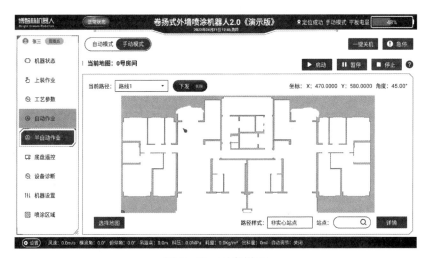

图 9-49　下发界面

装饰工程机器人施工

图 9-50 启动界面

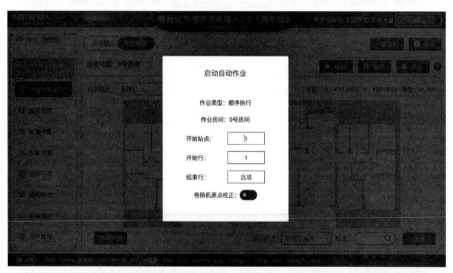

图 9-51 启动参数界面

（6）进入半自动喷涂程序后，喷涂总成上的按钮盒上的"移动允许"带灯按钮会闪烁，此时跟操作人员确认无误后点动触发"移动允许"按钮，如图 9-52 所示（此时机器人保持在当前站点），运行程序会自动跳到下一步。

（7）机器人移动到位后，喷涂总成上的按钮盒上的"提升允许"带灯按钮会闪烁，如图 9-53 所示。此时跟操作人员确认无误后点动触发"提升允许"按钮，机器人会自动提升喷涂总成。

4. 机器人自动作业操作

（1）点击"自动模式"，再点击"上装作业"即可进入机器人试喷涂操作界面，如图 9-54 所示。然后长按"试喷一行"即可实现试喷一行操作。

图 9-52 移动允许示意图

图 9-53 提升允许示意图

图 9-54 机器人试喷涂操作界面

（2）点击"自动模式"，再点击"选择地图"，如图 9-55 所示。

（3）选择所需地图，应用的到机器人，如图 9-56 所示。

（4）点击"自动模式"，再点击"自动作业"即可进入机器人自动喷涂操作界面，如图 9-57 所示。然后选择所规划的路径，长按"下发"。

（5）点击"启动"，再根据实际情况点击"确认"（如未完成卷扬机原点设置，需重新设置），如图 9-58 所示。

（6）输入"开始站点""开始行"和"结束行"后，点击"确定"即可进行自动作业喷涂程序，如图 9-59 所示。

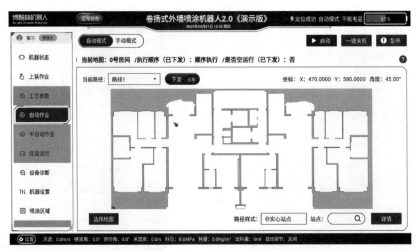

图 9-55　选择地图界面

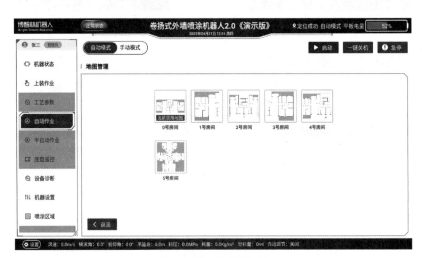

图 9-56　地图界面

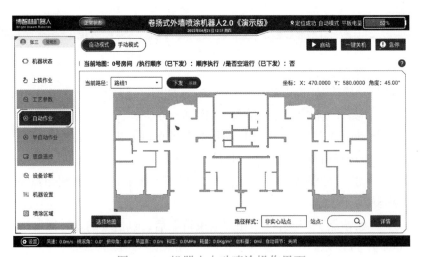

图 9-57　机器人自动喷涂操作界面

图 9-58　启动界面

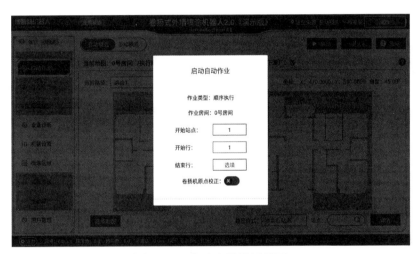

图 9-59　启动参数设置界面

（7）进入自动喷涂程序后，喷涂总成上的按钮盒上的"移动允许"带灯按钮会闪烁；操作人员确认无误后点动触发"移动允许"按钮，机器人会自动行走到待喷涂站点，同时人工协助喷涂总成进行移动操作如图 9-60 所示。

（8）机器人移动到位后，喷涂总成上的按钮盒上的"提升允许"带灯按钮会闪烁，此时跟操作人员确认无误后点动触发"提升允许"按钮，机器人会自动提升喷涂总成如图 9-60 所示。

（9）机器人把喷涂总成提升到位后，会自上而下进行自动喷涂作业。待当前站点列喷涂完成后，重新回到第 7~8 步操作，进行下一列自动喷涂。直至当

图 9-60　"移动允许"与"提升允许"

前喷涂涂层完成作业后，机器人完成当前自动化喷涂程序。

5. 机器人断点再续操作

机器人自动喷涂过程中出现故障时，喷涂任务会停止。此时需要操作人员在半自动模式下，启动断点再续操作，如图9-61所示。即可实现机器人自动回到故障位置的自动喷涂。

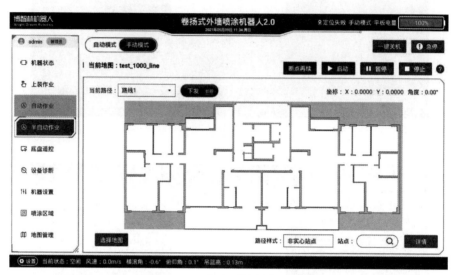

图9-61 断点再续操作界面

6. 多彩漆喷涂机器人质量标准

外墙多彩漆喷涂机器人施工质量要求，参照标准《建筑装饰装修工程质量验收标准》GB 50210—2018 中表 12.2.5～表 12.2.7 执行。具体指标见表9-9～表9-11。

薄涂料的涂饰质量和检验方法　　　　　　　　　　　　表9-9

项次	项目	普通涂饰	高级涂饰	检验方法
1	颜色	均匀一致	均匀一致	观察
2	光泽、光滑	光泽基本均匀、光滑无挡手感	光泽均匀一致、光滑	
3	泛碱、咬色	允许少量轻微	不允许	
4	流坠、疙瘩	允许少量轻微	不允许	
5	砂眼、刷纹	允许少量轻微砂眼、刷纹通顺	无砂眼、无刷纹	

厚涂料的涂饰质量和检验方法　　　　　　　　　　　　表9-10

项次	项目	普通涂饰	高级涂饰	检验方法
1	颜色	均匀一致	均匀一致	观察
2	光泽	光泽基本均匀、光滑无挡手感	光泽均匀一致	
3	泛碱、咬色	允许少量轻微	不允许	
4	点状分布	—	疏密均匀	

复层涂料的涂饰质量和检验方法 表9-11

项次	项目	质量要求	检验方法
1	颜色	均匀一致	观察
2	光泽	光泽基本均匀	
3	泛碱、咬色	不允许	
4	喷点疏密程度	均匀,不允许连片	

任务 9.3.4　多彩漆喷涂机器人安全事项

1. 安全操作前提

（1）操作者上岗前必须经过培训,经考核合格后方可上岗,严禁酒后、疲劳上岗;

（2）操作前应熟读机器人操作手册,并认真遵守。操作设备前必须按要求穿戴好劳动保护用品:安全帽、反光衣、劳保鞋;

（3）操作前应熟读工程项目《施工组织设计方案》,完成方案交底、安全技术交底、三级安全教育、符合进入工地要求并认真遵守;

（4）机器人作业前必须完成安全点检,确认机器人状态正常方可作业;

（5）设备吊装时,必须确认满足吊装条件后方可作业;吊装提升时不要停留在机器人下方;

（6）机器人作业前必须确保机器人上无杂物,防止高空坠物,禁止无关人员在机器人作业范围内停留;

（7）机器人施工作业时,距离作业墙面 6m 范围内做好地面警戒,不得停留有人。

2. 操作注意事项

（1）严禁任何人对机器人进行野蛮操作,严禁强制按压、推拉各执行机构,不允许使用工具敲打、撞击机器人;

（2）设备运转过程中出现异响、振动、异味或其他异常现象,必须立即停止机器人作业,并及时通知专业维修人员进行处理,严禁私自拆卸维修设备;

（3）设备运行时,严禁进入机器人施工围蔽区域;严禁用手触摸钢丝绳及卷筒等转动部位,以防夹伤;严禁将身体各部位靠近喷枪运动装置的传动部位,以及进入运动装置的运动区域内;

（4）设备运行时,不得随意修改各运动参数或对设备进行调整、维修等作业;严禁无关人员触动控制按钮;

（5）设备运行时,如通过观察发现喷涂总成出现明显倾斜,或操作界面显示倾角读数大于 4° 时,应立即停止作业,进行及时调平处理;

（6）如需手动操控机器人时,应确保机器人动作范围内无任何人员或障碍物;禁止操作机器人爬坡角度大于 3°,如遇风力不小于 4 级风,或雨天时,须立即停止作业,然后设法把喷涂总成下降到地面,并做好防风防雨措施;

（7）维修保养时,应关闭设备总电源并挂牌警示;

（8）当机器人发生火灾时，宜使用二氧化碳灭火器进行扑救；

（9）机器人运行过程中，严禁操作者离开现场。

3. 施工过程安全

（1）设备使用380V市电供电，注意用电安全。

（2）机器人施工区域，需设置合理的安全围蔽区域；现场存在交叉作业时，应立即停止喷涂作业，联系总包方，进行协调，以防高空坠物等安全隐患。

（3）前往楼顶时务必注意现场楼层电梯井，禁止靠近电梯井，并提示其他人员，防止高空坠落。

（4）切勿将头手伸出女儿墙进行观望。

（5）表9-12为机器或工地中一些常见安全标识，需按标识指示执行。

安全标识 表9-12

安全标识	图例
急停按钮：在显示屏右上方配置急停按钮装置，在遇到紧急或突发事故时按下，马上停止设备运行。急停按钮可通过旋转复位	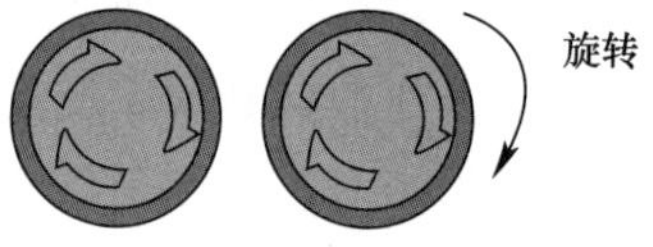 旋转 急停按钮
当心触电标志：操作或对本产品进行维护维修的过程中，有触电的风险，请勿胡乱触碰设备元件。在需对本产品进行维护维修时，请断电并上锁挂牌后进行下一步操作	 当心触电标志
当心机械伤人标志：在标志挂放处应小心使用机械设备，以免造成人身伤害	 当心机械伤人标志
禁止倚靠标志：本产品运行时会发生移动，请勿依靠在产品的任何部位，以免造成人身伤害	 禁止倚靠标志

安全标识	图例
禁止攀爬标志：在机器人通电状态或断电状态下，均禁止攀爬机器人	 禁止攀爬标志
注意安全标志：在机器人作业时，周围人员务必保持高度警惕并保持安全距离，避免发生意外时造成人身伤害	 注意安全标志
必须戴防尘口罩标志：在机器人作业时，操作人员及附近人员需佩戴专业防尘口罩，避免雾化涂料对人体造成伤害	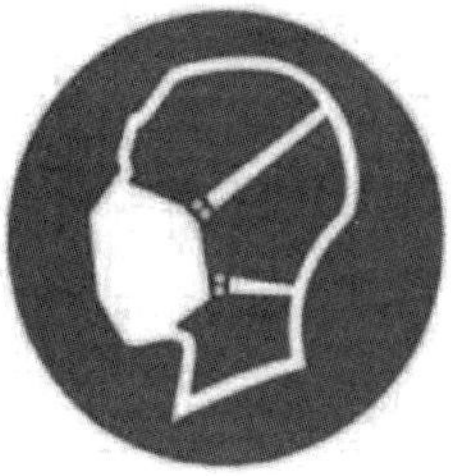 必须戴防尘口罩标志

单元 9.4　卷扬式外墙多彩漆喷涂机器人维修保养

任务 9.4.1　多彩漆喷涂机器人日常维护

卷扬式外墙多彩漆喷涂机器人施工前后均应进行常规项的检查与维护。

1. 施工前后常规检查维护

具体检查内容详见附录一。

2. 喷涂系统清洗

（1）料箱与管路清洗。因涂料具备一定黏度，凝固后会堵塞料管，故在设备长时间停用、喷涂作业完成后用户需清理供料系统，具体方法是打开料箱接头，将料筒内残留涂料排净，关闭球阀；向料箱内注入清水；通过操作平板，手动控制喷嘴至清洗位置；启动喷涂泵，清理泵体以及管路内涂料（注意使用废料桶准备接收管路内废液）；直至喷出液体变清澈，此时将料管、料箱内残液排尽；关闭喷嘴，供料系统清理完成。

（2）管道检查。在机器人进行运输转场、第一次使用及完成作业后，需对机器人的料管、气管的磨损、折弯、干涉、接头松动等情况进行确认，以确保后续使用过程中不会因上述问题造成管道破裂，压力不稳等危险及异常。具体检查项目包括：定期检查、更换吸料管路接头，防止漏液造成泄压影响喷涂效果；定期检查各管路，出现管路破损、阀门损坏时需进行更换。

（3）喷枪喷嘴。机器人使用前需对喷枪喷嘴进行检查，看是否存在堵塞、松动等现象；因喷嘴长期受压导致其老化磨损速度快，此时喷嘴需强制更换；建议每 $10000m^2$ 更换一次喷嘴，其他情况用户可根据实际需求进行处理。

作业完成后需充分冲洗喷枪喷嘴，禁止用尖锐物、粗糙物对喷嘴进行清洗，以免造成喷嘴损坏，影响使用。

（4）喷涂机。在机器人使用前，需确认喷涂机接线、管道是否牢靠；逐步加压以确认压力表数值及喷涂机是否正常，正常工作时喷涂压力处于 13～16MPa。作业完成并清洗后，开启喷涂机添加 3～5 滴配套用 TSL 油；严禁喷涂机无料情况下进行吸料喷涂作业。

图 9-62　隔膜泵

（5）隔膜泵。在机器人使用前需确认隔膜泵（图 9-62）管道是否牢靠，检查是否漏气；逐步加压以确认压力表数值及隔膜泵是否正常，喷涂压力常规使用压力 0.1～0.35 MPa，可调范围：0～0.8MPa。

作业完成，清洗管道的同时清洗隔膜泵泵体。虽然隔膜泵并不会因为泵工作而产生热量，表面油漆的堆积并不影响隔膜泵的工作效率，但是出料口与进料口有油漆残留，对于机器管道的更换与泵体拆卸不利。

（6）脉冲阻尼器。作业完成后，需要对脉冲阻尼器清洗。避免由于涂料长时间堆积，产生变质污染正常涂料，以影响喷涂质量。操作步骤如下：

1）松开脉冲阻尼器两端快速接头，如图 9-63 所示；

2）把脉冲阻尼器固定螺丝拧松后，即可把其取出，如图 9-64 所示；

图 9-63　脉冲阻尼器断开图

9-64　脉冲阻尼器固定螺丝

3）把脉冲阻尼器上端固定螺栓松开，如图9-65所示；

4）清洗完成脉冲阻尼器内部，并装回即可，如图9-66所示。

图9-65　脉冲阻尼器上端固定螺栓

图9-66　脉冲阻尼器内部

3. 拖链与靠墙轮保养

（1）喷涂作业过程中，会有涂料飘洒到拖链、靠墙轮等运动机构。喷涂完毕后需及时进行清理，如图9-67所示；用毛刷或钝口类塑料工具清理皮带齿面上粘附的油漆，以防止长时间喷涂飘散下来的涂料附着在皮带上，导致下次喷涂作业时出现皮带脱轨的情况。

（2）靠墙轮（图9-68）的保养。靠墙轮需每隔半个月拧紧电动推杆紧固螺栓；定期清

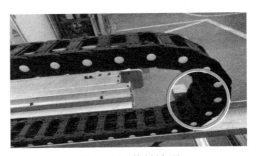

图9-67　拖链清理

理靠墙伸缩部位，防止杂物进入机构内部造成隐患；定期检查靠墙连接线缆，观察线缆防护是否存在破损、断裂等异常；作业前手动触发靠墙轮伸缩运动，观察运动过程中有无异响、卡滞等异常。

图9-68　靠墙轮的保养

4. 运动导轨保养

双轴心导轨（图 9-69）的维保：横移 2 轴模组的双轴心导轨建议每 2 个月保养一次，保养时依次拆掉密封盖板。然后依次清理导轨上的污迹，为了避免导轨容易沾到灰尘，导致增加机构的磨损，不建议用户对导轨添加润滑脂。

图 9-69　运动导轨

在日常的使用过程中，需要做好定期检查和适当维护，主要有以下几点：

（1）定期检查导轨滑块的状态，包括其安装状态，固定螺钉确保导轨滑块运行平稳；

（2）应保证机构外部防护的有效性，其直接影响运动装置使用寿命。

5. 钢丝绳的保养

（1）禁止为钢丝绳润滑，尤其是经过安全锁、滑轮和进出卷筒的区段；

（2）钢丝绳缺乏维护会导致使用寿命缩短，不能对钢丝绳进行润滑时，钢丝绳的检验周期应适当缩短；

（3）如钢丝绳某一部位断丝过于突出，滑轮时经过，断丝会压在其他部位之上，造成局部劣化。为了避免这种局部劣化，可将伸出的断丝除掉，其方法为：夹紧断丝伸出端反复弯折，直至折断。在维护过程中去除断丝时，宜记录其位置，并提供给钢丝绳检验人员。去除断丝的作业也宜以"一根断丝"为单位来计算，并根据断丝作为报废基准，评估钢丝绳的状态时需予考虑。

钢丝绳报废原则：参照《起重机钢丝绳保养、维护、检验和报废》GB/T 5972—2016 执行，本项目结合《起重机钢丝绳保养、维护、检验和报废》GB/T 5972—2016 和外墙多彩漆喷涂机器人 8mm 电芯钢丝绳编制，仅适合外墙多彩漆喷涂机器人钢丝绳的检验和报废标准。

钢丝绳型号：8X19S-3X19X0.2-8.0。

8.0：代表钢丝绳的直径 8.0mm，直径公差（0，+0.1）。

3X19X0.2：代表钢丝绳内电缆芯的数量为 3 根，每根电缆线内 19 根 0.2mm 直径的无氧铜丝，导体截面积 0.8mm^2。

（4）钢丝绳的检查。在特定的日期（周检或月检等等）对预期的钢丝绳工作区段进行外观检查。目的是发现一般的劣化现象或机械损伤。此项检查还应包括钢丝绳与外墙多彩漆喷涂机器人悬挂总成及喷涂总成的连接部位。对钢丝绳在卷筒和滑轮上的正确位置也宜检查确认，确保钢丝绳没有脱离正常的工作位置。

所有观察到的状态变化都应报告，并由主管人员根据下面 3 项规定对钢丝绳进行进一步检查。无论何时，只要索具安装发生变动，如当外墙多彩漆喷涂机器人悬挂总成转移作业现场及重新安装索具后，都应按本条的规定对钢丝绳进行外观检查。

应对钢丝绳进行定期检查，从中获得的信息用来帮助做出如下判定：

1）是否能够继续安全使用到最近的下一次定期检查；

2）是否需要立即更换或者在规定的时间段内更换；

采用适当的评价方法，如计算、观察、测量等，对劣化的严重程度做出评估，并且用各自特定报废基准的百分比表示（如 20%、40%、60%、80%、100%），或者用文字表述（如轻度、中度、重度、严重、报废）。

在钢丝绳试运行和投入使用前，对其可能出现的任何损伤都应做出评估，并记录观察结果。比较常见的劣化模式以及评价方法见表 9-13。有些模式的各项内容都能轻易量化，即计算或测量；也有些只能做出主观评价，即观察。

常见的劣化模式以及评价方法表　　　　　　　表9-13

劣化模式	评价方法
可见断丝数量（包括随机分布、局部聚集、股沟断丝、绳端固定装置及其附近）	计算
钢丝绳直径减少（源自外部磨损/擦伤、内部磨损和绳芯劣化）	测量
绳股断裂	观察
腐蚀（外部、内部及摩擦）	观察
变形	观察和测量（仅限于波浪形）
机械损伤	观察
热弧伤（包括电弧）	观察

检查周期：钢丝绳应每个工作日目检一次，每月至少按产品使用手册有关规定检查两次。一个月以上未使用，在每次使用前做一次全面检查，其检查报告评估钢丝绳的状况。

每根钢丝绳，都应沿整个长度进行检查。应特别注意下列关键区域和部位：卷筒上钢丝绳固定点；钢丝绳绳端固定装置上及附近区段；经过一个或多个钢丝绳区段；经过一个或多个滑轮的区段；经过安全载荷指示器滑轮的区段；经过缠绕装置上的区段；缠绕在卷筒上的区段，特别是多层缠绕时的交叉重叠区域；因外部原因导致磨损的区段；暴露在热源下的部位。

绳端固定装置及其附近区域的检查：应检查靠近绳端固定装置的钢丝绳，特别是进入绳端固定装置的部位，由于这个位置受到振动和其他冲击的影响以及腐蚀等环境状态的作用，容易出现断丝。还应检查绳端固定装置是否存在过度的变形和磨损。

此外，固定钢丝绳楔形接头也应进行外观检查，看其材料是否有裂纹，钢丝绳和楔形接头之间是否存在可能滑移的迹象。可拆分的绳端固定装置，如楔形接头，应检查钢丝绳进入绳端固定装置的入口附近有无断丝迹象，确认绳端固定装置处于正确的装配状态。

检查记录（附录三）：每次定期检查之后，应提交钢丝绳检查记录，并注明至下一次检查不能超过的最大时间间隔。宜保存钢丝绳的定期检查记录。

（5）事故后的检查。如果发生了可能导致钢丝绳及其绳端固定装置损伤的事故，应在重新开始工作前按照定期检查的规定或按照主管人员的要求，检查钢丝绳及其绳端固定装置。

在采用四钢丝绳系统的起升机构中，即使只有一根钢丝绳报废，也要将四根一起更换，新钢丝绳与旧的钢丝绳伸长率不同。

（6）报废标准。当钢丝绳出现表9-14所示情况，则钢丝绳存在缺陷；当出现表9-15～表9-18所列情况，可认为达到报废标准。

钢丝绳缺陷　　　　　　　　　　　　　　　　　　　表9-14

序号	缺陷	典型事例	序号	缺陷	典型事例
1	钢丝绳突出		4	绳股突出或扭曲	
2	钢芯突出（单层钢丝绳）		5	局部扁平	
3	钢丝绳直径减少（绳股凹陷）		6	扭结（正向）	

续表

序号	缺陷	典型事例	序号	缺陷	典型事例
7	扭结（反向）		13	股顶断丝	
8	波浪形	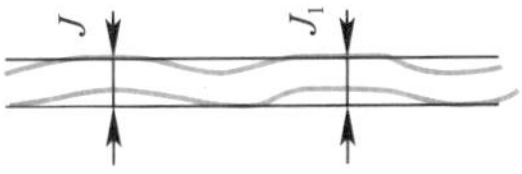 图5波浪形	14	股沟断丝	
9	内部腐蚀	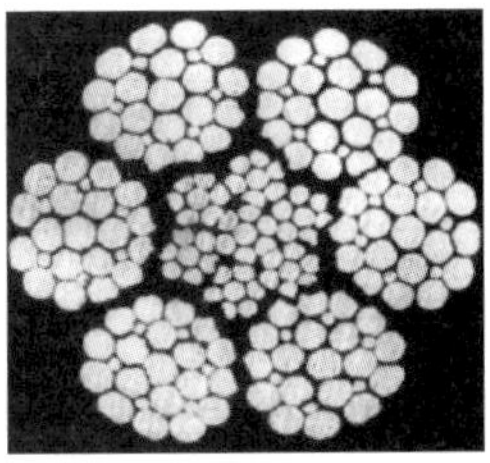	15	绳芯扭曲引起钢丝绳直径局部增大	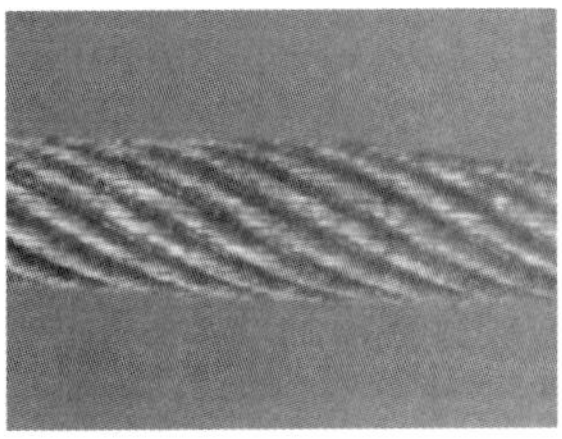
10	笼状畸形		16	扭结	
11	外部磨损		17	局部扁平	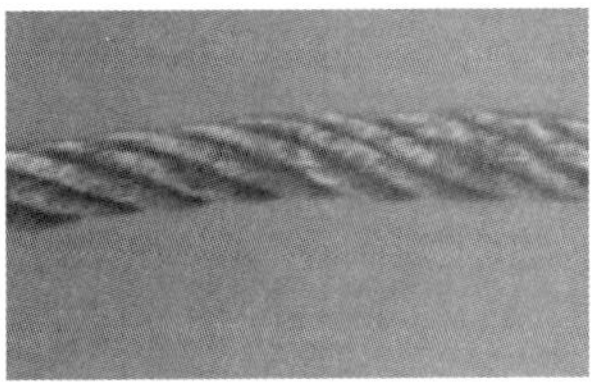
12	外部腐蚀				

可见断丝报废标准 表9-15

序号	可见断丝的种类	报废基准
1	断丝随机地分布在单层缠绕的钢丝绳，经过一个或多个钢制滑轮的区段和进出卷筒的区段，或者多层缠绕的钢丝绳位于交叉重叠区域的区段	单层和平行捻密实钢丝绳见表9-17
2	在不进出卷筒的钢丝绳区段出现的局部聚集状态的断丝	如果局部聚集集中在一个或者两个相邻的绳股，即使6d长度范围内的断丝数低于表9-16规定值，可能也是要报废的钢丝绳
3	股沟断丝	在钢丝绳捻距（大约为6d的长度）内出现两个或更多的断丝
4	绳端固定装置处的断丝	两个或更多的断丝

达到报废程度最少可见断丝数 表9-16

钢丝绳型号	可见外部断丝数量			
	在钢制滑轮上工作/单层缠绕在卷筒上的钢丝绳区段（钢丝断裂随机分布）		多层缠绕在卷筒上的钢丝绳区段	
	工作级别M6		所有工作级别	
	右捻		右捻	
	6de长度范围内	30de长度范围内	6de长度范围内	30de长度范围内
8×19S	4	6	6	12

注：de——钢丝绳公称直径=8mm，6de=48mm，30de=180mm

在卷筒上单层缠绕，或经过钢制滑轮的钢丝绳区段，直径等值减小的报废基准值详见表9-17。表中数值不适用于交叉重要区域或其他由于多层缠绕导致类似变形的区段。

直径等值减小的报废标准 表9-17

钢丝绳类型	直径减小的等值小量Q（用公称直径的百分比表示）	严重程度分级	
		程度	%
钢芯单层股+右捻钢丝绳	$Q<3.5\%$	—	0
	$3.5\%\leqslant Q<4.5\%$	轻度	20
	$4.5\%\leqslant Q<5.5\%$	中度	40
	$5.5\%\leqslant Q<6.5\%$	重度	60
	$6.5\%\leqslant Q<7.5\%$	严重	80
	$Q\geqslant7.5\%$	报废	100

用公称直径百分比表示的直径等值减小，用下列公式计算：$Q=$［（参考直径－实测直径）/公称直径］×100%；如：直径8mm的8X19S-3X19X0.2-8.0钢丝绳，参考直径为8.1mm，检测式直径是7.9mm，直径减小百分比为：$Q=$［（参考直径－实测直径）/公称直径］×100%=［（8.1-7.9）/8］×100%=2.5%。

在评估前，应将钢丝绳的拟检测区段擦净或刷净，但不宜使用溶剂清洗。

腐蚀报废基准和严重程度等级　　　　　　　　　　　表9-18

腐蚀类别	状态	严重程度等级
外部腐蚀	表面存在氧化痕迹，但能够擦净 钢丝表面手感粗糙 钢丝表面重度凹痕以及钢丝松弛	浅表——0% 重度——60% 报废——100%
内部腐蚀	内部腐蚀的明显可见迹象——腐蚀碎屑从绳股之间的股沟溢出	报废——100%
摩擦腐蚀	摩擦腐蚀过程为：干燥钢丝和绳股之间的持续摩擦产生钢制微粒的移动，然后是氧化，并产生形态为干粉（类似红铁粉）状的内部腐蚀碎屑	对此类迹象特征宜作进一步探查，若仍对其严重性存在怀疑，宜将钢丝绳报废——100%

任务 9.4.2　多彩漆喷涂机器人定期维护

1. 定期维护机构

（1）定期检查并清理进料口（图9-70）过滤网、过滤器（图9-71）等部位，出现破损、变形等异常应立即更换，否则将堵塞泵体及喷枪；

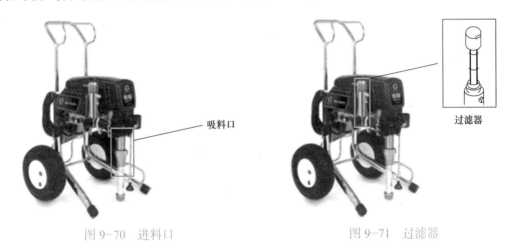

图9-70　进料口　　　　　　　　　　　　　　　图9-71　过滤器

（2）定期检查喷涂机密封圈，需根据实际需求定期更换。具体操作步骤如下：

1）拧松喷涂机固定座螺丝，将喷涂机拉出，以便相关机构保养，如图9-72所示。之后使用管钳把喷涂机吸料口拧开，将相关机构清洗干净，装回到喷涂机即可；拧松喷涂机固定座螺栓时，需要注意喷涂机底下固定板和侧边连接座。

2）使用管钳将图9-73所示位置拧开，取出滤网清洗干净，装回喷涂机重新拧紧固定螺栓即可。

卷扬式外墙多彩漆喷涂机器人其他机构定期维护内容见附录二。

2. 易损件更换

卷扬式外墙多彩漆喷涂机器人易损件应定期更换，清单见表9-19。

图 9-72　喷涂机清洗

图 9-73　滤网清洗

卷扬式外墙多彩漆喷涂机器人易损件更换清单 表9-19

序号	名称	规格	建议更换周期	数量
1	喷枪	WA-200-4.0	8～10次施工作业（持续使用480～600h）	1
2	滚轮	QAF43-D100-d20-L50-T10	1～2个月	2
3	钢丝绳	8X19S-3X19X0.2-8.0	以报废标准为准，无更换周期	4
4	同步带	J-ECP31-S8M-250-1248	1～2个月	1
5	同步带	ECX02-S8M-250-766	半年，以实际使用情况为准	1
6	同步带	ECX02-S8M-250-755	半年，以实际使用情况为准	1
7	20滑块轴承	KNH-20-ZC	—	20
8	20滑块螺栓	KNH-20-LS	—	1
9	插销	ZAA15-d6-L30	—	50
10	插销	ZAA15-d6-L40	—	50
11	插销	ZAA15-d6-L15	—	50

任务 9.4.3　卷扬式外墙多彩漆喷涂机器人常见故障及处理

1. 多彩漆喷涂机器人故障信息

卷扬式外墙多彩漆喷涂机器人常见故障信息有以下种类：

（1）泵速率低 / 泵不工作 / 低电压报警；

（2）X/C/Z1/Z2 轴伺服报警；

（3）机器正常工作，涂料未喷出；

（4）机器人无法喷涂边角位置或窗户位置；

（5）喷涂总成稳定性较差 / 喷涂后涂膜歪歪扭扭，喷涂质量差；

（6）急停报警；

（7）防撞条报警；

（8）悬挂总成上限位报警；

（9）安全锁报警；

（10）余绳检测异常；

（11）松绳检测异常；

（12）超载检测；

（13）PAD 通讯异常；

（14）TX2 通讯异常；

（15）PLC 通讯异常；

（16）倾角仪通讯错误；

（17）旋翼通讯错误；

（18）伺服故障；

（19）倾角仪报警；

（20）倾角仪报警；

（21）压力泄露报警；

（22）喷嘴堵塞报警；

（23）GPS 信号弱。

2. 多彩漆喷涂机器人故障分析

当卷扬式外墙多彩漆喷涂机器人出现以上任务 9.5.1 中的故障信息时，要停止施工作业，针对性地进行故障分析，从电源、导轨、喷嘴、急停按钮、屏蔽钥匙按钮、钢丝绳、APP、PAD、TX2、PLC、倾角仪、旋翼、伺服放大器、GPS 模块等方面认真进行排查。

3. 多彩漆喷涂机器人排除方法

卷扬式外墙多彩漆喷涂机器人故障排除方法，详见表 9-20。

卷扬式外墙多彩漆喷涂机器人故障排除方法   表9-20

序号	故障信息	故障排除方法
1	泵速率低/泵不工作/低电压报警	1. 提供机器人专用电源，建议工地开放稳定的永久电源 2. 适当的减少旋翼的工作倍率
2	X/C/Z1/Z2轴伺服报警	1. 检查X/C/Z1/Z2轴是否移动顺畅，清理导轨并涂布润滑脂 2. 检查原点位置是否发生变化，导致出现卡死报警的现象；重置原点位置 3. 检查是否为管道卡死，导致报警，重新更改管道的固定方式，防止卡死
3	机器正常工作，涂料未喷出	1. 检查喷嘴是否堵死，洗刷喷嘴 2. 检查机器是否能够正常上压
4	机器人无法喷涂边角位置或窗户位置	1. 需要更改靠墙轮横向伸缩距离 2. 山墙面阳角喷涂时应该缩短靠墙轮距离 3. 窗户位置喷涂时应该增长靠墙轮距离
5	喷涂总成稳定性较差/喷涂后涂膜歪歪扭扭，喷涂质量差	可参考X/C/Z1/Z2轴伺服报警解决方案
6	急停报警	1. 检查急停按钮是否被按下 2. 检查急停按钮线路是否异常
7	防撞条报警	1. 切换到手动模式 2. 屏蔽钥匙按钮1旋到屏蔽档 3. APP操作解除报警 4. 屏蔽钥匙按钮1旋回正常挡位
8	悬挂总成上限位报警	1. 切换到手动模式 2. 屏蔽钥匙按钮2旋到屏蔽档 3. APP操作解除报警 4. 屏蔽钥匙按钮2旋回正常挡位
9	安全锁报警	1. APP手动提升喷涂总成一小段距离（2mm左右） 2. 手动解锁安全锁 3. APP操作解除报警
10	余绳检测异常	APP手动提升钢丝绳，确保卷筒上钢丝绳不少于3圈即可
11	松绳检测异常	1. 检查钢丝绳是否有松动 2. 松绳检测结构是否异常 3. 检查传感器线缆是否异常
12	超载检测	1. 检查卷扬机报警阈值是否设置有误 2. 检查喷涂总成提升是否异常

序号	故障信息	故障排除方法
13	PAD通信异常	1. 检查PAD无线连接功能是否开启 2. 重启APP 3. 重新安装APP 4. 更换PAD
14	TX2通信异常	1. 检查TX2连接网线是否异常 2. 重启设备 3. 更换TX2
15	PLC通信异常	1. 检查PLC连接网线是否异常 2. 检查无线网桥是否连接异常 3. 重启设备 4. 更换PLC
16	倾角仪通信错误	1. 检查传感器线缆是否异常 2. 更换传感器
17	旋翼通信错误	1. 检查传感器线缆是否异常 2. 更换旋翼模块
18	伺服故障	可参考相应品牌伺服放大器故障手册排除
19	倾角仪报警	1. 检查报警阈值设置是否合理 2. 检查喷涂总成提升是否异常
20	风速报警	1. 确认当前风速是否超过设备允许工作条件 2. 检查报警阈值设置是否合理
21	压力泄露报警	1. 检查喷涂管理是否异常 2. 检查喷枪是否异常 3. 检查料箱余料是否不足
22	喷嘴堵塞报警	检查喷嘴是否异常
23	GPS信号弱	1. 检查GPS模块线缆是否异常 2. 重启设备 3. 更换GPS模块

小结

卷扬式外墙多彩漆喷涂机器人，用于建筑外墙多彩漆涂料的喷涂施工，通过放置于楼顶的悬挂总成，利用钢丝绳将喷涂总成部分的喷涂机构置于建筑外墙，实现建筑外墙多彩漆的全自动喷涂施工，主要功能有安全功能、智能施工。

卷扬式外墙多彩漆喷涂机器人适用于中高层、小高层、高层住宅或商业建筑等建筑外墙无砂多彩漆的喷涂施工。

卷扬式外墙多彩漆喷涂机器人施工工艺流程为：每日点检→搅拌与加料→路径规划→试喷涂→机器人喷涂作业→楼栋转移继续施工→收尾工作。

卷扬式外墙多彩漆喷涂机器人施工质量要求，参照标准《建筑装饰装修工程质量验收标准》GB 50210—2018中表12.2.5、表12.2.6、表12.2.7执行。

巩固练习

一、单项选择题

1. 卷扬式外墙多彩漆喷涂机器人的所需的喷涂压力为（　　）MPa。

A. 0.1～0.20　　　　B. 0.1～0.3　　　　C. 0.1～0.35　　　　D. 0.1～0.40

2. 卷扬式外墙多彩漆喷涂机器人越障高度最大为（　　）。

A. 5m　　　　B. 10m　　　　C. 15m　　　　D. 20m

3. 卷扬式外墙多彩漆喷涂机器人最大可喷涂高度为（　　）。

A. 90m　　　　B. 100m　　　　C. 120m　　　　D. 150m

4. 卷扬式外墙多彩漆喷涂机器人最大爬坡度数为（　　）。

A. 1°　　　　B. 2°　　　　C. 3°　　　　D. 4°

5. 下列属于卷扬式外墙多彩漆喷涂机器人安全装置的是（　　）。

A. 喷涂总成上到位 / 上限位　　　　B. 悬挂总成

C. 风速传感器　　　　D. 无线网桥

6. 卷扬式外墙多彩漆喷涂机器人作业时，楼顶女儿墙高度要求（　　）。

A. 大于等于 1.8m　　　　B. 小于等于 1.8m

C. 小于等于 1.7m　　　　D. 大于等于 1.7m

7. 关于卷扬式外墙多彩漆喷涂机器人运输，以下说法正确的是（　　）。

A. 施工前 1 天开始着手准备机器人、工具进场工作

B. 在质检员的监督下，按规范吊装机器人设备并完成装车

C. 吊装机器人前，无需对喷涂总成轮刹锁死

D. 塔式起重机起吊机器人时，作业区域下方禁止站人，应远离塔式起重机作业区域

8. 卷扬式外墙多彩漆喷涂机器人喷涂作业时，若风力大于等于 4 级风，以下做法正确的是（　　）。

A. 应立即停止喷涂作业，吊篮下放至地面

B. 继续喷涂，时时检测喷涂状态，吊篮倾斜时再停止作业

C. 停止作业，吊篮静置在空中

D. 吊篮提升至女儿墙位置，等待风停，继续喷涂

9. GPS 导航模块的作用是（　　）。

A. 基于 GPS 规划路径，使悬挂总成可实现自动行走定位

B. 反馈机器人的运行状态

C. 实现喷涂总成、悬挂总成的数据传输

D. 实现喷涂总成在垂直方向的运动和定位及位置反馈

10. 卷扬式外墙多彩漆喷涂机器人急停限位时，指示灯显示为（　　）。

A. 红色　　　　B. 绿色　　　　C. 橙色　　　　D. 黄色

二、多项选择题

1. 卷扬式外墙多彩漆喷涂机器人如不进行合理的养护，可能会出现以下哪些问题
（　　）。

A. X 轴卡住　　　　　　　　　　　B. 拖链脱轨

C. 喷嘴堵塞　　　　　　　　　　　D. 喷涂质量受影响

2. 卷扬式外墙多彩漆喷涂机器人喷涂作业前场地验收包括（　　）。

A. 墙面验收，符合多彩漆涂装要求

B. 一楼平台需无杂物，并设置安全围蔽区域

C. 屋面离女儿墙 5m 范围内无影响悬架自动运行的结构

D. 楼顶隔热及防水等相关施工可与机器人喷涂作业同时进行

3. 卷扬式外墙多彩漆喷涂机器人运行指示灯有以下（　　）灯色。

A. 红色　　　　　B. 绿色　　　　　C. 橙色　　　　　D. 黄色

4. 卷扬式外墙多彩漆喷涂机器人的主要功能包括（　　）。

A. 全自动作业　　　　　　　　　　B. 余料检测

C. 洞口智能启停　　　　　　　　　D. 喷涂质量自动检测功能

5. 以下关于卷扬式外墙多彩漆喷涂机器人隔膜泵日常维护说法正确的是（　　）。

A. 在机器人使用前需确认隔膜泵管道是否牢靠

B. 在机器人使用前需检查隔膜泵管道是否漏气

C. 逐步加压以确认压力表数值及隔膜泵是否正常

D. 作业完成后，只需清洗管道，不用清洗隔膜泵的泵体

6. 卷扬式外墙多彩漆喷涂机器人喷涂作业开始前，试喷时的目的是（　　）。

A. 确认喷涂压力参数

B. 确认多彩漆喷涂机器人喷涂压力

C. 检查机器上无工具、杂物等

D. 观察喷涂效果，多彩漆正常喷涂一般成扇雾状

7. 卷扬式外墙多彩漆喷涂机器人包括（　　）参数设置。

A. 报警参数　　　　　　　　　　　B. 电机参数

C. 设备尺寸和重量参数　　　　　　D. 工艺参数

8. 若设备运行过程中，安全锁锁住，正确的做法有（　　）。

A. 使劲拉拽，重置原点位置

B. APP 手动提升喷涂总成一小段距离（2mm 左右）

C. 手动解锁安全锁

D. APP 操作解除报警

9. 卷扬式外墙多彩漆喷涂机器人智能施工包括（　　）。

A. 断点续喷　　　　　　　　　　　B. 余料检测

C. 倾斜检测　　　　　　　　　　　D. 防坠落装置

10. 卷扬式外墙多彩漆喷涂机器人喷涂系统清洗,包括(　　　)清洗。

A. 料箱 　　　　　　　　　　　　B. 管路

C. 喷枪喷嘴 　　　　　　　　　　D. 喷涂机

三、判断题

1. 卷扬式外墙多彩漆喷涂机器人具有施工质量更加稳定优势。　　　　　(　　　)

2. 卷扬式外墙多彩漆喷涂机器人适用于中高层、小高层、高层住宅或商业建筑等建筑外墙无砂多彩漆的喷涂施工。　　　　　　　　　　　　　　　(　　　)

3. 卷扬式外墙多彩漆喷涂机器人所需喷涂压力要小于卷扬式外墙多彩漆喷涂机器人所需喷涂压力。　　　　　　　　　　　　　　　　　　　　　(　　　)

4. 卷扬式外墙多彩漆喷涂机器人不具备断点续喷功能。　　　　　　　　(　　　)

5. 距离墙面 5m 范围内的地面无建筑材料、绿化树、垃圾等,地面平整。　(　　　)

四、简答题

1. 简述卷扬式外墙多彩漆喷涂机器人主要功能。

2. 简述卷扬式外墙多彩漆喷涂机器人施工工艺流程。

3. 简述卷扬式外墙多彩漆喷涂机器人施工操作要点。

附录一： 卷扬式外墙多彩漆喷涂机器人日点检表

博智林机器人
Bright Dream Robotics　　　卷扬式外墙喷涂机器人——喷涂总成日点检表

日期：　　　　　设备编号：　　　　　　点检人：

检查项目	检查点	标准	日期	合格√ 不合格×	维修人	备注
电气与安全检查	紧急停止开关	动作正确，相应灵敏	每日			
	起吊销轴感应器		每日			
	料筒插销感应器		每日			
	下限位开关		每日			
	倾角传感器		每日			
	风速传感器	无油漆等异物粘附，动作正确	每日			
	吊篮机架	机身上无工具、物品等	每日			
	旋翼	螺钉紧固无松动，运转正常	每日			
运动轴	X1轴运动	无异响	每日			
	X2轴运动	无异响	每日			
喷涂系统	电磁阀	动作正确，相应灵敏	每日			
	电气比例阀	动作正确，相应灵敏	每日			
	气流量阀	动作正确，相应灵敏	每日			
	涂料流量传感器	动作正确，相应灵敏	每日			
	喷涂机	压力是否标定正常	每日			
	喷涂管道	密封无泄漏	每日			
	气动管道	密封无泄漏	每日			
	喷枪、喷嘴	无泄漏，紧固无松动	每日			
紧固检查	起吊销轴	安装到位无串动，有防坠链	每日			
	配重块轴导轨与滑块	运动顺畅无刮痕	每日			
	料筒盖插销	完好有防坠链	每日			
	料筒顶盖搭扣	扣合正确，螺钉紧固无松动	每日			

博智林机器人 Bright Dream Robotics		卷扬式外墙喷涂机器人——悬架总成周点检表					
日期:		设备编号:		点检人:			
检查 项目	检查点	标准	日期	合格√ 不合格×	维修人	备注	
电气与安 全检查	钢丝绳余绳检测开关	动作正确,响应灵敏	每周				
	机器外部线缆	无破损、松动等异常	每周				
	钢丝绳	要求详见用户手册	每周				
	卷筒的固定钢丝绳夹 紧块	螺钉紧固无松动	每周				
	离心式安全锁	动作正确,安全检查日期有效	每周				
	主断路器漏电保护、 断路器	功能正常	每周				
导航模块	导航机构外形检查	完整、无松动、无崩缺、螺钉 紧固无松动	每周				
上限位传 感器	上限位屏蔽锁	能正常旋转	每周				
插销	滑轮、无线网桥支 架、防脱绳杆等插销	插销完好					

博智林机器人
Bright Dream Robotics

卷扬式外墙喷涂机器人——悬架总成月点检表

日期：　　　　　　　设备编号：　　　　　　　点检人：

检查项目	检查点	标准	日期	合格√不合格×	维修人	备注
结构与焊缝检查	吊臂	各零件结构正常，无变形，无锈蚀，焊缝完好，无裂纹缺陷	每月			
	三脚架		每月			
	底盘		每月			
	滑轮座与滑轮		每月			
	卷筒与卷筒支座		每月			
	舵轮与万向轮支腿		每月			
	吊耳		每月			
紧固检查	起升到位与极限位挡板	螺钉紧固无松动	每月			
	吊环	螺钉紧固无松动，插销完好	每月			
	舵轮支腿	螺钉紧固无松动	每月			
	万向轮支腿	螺钉紧固无松动	每月			
	舵轮	螺钉紧固无松动	每月			
	万向轮	螺钉紧固无松动	每月			
	起升到位与极限位开关的重块	外观完好，螺钉紧固无松动	每月			
	销轴传感器	完好无损坏，位置无串动	每月			
	钢丝绳测量机构	螺钉紧固无松动	每月			
	安全锁	螺钉紧固无松动	每月			
	滑轮、滑轮座	螺钉紧固无松动	每月			
	滑轮防脱杆	螺钉紧固无松动	每月			
	松绳开关安装座	螺钉紧固无松动	每月			
	强电柜、控制电柜	螺钉紧固无松动	每月			
	直线导轨与滑块	螺钉紧固无松动	每月			
	压绳支座、压绳摆杆	螺钉紧固无松动	每月			
	卷筒支座	螺钉紧固无松动	每月			
	减速机与定位板	螺钉紧固无松动	每月			
	减速机电机	螺钉紧固无松动	每月			
	排绳丝杠轴承座	螺钉紧固无松动	每月			
	排绳丝杠	轴向锁紧螺母紧固	每月			
	排绳丝杠固定支座	螺钉紧固无松动	每月			
	链轮与链条张紧轮	螺钉紧固无松动	每月			
	集电环	螺钉紧固无松动	每月			

博智林机器人 Bright Dream Robotics	卷扬式外墙喷涂机器人——悬架总成月点检表					
日期：		设备编号：		点检人：		
检查 项目	检查点	标准	日期	合格√ 不合格×	维修人	备注
紧固 检查	安全触边与机械限位块	螺钉紧固无松动	每月			
	GPS天线	螺钉紧固无松动	每月			
	三色灯	螺钉紧固无松动	每月			
	上限位传感器	螺钉紧固无松动	每月			
润滑	直线导轨与滑块	润滑良好，导轨表面有油膜	每月			
	排绳丝杠与滑块	润滑良好，丝杠表面有油膜	每月			
磨损	舵轮、万向轮	轮胎表面完好，无破损	每月			
	滑轮绳槽	无明显磨损	每月			
	测量装置同步带	无明显磨损	每月			
	线缆	无破损	每月			
钣金	吊臂、三脚架、滑轮组、卷筒、排绳丝杠、舵轮等防护罩	螺钉紧固无松动	每月			

附录二： 卷扬式外墙多彩漆喷涂机器人保养表

博智林机器人 Bright Dream Robotics	卷扬式外墙喷涂机器人吊篮保养表					
日期：		设备编号：			保养人：	
机器所在地：			管理编号：			
名称	检查点	保养周期	是	否		备注
气动系统	电磁阀表面清理	每月	○	○		
喷涂系统	隔膜泵泵体表面清理	每月	○	○		
	喷涂机压力表表面清理	每月	○	○		
运动轴	运动轴护罩表面清理	每月	○	○		
	双轴心导轨、滑块保持运动顺畅	每月	○	○		
	各轴电机表面清理	每月	○	○		
靠墙轮机构	靠墙轮表面清理	每月	○	○		
	靠墙轮电缸推杆防护罩表面清理	每月	○	○		
	靠墙轮电机表面清理	每月	○	○		
楔形索节	清理表面异物，确保不影响钢丝绳调整	每月	○	○		
	销轴除锈，表面清理	每月	○	○		
	销轴固定卡槽清理，除锈	每月	○	○		
喷涂系统	气流量计表面擦拭	每季	○	○		
气动系统	阻断阀表面清理	每季	○	○		
	左、右球阀表面清理	每季	○	○		
拖链	整理管路	每季	○	○		
	拖链表面清理	每季	○	○		
	拖链承接道杂物清理	每季	○	○		
运动轴	同步带表面清理	每季	○	○		
	双轴心导轨异物清理	每季	○	○		
旋翼	旋翼异物清理	每季	○	○		
吊篮机架	除锈、防锈工作	每季	○	○		
	机架表面清理	每季	○	○		
运动轴	X1、X2轴轴心导轨钢棒光亮、滚轮完好	每年	○	○		
	X1、X2、Y轴同步带无明显磨损	每年	○	○		
减速机	减速机润滑油无明显浑浊、粘度变大等异常	每年	○	○		

附录三： 卷扬式外墙多彩漆喷涂机器人检查记录表

起重机概况：_____									钢丝绳用途：_____		

钢丝绳详细资料：_____

商标名称（若已知）：_____

公称直径：_____mm

结构：_____

绳芯ᵃ：IWRC独立钢丝绳/FC纤维（天然或合成织物）/WSC钢丝股

钢丝表面ᵃ：   无镀层   镀锌

捻向和捻制类型ᵃ：右向；sZ交互捻 zZ同向捻 Z右捻   左向；zS交互捻 sS同向捻 S左捻

允许可见外部断丝数量：_____（在6d长度范围内）_____（在30d长度范围内）

参考直径：_____mm

允许的绳径减小量（从参考直径算起）：_____mm

安装日期（年/月/日）：_____   报废日期（年/月/日）：_____

可见外部断丝数				直径		腐蚀	损伤和畸形			在钢丝绳上的位置	总体评价（发生位置的综合严重程度ᵇ）
长度范围		严重程度ᵇ		实测直径mm	相对参考直径的实际减小量mm	严重程度ᵇ	严重程度ᵇ	严重程度ᵇ	类型		
6d	30d	6d	30d								

其他观察结果/说明：

使用时间（周期/小时/天/月/及其他）：_____

检查日期：   年   月   日

主管人员姓名（印刷体）：_____

主管人员签字：_____

a：打勾标记选中项目

b：严重程度的表示：轻度、中度、重度、严重、报废

参考文献

［1］ 高详生.装饰设计制图与识图（第二版）.北京：中国建筑工业出版社，2015.

［2］ 本书编委会编，装饰装修施工图识读.北京：中国建筑工业出版社，2015.

［3］ 张书鸿.室内装修施工图设计与识图.北京：机械工业出版社，2012.

［4］ 潘继民.涂料实用手册.北京：机械工程出版社，2014.

［5］ 胡煜超.Revit建筑建模与室内设计基础［M］.北京：机械工业出版社，2019.

［6］ 中华人民共和国国家质量监督检验检疫总局.GB/T 34844—2017壁纸［S］.北京：中国标准出版社，2017.

［7］ 中华人民共和国国家质量监督检验检疫总局.GB 18583—2008室内装饰装修材料胶粘剂中有害物质限量［S］.北京：中国建筑工业出版社，2008.

［8］ 中华人民共和国住房和城乡建设部.GB 50300—2013建筑工程施工质量验收统一标准［S］.北京：中国建筑工业出版社，2013.

［9］ 中华人民共和国住房和城乡建设部.GB 50210—2018建筑装饰装修工程质量验收标准［S］.北京：中国建筑工业出版社，2018.

［10］ 付成喜，伍志强，张文举.建筑装饰施工技术与组织（第二版）.北京：电子工业出版社，2011.

［11］ 建筑施工手册（第五版）.北京：建筑工业出版社.2013.

［12］ 科迪美地坪产业学院.地坪基础处理设备——研磨机 科迪美地坪产业学院公众号2021.

［13］ 《地坪涂装材料》GB22374—2018.北京：中国质检出版社.2018.

［14］ 地坪百科：地坪漆施工常见的十大问题及解决方案 安必信水漆公众号2022.

［15］ 中华人民共和国住房和城乡建设部.JG/T 512—2017建筑外墙涂料通用技术要求［S］.北京：中国建筑工业出版社，2017.

［16］ 中华人民共和国住房和城乡建设部.JG/T 157—2009建筑外墙用腻子［S］.北京：中国建筑工业出版社，2009.

［17］ 中华人民共和国住房和城乡建设部.GB 18582—2020建筑用墙面涂料中有害物质限量［S］.北京：中国建筑工业出版社，2009.

［18］ 中华人民共和国住房和城乡建设部.GB/T5972—2016起重机 钢丝绳 保养、维护、检验和报废［S］.北京：中国建筑工业出版社，2016.